开关电流电路
测试与故障诊断

龙 英 / 著

U0254317

机械工业出版社
CHINA MACHINE PRESS

本书首先概述了数字工艺的模拟技术——开关电流技术，详细阐述了电路测试和故障诊断理论，分析了开关电流电路的灵敏度。然后对开关电流电路测试与故障诊断方法进行了系统而深入的研究，在对开关电流电路故障模型硬故障测试方法作初步研究的基础上，提出了几种新的开关电流电路测试与故障诊断方法并用电路实例进行了验证。包括：开关电流电路伪随机测试方法，基于故障字典和熵预处理的开关电流电路故障诊断方法，基于神经网络的开关电流电路故障诊断方法，基于故障特征预处理技术的开关电流电路小波变换故障诊断，基于独立成分分析的开关电流电路故障诊断，基于小波分形和粒子群支持向量机的开关电流电路故障诊断方法。

本书适合于从事模拟集成电路设计与测试、光电信号与信息处理、小波分析与应用和独立成分分析技术等方向的工程技术人员使用，也可供完成相关理论学习的研究生、高校及科研院所的研究人员参考。

图书在版编目（CIP）数据

开关电流电路测试与故障诊断 / 龙英著. —北京：
机械工业出版社，2016.10
ISBN 978-7-111-54944-4

Ⅰ. ①开…　Ⅱ. ①龙…　Ⅲ. ①开关电路—电路测试
②开关电路—故障诊断　Ⅳ. ①TN710

中国版本图书馆 CIP 数据核字（2016）第 231055 号

机械工业出版社（北京市百万庄大街 22 号　邮政编码　100037）
策划编辑：梁福军　责任编辑：梁福军　责任校对：郑小光
封面设计：傅瑞学　版式设计：杨　林　责任印制：郑小光
北京宝昌彩色印刷有限公司印刷
2017 年 4 月第 1 版·第 1 次印刷
184mm×260mm · 12 印张 · 300 千字
标准书号：ISBN 978-7-111-54944-4
定价：40.00 元

前　　言

　　开关电流（Switched Current，SI）技术是 20 世纪 80 年代末提出的一门完全采用数字 CMOS 工艺技术的模拟采样数据信号处理技术。作为开关电容的替代技术，开关电流电路是基于电流模的电路，它用离散时间的取样数据系统处理连续时间的模拟信号，具有低电压、低功耗、高速度、芯片面积小、高频特性好和动态范围大等优点。开关电流技术不需要线性浮置电容和高性能的运算放大器，从而与标准 CMOS 工艺完全兼容，有利于大规模集成数模混合电路的实现。其问世以来就引起了国内外相关学者的高度关注，并得到了较快发展。

　　现代电子和计算机技术的迅猛发展促进了片上系统、混合集成电路的大量涌现，也使电子设备的组成和结构越来越复杂，规模越来越庞大。为了提高系统的安全性和可靠性，对电路测试提出了更高、更新的要求，研究高效、顺应电路发展需求的故障诊断理论和方法迫在眉睫。经过多年的发展，模拟电路测试与故障诊断已经取得了一定的研究成果。然而，在开关电流电路的测试和故障诊断方面几乎仍是空白，这极大地限制了数字工艺的模拟技术——开关电流技术的发展。而且，开关电流电路中 MOS 晶体管的非理想性、非零输出电导、有限带宽和开关电荷注入等原因决定了开关电流电路测试和故障诊断是一个相当困难的课题，一直没有取得系统性和突破性的进展。基于此，本书首先概述了数字工艺的模拟技术——开关电流技术，详细阐述了电路测试和故障诊断理论，分析了开关电流电路的灵敏度，然后对开关电流电路测试与故障诊断方法进行了系统而深入的研究。在对开关电流电路故障模型硬故障测试方法作初步研究的基础上，提出了几种新的开关电流电路测试与故障诊断方法并用电路实例进行了验证。包括：开关电流电路伪随机测试方法，基于故障字典和熵预处理的开关电流电路故障诊断方法，基于神经网络的开关电流电路故障诊断方法，基于故障特征预处理技术的开关电流电路小波变换故障诊断，基于独立成分分析的开关电流电路故障诊断，基于小波分形和粒子群支持向量机的开关电流电路故障诊断方法。

　　目前国内细致论述开关电流技术的教科书不多，涉及开关电流电路测试与故障诊断的专门著作尤为少见。本书是作者近年来研究工作的系统整理，涉及的关键技术和方法包括伪随机测试技术、故障特征预处理技术、小波变换和分形技术、独立成分分析技术、神经网络方法、统计学分析方法和估计理论与信息论方法等。本书主要对象是完成相关理论学习的研究生和正在从事电路测试与故障诊断方法研究的高校及科研院所的科研人员，也可供从事模拟集成电路设计与测试、光电信号与信息处理、小波分析与应用等方向的工程技术人员使用。

　　书中的研究工作先后得到一项国家自然科学基金、两项中国博士后科学基金、一项湖南省自然科学基金和一项湖南省质量工程等项目的资助。项目名称、编号、起止时间分别为：（1）"基于伪随机和故障特征预处理技术的开关电流电路故障诊断研究"，编号 61201108（国家自然科学基金），2013 年 1 月—2015 年 12 月；（2）"基于小波分形和 ICA 特征提取的开关电流电路故障诊断"，编号：2015T80650（中国博士后科学基金特别资助），2015 年 8 月—2016 年 8 月；（3）"开关电流电路的 ICA 故障特征提取方法及应用"，编号：2014M551797（中国博士后科学基金面上资助），2014 年 6 月—2015 年 6 月；（4）"基于独立成分分析的开关电流电路 SVM 故障诊断方法研究"，编号：2016JJ6009（湖南省自然科学基金），2016 年 1 月—

2018年12月；（5）湖南省电子信息类专业校企合作人才培养示范基地项目，2013年6月—2016年6月；（6）"基于ICA特征提取的开关电流电路神经网络故障诊断"（湖南省教育厅重点项目）；（7）"小波变换的低电压低功耗开关电流滤波器的设计与开发"，编号：K1509022-11（长沙市科技计划项目）。

选择电路测试与故障诊断技术为研究方向时，笔者还属于湖南大学电气与信息工程学院国家杰出青年基金获得者何怡刚教授领导的研究团队，大家坦诚交流、激发灵感、共克难关，使笔者至今受益匪浅。感谢湖南大学电气与信息工程学院和合肥工业大学电气与自动化工程学院的领导和老师们多年来对我学习和生活的关怀和帮助。感谢实验室的袁莉芬博士、李兵博士、尹柏强博士、李宏民博士、童耀南博士、郭杰荣博士、刘美容博士，与你们在一起学习和探讨，使我受到很多的启发，获得很多的知识。特别感谢我的父母、舅舅、姨等家人的关怀和鼓励，使我能够坚强地面对科研路上遇到的困难和挫折，毫不气馁，勇往直前。

本书主要是根据笔者近年来教学与科研工作的积累而写，同时参考了国内外有关文献，笔者在此向收录于本书的国内外参考文献的作者表示诚挚的谢意！

由于笔者学识水平有限，疏漏之处在所难免，敬请广大读者批评指正！

龙 英

2016年4月于长沙

目　　录

第1章　开关电流技术概述

开关电流（SI）技术是一种电流模式的模拟数据采样信号处理技术。SI 电路主要组成结构是 MOS 开关和 MOS 晶体管，且 MOS 开关由时钟控制，MOS 晶体管在其栅极处于开路状态时，其漏极电流可以通过存储在栅极氧化电容上的电荷来维持[1]。它不仅可以完全实现开关电容技术所能实现的功能，而且还与目前标准数字 CMOS 工艺完全兼容，具有低电压、低功耗及高速度等优点[2-3]。开关电流技术预示着模拟取样数据信号处理新纪元的到来，促进了标准数据工艺技术的混合信号 VLSI 的复兴。在这种背景下，开关电流电路作为模拟电路的一部分，数字工艺的模拟技术——开关电流技术得到迅速发展。

1.1　模拟取样数据技术的发展历史

在 20 世纪 50 年代，模拟取样数据信号处理系统的应用就开始慢慢发展起来了。之后，由于系统的要求和工艺技术的变化造成了各种不同的技术的开发，每种技术都有其适应的时代背景。20 世纪 60 年代末和 70 年代初，自从引入采用模拟采样数据处理系统以后，导致了各种不同的技术的开发。当时 MOS 集成电路工艺技术已经得到了很好的发展，小型集成取样数据模拟系统的实现已经成为可能。1952 年，Janssen 提出了一个简单的模拟延迟线，这应该是模拟取样数据信号处理系统的最早的实现[4]。该模拟延迟线由开关和缓冲放大器互连的存储电容器组成，提出该模拟延迟线的动机是要实现没有 LC 延迟线中出现的线性和非线性失真的模拟延迟线。在 20 世纪 60 年代，又陆续提出了很多新的模拟取样数据信号处理系统。例如，有开关电容网络的最早实现[5]与以集成电路形式实现的第一个系统——斗链器件[6]。

斗链器件（BBD）是一种集成电路技术，该技术是由 Sangster 与 Teer 在 1969 年提出来的[6]，但早在 1967 年 Krause 也提出过与该技术类似的离散技术[7]。斗链器件是一个模拟移位寄存器，信息受到由晶体管实现的互连开关的控制，以电荷包的形式通过存储电容线并在斗链器件中传送。斗链器件有三个应用领域[8]：第一个应用是作为一种简单的延迟线，延迟时间在该延迟线中仅仅随着时钟频率变化而变化；第二个应用是横向滤波应用，在横向滤波应用中，存储取样被加权求和，在此情况下 FIR（有限冲激响应）滤波器得以实现；第三个应用是成像阵列应用，在这些阵列中，照射到电容上的光波使存储电荷以由光密度决定的速度超快耗散，因此在一个时间周期后，离开每个电容的电荷量就是在特定的电容上入射光的总和。存储在斗链阵列上的图像则按照顺序对存储在每个电容上的电荷取样计时而读出。当斗链器件最开始出现的时候，它被认为是很有前途的器件。因为它们易于集成，封装密度良好，应用广泛。但是相对来说，斗链器件的生命非常短暂，很快地，斗链器件被电荷耦合器件所取代了。

1970 年，Boyle 和 Smith 提出了电荷耦合器件（CCD）[9]，它们实现了斗链器件相类似的取样模拟信号处理功能。电荷耦合器件与斗链器件的主要区别是，电荷耦合器件在势阱中存储电荷取样，而不是存在 BBD 所采用的显式电容器中。这样电荷耦合器件将电容、MOS 开关与 MOS 读出器件集成在一起是允许的，因此电荷耦合器件具有芯片占用硅面积较小、性能好的优势，这些优势使电荷耦合器件迅速替代斗链器件实现了全部可能的应用。电荷耦合器件应用到三个主要系统应用领域：自扫描成像阵列[10]、模拟横向滤波器[11]和数字存储器[12]。在这三个应用领域中，最成功的应用是自扫描成像阵列的应用，且已经发展成为当今的主要成像技术。电荷耦合器件模拟横向滤波器也有一定程度的成功应用，但该领域现在仅仅限于专门的应用，通常用在 CCD 成像阵列的支持部分[13]。与开关电容技术相比较，它们缺少适应性，特别是它们要实现 IIR（无限冲激响应）滤波器非常困难，因此它们在一般模拟信号处理系统中的应用受到了限制。虽然 CCD 数字存储器最开始前途不可限量[14]，但它们固有的串行存取方式说明了它们根本无法与 MOS 和 RAM（随机存取存储器）去竞争。

1.2   开关电容电路基本理论

由于开关电流技术是在与开关电容技术（SC）相对比的情况下提出来的，所以在讨论开关电流技术之前，回顾一下开关电容技术非常有必要，确定 SI 技术与 SC 技术的区别和联系将对 SI 技术的研究提供一个新的思路。就目前来说，SC 理论、分析方法和电路技术的研究已经发展得非常成熟了，且已经广泛应用在模拟信号处理领域中[15]。

SC 电路由三部分构成，包括受时钟控制的 MOS 开关、MOS 电容以及产生时钟信号，该电路利用线性浮置电容电荷的存储和转移使信号的各种处理功能得以实现。在实际工程应用中 SC 电路与 MOS 运算放大器和比较器等电路一起来完成电信号的产生、变换与各种处理功能。通用 SC 积分器模块如图 1-1a 所示。

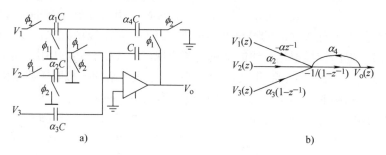

a)   b)

图 1-1   开关电容通用积分器

a）SC 通用积分器电路结构   b）Z 域信号流图

时钟 ϕ_1、ϕ_2 具有同频、相位相反、振幅相等而不重叠的特征。假设模拟开关、电容器、运算放大器都是理想的，那么由电荷守恒定律和基尔霍夫电压定律可知

$$V_{o(nT)} = V_{o(nT-T)} - \alpha_4 V_{o(nT)} + \alpha_1 V_{1(nT-T)} - \alpha_2 V_{2(nT)} - \alpha_3 (V_{3(nT)} - V_{3(nT-T)}) \tag{1-1}$$

式中，V_1，V_2，V_3 为输入信号；V_0 为输出信号；α_1，α_2，α_3，α_4 为支路增益。

对式（1-1）作 z 变换并且整理该式得到

$$V_o(z) = \frac{\dfrac{\alpha_1}{1+\alpha_4} z^{-1}}{1 - \dfrac{1}{1+\alpha_4} z^{-1}} V_1(z) - \frac{\dfrac{\alpha_2}{1+\alpha_4} z^{-1}}{1 - \dfrac{1}{1+\alpha_4} z^{-1}} V_2(z) - \frac{\dfrac{\alpha_3}{1+\alpha_4}(1 - z^{-1})}{1 - \dfrac{1}{1+\alpha_4} z^{-1}} V_3(z) \tag{1-2}$$

图 1-1b 是开关电容通用积分器的 Z 域信号流图。根据 SC 通用积分器的输入输出表达式

或图 1-1b 所示的信号流图可以看出三种情况：当只有输入信号 V_1 时，也就是说当 $V_2 = V_3 = 0$ 时，电路可当作同相积分器使用；当只有输入信号 V_2 时，也就是说当 $V_1 = V_3 = 0$ 时，电路可实现反相积分器功能；当只有输入信号 V_3 时，即 $V_1 = V_2 = 0$ 时，电路可实现反相放大功能。开关电容滤波器（SCF）是最先成功应用开关电容技术的一种电路，目前有很多种开关电容滤波器的设计方法，比如：采用 SC 电阻电路替代有源 RC 滤波器中的电阻的设计方法；用 SC 积分器模拟无源 LC 电路的设计方法；用 Z 域传递函数实现开关电容滤波器的直接设计。对这种类型的电路的分析方法有用差分方程描述的时域分析法和用 Z 域表达式描述的频域分析法。对开关电容电路进行综合，可获得以下特性：开关电容电路中的时间常数由电容比确定，相比一般模拟电路来说更加便于实现稳定而又准确的时间常数。

通过各种开关的时钟相位的调控，对同一个开关电容电路也能完成各种不同的功能。如图 1-1 电路所示，同相积分器和反相积分器的区别仅仅只有两者的取样相不同，如果采用同一输入端，再调整一下控制开关的时钟，就能分别完成同相和反相积分器的实现。开关电容电路可以完成连续信号的直接处理，而不必采用 A-D 和 D-A 转换器，所以具有非常快的处理速度。将开关电容积分器代入已确立好的 RC 电路即可构成开关电容电路，因此能够使电路保持模型电路原有的模块性和低灵敏度。开关电容积分器对电压信号进行采样和处理，如果采用低电压电源，那么必将会影响整个电路的性能。开关电容积分器对电压的取样和存储一般是通过线性浮置电容间电荷的转移来完成的，因此该电路结构与标准数字工艺不完全兼容。

1.3　开关电流技术的发展

开关电流电路经过了 20 年的发展，两代开关电流模块相继被设计出来。1989 年 J.B.Hughes 等人设计出了第一代开关电流电路[16]如图 1-2 所示。M_1 和 M_2 管的栅级通过开关管 S 连接起来，它采用简单的电流镜作为它的存储单元，输出电流跟踪输入电流。在第一代开关电流存储单元电路中，电容 C 的作用只是使栅极电压 V_{GS} 得以维持，使 MOS 管的电流"记忆"能力得到保证。所以，第一代开关电流存储单元必将受到晶体管失配的影响，该存储单元对于低 Q 值的滤波器电路来说还可适用。

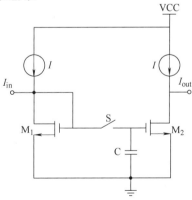

图 1-2　第一代开关电流存储单元

为了消除第一代开关电流电路中存在的缺点，必须对其进行改进。1990 年，J.B.Hughes 等人利用电流拷贝器（current-copier）[17]的设计思想又提出了第二代开关电流电路[18]，电路如图 1-3 所示。电流拷贝器的设计思想是采用 MOS 管来实现电流的拷贝，该设计有效消除掉

了两个 MOS 管尺寸的失配误差，大大提高了电路的精度与性能。在提出了第二代开关电流
电路基本模块以后，开关电流技术获得了迅速发展和广泛的研究与应用。之后，许多专家学
者相继提出了很多新的开关电流存储单元，比如：J.B.Hughes 等人在第二代开关电流电路基
础上又设计出了 S²I 存储单元[19]。由于一些新的思想引入到该存储单元，存储 MOS 管可分为
粗存储与细存储，时钟的存储相 ϕ_1 可分为 ϕ_a 和 ϕ_b，开关中所包含的非理想误差得到了有效
消除；C.Toumazou 等人提出了 RGC（Regulated Cascode Cell）单元[20]，它在基本存储单元基
础之上增加了一个由两个 MOS 管和一个电流源构成的环路，有效降低了存储电荷的 MOS 管
沟道长度调制效应；D.M.W.Leenaerts 等人为了消除开关管的时钟馈通效应，设计出了上下对
称的 RGC 单元构成高性能的存储单元[21]。

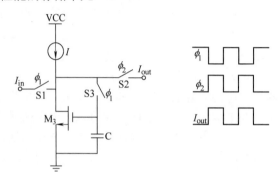

图 1-3　第二代开关电流存储单元

就目前来说，SI 电路的研究主要包含以下几个研究领域：

1．基本开关电流存储单元性能的改进

SI 电路的非理想性能包括失配误差、电荷注入误差（时钟馈通误差）、输出－输入电导比
误差、调整误差、噪声误差等，这些非理想性能大大限制了 SI 电路的应用，所以，怎样使基
本开关电流电路存储单元的非理想性能得到改善就成了 SI 技术研究领域中的一个重要研究方
向。由于电荷注入会引起时钟馈通问题，该问题是影响 SI 电路性能的最主要因素。近十年来，
国际上许多专家学者提出了许多减少时钟馈通误差的技术方案，比如说：零电压开关技术[22]，
密勒电容补偿技术[23]，误差反馈技术[24]以及利用虚假补偿电路[25]等。其次，文献[26]对关于
改善失配误差的影响问题进行了报道，在文献[26]报道中，通过变化传输函数的表达形式来
减少电流镜的数量，从而使失配误差的影响得到降低。另一方面，人们也开始关注诸如改善
输出－输入电导比误差，降低谐波失真，低电压开关电流技术等方面的研究。

2．开关电流滤波器

SI 技术具有不需要线性电容、适用于低电压、易于模块化的优势，因此 SI 技术应用的一
个非常重要的领域就是低电压、高性能、可编程、可综合的开关电流滤波器的开发。其中 SI
技术最主要的一个应用是在集成滤波器中的实现[27-28]。近十几年来，开关电流滤波器
（Switched Current Filter，简记为 SIF）的研究得到了快速的发展，在模拟取样数据处理领域越
来越被认为将取代开关电容滤波器（Switched Capacitor Filter，简记为 SCF）。但是要真正使
开关电流技术获得高效的应用并且将其技术转换成产品，必定要经过一个不断完善、不断发
展的过程。

自从 20 世纪 80 年代末期开关电流技术被提出以来，许多专家学者提出了用于开关电流
滤波器设计的各种不同的方法，这些设计方法归纳起来基本上可以分为两大类：第一大类是

以滤波器的传递函数为对象的直接设计方法，级联设计法和反馈设计法是其最具代表性的方法；第二大类是以无源 LC 梯形网络为对象的间接模拟法，具有代表性的方法有元件模拟法和运算模拟法。其中最常用的是运算模拟法，即用开关电流技术完成无源网络中的运算变量的模拟，比如电感电流、电容电压、节点电压、回路电流等。这类方法具有梯形网络在通带内灵敏度最低的优势，其代表方法包括信号流图模拟法、线性变换法、矩阵法、节点电压模拟法等等。但是，要真正完成高精度的开关电流滤波器的设计，现实中还存在许多困难，比如 SI 电路中非理想因素大大限制了开关电流技术的发展，这些都需要从理论上对 SI 改进电路技术和低灵敏度 SIF 设计方法进行探讨与研究，这些都将促进开关电流滤波器研制的发展，具有重要的指导作用和较高的参考价值。

3．开关电流数据转换器

SI 技术在模拟取样数据信号处理系统中另外一个关键的应用领域是开关电流数据转换器。目前，在 VLSI 系统中有两种实现模数转换器方法：一是取样频率大大超过奈奎斯特频率，再利用数字信号处理完成转换，一般这种情况称为过采样；二是利用模拟电路技术进行信号处理，它的取样频率达到或接近奈奎斯特频率，这种情况称为奈奎斯特采样。SI 奈奎斯特频率的 A/D 转换器主要的一种结构是循环 ADC，该技术利用二进制搜索执行模数转换，能够采用极其简单的硬件组成小尺寸转换器，这是它的主要优点。但是该结构速度非常低，一般仅仅用在 8～100kHz 的电话及音频应用方面，该技术的主要发展方向是低电压、低功耗。

4．开关电流仿真与测试

迄今为止，已经研究出了很多开关电流应用先进技术与综合工具，但目前市场上还没有出现可以商用的开关电流专用仿真工具。现在开关电容技术得到了越来越广泛的应用，主要原因与其固有的技术优势是分不开的，另外也归于有一套专门针对开关电容的 CAD 专用仿真工具。为了使 SI 技术获得越来越广泛的应用，使之成为可以替代开关电容技术的一种更先进的模拟信号处理方法，首先要对开关电流电路的非理想性能进行研究。越来越多的专家学者致力于这一部分的工作，现在正处在不断发展和完善之中，但在 SI 电路的测试和故障诊断方面的工作仍然很少。一旦 SI 系统被设计和集成为复杂的混合模数系统后，首要解决的问题就是怎么对设计出来的复杂电路进行测试，这也是目前研究的一项重要课题。

5．其他

除了上述四个研究方面外，SI 技术的主要研究工作还包括高性能开关电流模块的开发和各种非滤波信号处理等的应用。从理论上来看，开关电流技术具有很多开关电容技术无法比拟的优势，越来越被认为即将取代开关电容技术。但是，在实际应用当中，因为 MOS 器件的非理想性能含有电导比误差、时钟馈通效应、失配误差、调整误差、噪声误差等，这些非理想性能严重限制了开关电流电路的精度、速度和线性。就目前来说，开关电流电路的实际性能仍然不能与发展得比较成熟的开关电容电路相抗衡。另一方面，开关电流电路是一种取样数据信号处理电路，其工作时钟频率比所处理信号的最高频率高出好几倍，这样其工作频率受到了限制。与此同时因为开关电流电路的性能会受到电路中各 MOS 器件面积的影响，所以对电路中各器件的匹配要求也是非常高。因此开关电流技术如果要在性能上达到与开关电容技术相同的效果，最终成为开关电容技术的替代技术，必须采用各种加强电路和更为有效的电路设计方法。

随着电子技术设计和制作工艺的飞速发展，MOS 管的开关速度将会越来越高，在 SI 电路中引入双极型器件（BiCMOS 工艺）作为开关管，就能够使 MOS 管开关速度问题得到缓解，大大提高开关电流电路的速度和带宽，另一方面，用 GaAs MESFET 工艺实现的 SI 电路对于高频应用也是非常有前景的。可以相信，随着开关电流技术的不断发展、不断改进，开关电流系统的开发范围将越来越广泛。

1.4　开关电流技术与开关电容技术的比较

众所周知，开关电容（SC）电路组成结构主要是 MOS 电容、由时钟控制的 MOS 开关以及时钟信号产生电路等。由于 SC 电路中含有线性浮置电容，电路中各种信号处理功能都是通过电容电荷的存储和转移来完成的，开关电容电路要实现对电信号的产生、变换以及处理，必须与 MOS 运放和比较器相配合。从 20 世纪 80 年代以来，开关电容电路技术一直成功地使用在以完全单片的形式实现取样数据的滤波器、模/数和数/模转换器中。对于开关电容电路的大多数应用，它的性能非常可靠。然而，当工艺尺寸渐渐缩小到深亚微米范围时，SC 的缺点就开始暴露出来。第一，开关电容技术在电路实现上和标准的数字 VLSI 工艺不完全兼容。它需要高质量的浮置线性电容，几种特殊工艺方案因此而产生，比如被增加到数字 VLSI 工艺上的双层多晶硅工艺就是一种特定的工艺方法。第二，随着标准电源电压越来越低，从 5V 降低到 3.3V，甚至有可能更低，低电压将使开关电容上的电压摆幅减小，使其动态范围降低。因此，在低电压开关电容滤波器中，很难得到高速度和大动态范围，严重制约了开关电容技术的广泛应用[29]。

与开关电容技术相比较，开关电流电路是典型的电流模式取样数据系统，利用离散取样数据系统来对连续模拟信号进行处理，具有很多开关电容电路没有的优势[30-35]：良好的高频特性，功耗消耗低，电源电压低，具有大动态范围，计算量小和电流求和较简单等。开关电流电路中没有运放，且是电流模电路，从而达到了消除运算放大器所带来的限制和误差，在电路实现上更加简单。去掉了线性浮置电容，与 CMOS VLSI 工艺兼容，使电路的大规模集成实现更方便。

1.5　本章小结

开关电流技术是一种新的完全采用数字 CMOS 工艺技术的模拟取样数据信号处理技术。该技术的出现标志着模拟采样数据信号处理技术进入了一个新时代，促进了标准数字工艺技术的混合信号 VISI 的发展。本章首先介绍了模拟取样数据处理技术的发展历史。模拟取样数据处理技术起源于模拟延迟线，历经斗链器件（BBD），再到电荷耦合器件（CCD），开关电容电路（SC）各个阶段；为了与开关电流技术相对比，从开关电容电路的结构和信号流图出发，简单回顾了开关电容电路的基本理论；详细讨论了开关电流技术的发展，总结了关于开关电流技术研究的几个热点研究领域；最后，对开关电容和开关电流两种模拟采样数据信号处理技术作了比较。

参考文献

[1]　C.Toumazou, J.B.Hughes, N.C.Battersby. 开关电流－数字工艺的模拟技术[M]. 姚玉洁等译. 北京: 高等教育出版社, 1997.

[2]　Hughes J B, Macbeth I C, Pattullo D M. Switched current filters[J]. Circuits Devices & Systems Iee Proceedings G, 1990, 137(2): 156-162.

[3]　Hughes J B, Macbeth I C, Pattullo D M. Developments in switched-current filter design[C]//Digital and Analogue Filters and Filtering Systems, IEE Colloquium on, 1990(11): 1-4.

[4]　Janssen J M L. Discontinuous low-frequency delay line with continuously variable delay[J]. Nature, 1952, 169(169): 148-149.

[5]　 Leonard B. Dynamic transfer networks: US, US 3469213 A[P]. 1969.

[6]　Sangster F L J, Teer K. Bucket-brigade electronics: new possibilities for delay, time-axis conversion, and scanning[J]. IEEE Journal of Solid-State Circuits, 1969, 4(3): 131-136.

[7]　G Krause. Analog-speicherkette: eine neuartige schaltung zum speichern and verzo gern von signalen [J]. Electronics Letters, 1967, 5(6): 544-546.

[8]　Butler W, Puckette C, Barron M, et al. Analog operating characteristics of bucket-brigade delay lines[C]//Solid-State Circuits Conference. Digest of Technical Papers. 1972 IEEE International. 1972: 138-139.

[9]　Boyle W S, Smith G E. Charge Coupled Semiconductor Devices[J]. Bell Labs Technical Journal, 1970, 49(4): 587-593.

[10]　Barbe D F. Imaging devices using the charge-coupled concept[J]. Proceedings of the IEEE, 1975, 63(1): 38-67.

[11]　Brodersen R W, Hewes C R, Buss D D. A 500-stage CCD transversal filter for spectral analysis[J]. IEEE Transactions on Electron Devices, 1976, 11(1): 75-84.

[12]　Terman L M, Heller L G. Overview of CCD memory[J]. IEEE Transactions on Electron Devices, 1976, 23(2): 72-78.

[13]　Chiang A M, Chuang M L. A CCD programmable image processor and its neural network applications[J]. IEEE Journal of Solid-State Circuits, 1992, 26(12): 1894-1901.

[14]　Rosenbaum S D, Chong H C, Caves J T, et al. A 16384-bit high-density CCD memory[J]. IEEE Transactions on Electron Devices, 1976, 11(1): 33-40.

[15]　陆明达. 开关电容滤波器的原理与设计[M]. 北京: 科学出版社, 1986.

[16]　Hughes J B, Bird N C, Macbeth I C. Switched currents-a new technique for analog sampled-data signal processing[C]//IEEE International Symposium on Circuits and Systems. IEEE, 1989: 1584-1587.

[17]　Vallancourt D, Tsividis Y, Daubert S J. Sampled-current circuits[C]//Circuits and Systems, 1989., IEEE International Symposium on. 1989: 1592-1595 vol.3.

[18]　Hughes J B, Macbeth I C, Pattullo D M. Second generation switched-current signal processing[C]//Circuits and Systems, 1990., IEEE International Symposium on. IEEE, 1990: 2805-2808 vol.4.

[19]　Hughes J B, Moulding K W. S2I: a switched-current technique for high performance[J]. Electronics Letters, 1993, 29(16): 1400-1401.

[20]　Toumazou C, Hughes J B, Pattullo D M. Regulated cascode switched-current memory cell[J]. Electronics Letters, 2014, 23(23): 303-305.

[21]　Leenaerts D M W, Leeuwenburgh A J, Persoon G G. A high performance SI memory cell[J]. IEEE Journal of Solid-State Circuits, 1994, 29(11): 38-41.

[22]　Nairn D G. Zero-voltage switching in switched current circuits[C]//Circuits and Systems, 1994. ISCAS '94.,

1994 IEEE International Symposium on. IEEE, 1994: 289-292 vol.5.

[23] Wu C Y, Chen C C, Cho J J. Precise CMOS current sample/hold circuits using differential clock feedthrough attenuation techniques[J]. IEEE Journal of Solid-State Circuits, 1995, 30(1): 76-80.

[24] Pain B, Fossum E R. A current memory cell with switch feedthrough reduction by error feedback[J]. IEEE Journal of Solid-State Circuits, 1994, 29(10): 1288-1290.

[25] Song M, Lee Y, Kim W. A clock feedthrough reduction circuit for switched-current systems[J]. Solid-State Circuits, IEEE Journal of, 1993, 28(2): 133-137.

[26] Psychalinos C. Switched-current bilinear integrator realised using one current-mirror[J]. Electronics Letters, 2001, 37(20): 1210-1211.

[27] 龙英. 开关电流电路测试与故障诊断方法研究[D]. 长沙: 湖南大学, 2012.

[28] 郭杰荣, 胡沁春, 何怡刚著. 开关电流模式信号测试与小波实现[M]. 长沙: 中南大学出版社, 2011.

[29] 胡沁春. 小波变换的开关电流技术实现研究[D]. 长沙: 湖南大学, 2007.

[30] 苏立, 何怡刚. 连续小波变换 VLSI 实现综述[J]. 电路与系统学报, 2003, 8(2): 86-91.

[31] Hughes J B, Macbeth I C, Pattullo D M. Second generation switched-current signal processing[C]//Circuits and Systems, 1990., IEEE International Symposium on. IEEE, 1990: 2805-2808 vol.4.

[32] Edwards R T, Cauwenberghs G. A VLSI implementation of the continuous wavelet transform[C]//Circuits and Systems, 1996. ISCAS '96, Connecting the World., 1996 IEEE International Symposium on. IEEE, 1996: 368-371 vol.4.

[33] Hughes J B, Bird N C, Macbeth I C. Switched currents-a new technique for analog sampled-data signal processing[C]//IEEE International Symposium on Circuits and Systems. IEEE, 1989: 1584-1587.

[34] Song I, Roberts G W. A 5th order bilinear switched-current Chebyshev filter[C]//Circuits and Systems, 1993., ISCAS '93, 1993 IEEE International Symposium on. IEEE, 1993: 1097-1100 vol.2.

[35] Ng A E J, Sewell J I. Feasible designs for high order switched-current filters[J]. IEE Proceedings-Circuits Devices and Systems, 1998, 145(5): 297-305.

第2章 电路测试与故障诊断理论

2.1 引言

　　电路分析、电路综合、电路测试与故障诊断组成了电路理论的三个基本研究领域。自20世纪60年代诞生了世界上第一块集成电路开始，集成电路技术以超乎人想象的速度飞速发展，电子设备已经广泛应用到通信系统、工业电气控制、医疗卫生系统、军事部门等领域中。但是，由于电子设备的运行环境各种各样，有的甚至达到恶劣的程度，造成对系统的可靠性要求不断提高，特别是在某些领域，比如说高技术领域、医疗卫生、航天航空，这些领域使用的电子设备的可靠性指标要求更加精确，所以，就目前电子设备来说，其可靠性指标越严格，相应对其故障诊断要求也越高。这些情况表明提出电路测试和故障诊断的新技术和新方法迫在眉睫，以将电子设备的可靠性进一步提高。当电路产生故障后，必须能及时识别和定位故障，以便检修和替换。自20世纪70年代以来，电路测试和故障诊断技术自始至终都是学术界学者们关注的焦点之一，是近代国际电路理论研究的难点和前沿领域，因而它已经成了网络的第三分支[1]。电路在制版前要进行仿真测试，制版后要进行可行性测试，工作中要进行工作模式测试。要进行电路测试和故障诊断，通常其步骤是：首先给定的是待测试和诊断电路的拓扑结构，选择一个适合的测试激励信号，定义出各种故障模式并采集其相应的响应数据，经过评估各种故障模式下的响应来判断被测电路是否有故障，进而来定位故障元件的物理位置和参数[1]，其中包括系统参数辨识、模式识别与分类、优化技术等理论。

　　随着电子技术设计和制作工艺的快速发展，随之提高的还有电子电路集成度以及制版工艺，网络功能化、模块化的趋势日益明显，电子元器件密集程度日益增加，然而在与之对应的电路故障测试与诊断方面发展却很缓慢。人们能够设计出极其复杂的电路，但相对应的故障测试和诊断能力却跟不上。有参考文献[2-3]报道说：对于大多数的武器系统，使用与维修费在全部费用中占了一半的比重，更有甚者，机载系统的维修费用达到了67%。根据文献资料[4-5]显示，当前有绝大多数的集成电路设计中包括数模混合信号电路，这个比例超过了60%并不断扩大。混合信号电路测试与诊断的经典思想是[6]：先分别对模拟部分和数字部分进行测试，然后再对其整体功能进行测试。在混合信号电路中，虽然模拟部分所占规模比例较小，仅占芯片面积的5%，但该部分电路故障占整个系统故障的80%以上，使其测试成本占了相当高的比重，约为总测试成本的95%[7]。相应地对模拟部分的测试时间的比重也较高，占总测试时间的80%~90%，因此导致对模拟部分的测试成本居高不下，超过其制造成本的30%，并有可能还在不断增加[8]。各种情况表明，模拟电路的高测试成本直接影响着整个电路芯片的制造成本。如果模拟电路测试与故障诊断这个问题不解决，它就会成为制约集成电路工业生产和发展的技术难题[7]。在此背景下开展模拟电路故障诊断方法研究是电路测试与故障诊断领域中一个重大的研究方向，自20世纪70年代始，研究者们发表了大量的模拟电路故障诊断的学术论文，各种不同的理论和方法也相继提出，奠定了模拟电路故障诊断的理论基础。开关电流电路作为模拟电路的一部分，在近十九年得到了迅速的发展，一旦复杂的混合模数系统通过开关电流系统设计和集成后，开展开关电流电路的测试和故障诊断方法研究就迫在眉睫。然而，迄今为止，对开关电流电路故障诊断方法研究的报道及文献很少，这极大地限制了数字工艺的模拟技术——开关电流技术的发展。开关电流电路与模拟电路一样，由于故障模型和故障特征的复杂性、元件参数的分布性、广泛的非线性、噪声以及大规模集成化等现象使电路故障信息表现为多特征、高噪声、非线性的数据集，且受到特征信号观测手段、征兆提取方法、状态识别技术、诊断知识完备程度以及诊断经济性的制约，使开关电流电路的故障诊断面临极大的挑战。而且，开关电流电路中 MOS 晶体管的非理想性、非零输出电导、有限带宽和开关电荷注入等原因，决定了开关电流电路的故障特征提取使得开关电流电路故障诊断系统在其所构建系统的复杂性和故障诊断的正确性等方面还存在很多需要解决的问题。

2.2 故障特征提取方法概述

电路测试与故障诊断在本质上可以归属于模式识别问题，而该问题中最重要的环节是样本的特征提取。若特征矢量不能有效地将原始样本描述出来，则即使获得很好的分类设计也不能实现正确分类。因此研究怎样将电路状态的原始特征从高维特征空间压缩到低维特征空间，并完成有效故障特征的提取，从而大大提高故障诊断率就成了一个近年来研究的重要课题。下面将部分模拟电路故障诊断中采用的故障特征提取方法的原理步骤及其优缺点作一个简单的介绍，并作为后续章节的研究基础。电路测试与故障诊断的一般故障特征提取过程如图 2-1 所示。

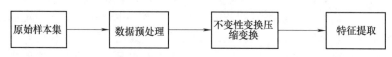

图 2-1　特征提取过程示意图

2.2.1　基于主元分析的特征提取

主元分析（PCA）法是模式识别中一种常用的特征提取方法，该方法用少量的故障特征参数来描述样本。主元分析法能够完成将信息从高维空间到低维空间的运算转换，它的本质是利用数据中的主要成分进行压缩数据，从而实现数据中多个变量到不相关变量的转换。主元分析方法大大提高了故障诊断率和诊断速率，同时能够提高诊断时间。但因为主元分析方法有自身的不足等因素，其在实际故障特征提取中的应用受到了一定程度的限制。

主元分析（PCA）方法是以统计学理论为基础的一种数据特征提取方法。它通过数据样本的主要成分的选择，将有用信息从高维空间映射到低维空间，从而将输入变量的维数降低，并对所需数据进行压缩，尽可能多的将原变量中的有用信息保留下来。主元分析方法具有新变量之间相互独立的优点，所以数据相互之间无干扰，易于处理，因此该方法在参数特征提取、目标跟踪、模式识别、图像处理中应用非常广泛。基于主元分析的模拟电路故障诊断系统流程图如图 2-2 所示。

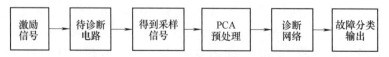

图 2-2　基于主元分析的模拟电路故障诊断系统

2.2.2　基于小波分析的特征提取

小波分析的基本原理是通过小波母函数进行尺度伸缩与时域频移来对信号进行分析。选择一个合适的母函数能够使扩张函数具有良好的局部性能，这对非平稳信号的奇异值分析非常适合，使信号的突变与噪声能够得到有效的区分。目前，许多文献采用小波变换[2, 67]、小波包变换[68]等方法来对模拟电路故障信息进行特征提取，对有效提取模拟电路瞬态信号、有效消除电路噪声和使模拟电路特有的元件参数容差达到良好的效果。小波分析技术实现时可以和神经网络方法结合起来构成小波神经网络，文献[67]已经将小波神经网络方法应用在模拟电路的去噪和特征提取当中，效果很好。小波分析在特征提取时根据选择不同的母小波，会达到不同的效果。但在电路的特征分析中，究竟如何选择哪种小波函数，目前还没有一套完整的理论作为指导，大多数情况都要根据经验或实验来进行选择。所以小波母函数、小波系数、小波网络结构及学习算法的优选问题都是近年来研究的热点问题。

在小波分析技术中的多分辨率分析技术中，每次只分解信号的低频部分，不对高频部分进行分解导致了高频部分的分辨率非常低。但是，以小波分析为基础发展起来的小波包变换提供一种分析方法，该方法能够同时对低频和高频部分进行分解，可以自适应地对信号在不同频段的分辨率进行精确的确定，使分解序列在全部时频域内都达到非常高的时频分辨率和相同的带宽，从而更有效地完成特征提取。

2.2.3　基于多小波变换的特征提取

多小波的思想是以单小波为基础经过伸缩和变换获得故障特征的一种思路，它有效消除了单小波的缺陷，具有正交性、正则性、高消失矩、紧支性等优良特点，且多小波与多尺度函数一样两者都具备对称性，使滤波器具有线性相位或广义线性相位，有效避免了重构产生的误差。尤其在故障特征提取上，多小波可以消除小波变换的维数等缺陷，使特征空间维数得到合理的降低，因而有效地减小分类和识别算法的计算量，大大提高了其分类识别能力。近几年，将多小波变换与其他智能算法有效结合起来，成为模拟电路故障诊断领域中的重要研究课题之一。例如：文献[68]将多小波技术与神经网络结合起来并将其应用到模拟电路故障诊断中，获得了良好的诊断效果。由于多小波技术在理论上优势明显和在应用领域中潜力巨大，使该项技术越来越受到众多专家学者的高度重视，在它出现的近十几年时间内，从理论方面，多小波的构造、多小波变换的实现、预滤波器的设计及信号的边界处理正在迅速成为新的研究热点。

2.2.4　基于粗糙集的特征提取

粗糙集（RoughSet，RS）理论是一种新出现的数学工具，它主要用来对不确定和不精确问题进行处理。其主要特点是不需要提供求解问题时所需处理的数据集合之外的任何先验信息，可以对不精确、不一致、不完整等各种各样不完整数据进行合理地分析和处理，并在其中发现隐含的知识，揭示其潜在的规律。粗糙集理论的数据约束能力巨大，可以对待诊断系统的条件属性和决策属性进行有效约束，这样就可将原始数据中的冗余和重复信息消除，获得最好的训练样本，因此使网络结构得到简化，大大提高了故障诊断速度。这种基于粗糙集的特征提取的诊断方法是利用警报信息集合的冗余性，通过将传输出错或已丢失的信号回避开，最终实现电路的正确诊断。

2.2.5 基于分形理论的特征提取

分形理论[125]包括关联维数、广义分形维数、多重分形维数、盒维数等诸多概念。分形理论方法既不依赖于电路系统的数学模型，又能对电路系统状态信息进行整体提取，因此分形方法的输出结果既简单又直观，在解决特征提取瓶颈问题上有非常好的解决方案。分形维数是定量地对电路故障作诊断的一个重要的依据，它能使区分各种不同的故障变得相对容易一些，特别利于设备故障诊断的准确率的提高。文献[124]中利用分形理论对模拟电路信号进行处理并提取其故障特征，接着完成神经网络的训练，该方法获得了良好的效果。

除了上述特征提取方法外，还有其他的一些特征提取方法，比如基于故障信息量的特征提取方法、基于核函数的特征提取方法和 K 近邻法特征提取方法等。每种特征提取方法各有特点，都有不同的优点和缺点，因此怎样提取最有效的故障特征而实现模拟电路故障诊断率和可靠性的提高，仍然是以后研究的重点和难点。

2.2.6 基于互信息熵的特征提取

基于互信息熵的特征提取方法是从不同思路考虑的一种新方法[126-127]。当模拟电路发生故障时，电路的特征参数会与正常状态产生偏移，紧接着特征向量也会随着特征参数的变化而变化。所以，一旦出现故障源，这些故障信息将会表征在特征参数上[127]。下面对以故障信息量特征提取为基础的互信息熵方法作一个简单的介绍。由信息特征可以知道，当某特征获得最大互信息熵，就可以得到最大识别熵增量和最小误识别概率，这样具有最优特性。特征提取过程可以这样来理解：给定 n 个特征集 $X = \{X_1, X_2, \cdots, X_n\}$ 所构成的初始特征集合，再找出一个具有最大互信息熵的集合出来：$X = \{X_1, X_2, \cdots, X_m\}, m < n$。因为最大互信息熵是由系统熵和后验熵所决定，而系统熵是确定的，如果后验熵越小，那么互信息熵越大，将会达到好的分类效果。因而要达到有效的特征提取，就要在 X 给定后找到一个具有最大互信息熵或后验熵的集合 Y。也就是说在已经该域 R 上的初始特征集合 $X = \{X_1, X_2, \cdots, X_n\}T$ 情况下，找到一个新的集合 $Y = \{Y_1, Y_2, \cdots, Y_m\}T, m < n$，使互信息熵达到最大。

在进行特征优化时，特征的删除将会导致信息的损失，造成后验熵大大增加。所以后验熵增值的大小是对删除特征向量所引起的信息损失情况的反应。当删除不同的特征以及删除特征数逐渐增加的时候，会有各种不同的后验熵与之对应。根据后验熵由小到大的排列顺序，即可得到相应的特征删除序列。其过程可以说明如下：

① 进行初始化：假如有一个原始特征集合 $F = [N 个特征]$，令初始优化特征集合 $S = [K 个特征, K = N]$。

② 将后验熵计算出来。

③ 实现递减：$S = [K-1 个特征]$，并计算相应的后验熵。

④ 选择优化特征集合：根据多个递减特征集合相对应的后验熵，对最小后验熵的特征向量集合为优化特征集合 $S = [N-1 个优化特征]$ 进行选择。

⑤ 返回③，重新计算，直到满足分类要求为止，对有最小后验熵的优化特征集合进行选择。

⑥ 输出优化特征集合。

综上所述，要使基于互信息熵的特征提取方法得到有效应用，需要获得各种故障模式的后验概率分布函数和测点测量值的密度函数，但获得这些参数面对的困难相当大，一般情况下大多采用估计方法来近似，因而不管是不同的概率密度函数的估计方法，还是不同的搜索算法都将影响到最终生成的故障特征集是不是最佳的故障特征集，以上问题都是目前特征提取中需要进一步探索和研究的问题。

2.3　模拟电路故障诊断技术

2.3.1　模拟电路故障诊断的发展及研究现状

模拟电路故障诊断的研究是从 20 世纪 60 年代对网络参数可解性的研究开始的。1962 年，R.S.Berkowitz 在其著作[9]中对无源线性集总参数电阻网络元件值可解性的必要条件进行了阐述，这为模拟电路故障诊断的研究拉开了新篇章。1979 年，Navid 和 Willson[10-12]以参考文献[9]为基础将被诊断电路的拓扑关系考虑进去，对线性电阻电路元件值可解的充分条件作了详细的讨论。之后，专家学者们在模拟电路故障诊断领域的研究成果主要致力于对电网络中全部元件的实际值进行求解，提出了各种各样的模拟电路故障诊断方法[12-16]，然而这些方法很少对故障本身的性质进行研究，有测试节点要求多、计算量大的缺点，所以在实际工程中很难得到有效应用。20 世纪 80 年代，专家学者们提出了故障验证法，该方法从故障发生的实际情况着手，从重点对全部元件数值的求解转移到仅仅只诊断部分元件，从而达到诊断故障区域或故障元件的目的。该时期的典型方法有失效定界法[17]和节点故障法[18]等。随着大规模模拟电路的快速发展，J.W.Bandler 和 A.E.Salama 于 1984 年提出了节点撕裂法[19]，这是一种以网络分解的子网络级诊断方法为基础提出来的一种较为实用的大规模电路故障诊断方法。1985 年，J.W.Bandler 与 A.E.Salama 较为系统地阐述了模拟电路故障诊断理论[20]，为模拟电路故障诊断理论的初步形成奠定了基础。

到了 20 世纪 90 年代，人工智能技术发展越来越快，使其在模拟电路故障诊断中的应用得到了快速发展，并且成为未来发展的重要方向。目前，通过国内外许多专家学者的努力，模拟电路故障诊断领域已经取得了丰硕的研究成果，获得了令人可喜的成绩。例如在神经网络方面、小波理论方面、模糊技术方面、支持向量机及信息融合技术方面[21]都有很多研究成果出现。

1. 神经网络及信息融合方面

神经网络在模拟电路故障诊断方法中的应用非常广泛[22,23,37]。比如：E.F.Cabral[24]在其文献中通过多层感知机的应用，对电路的响应特征进行分析，从而完成对故障元件的检测。Catelani[25]采用径向神经网络并将其应用在模拟电路故障诊断中，达到了良好的故障诊断效果。El-Gamal[26]等针对电路的硬故障进行诊断，首先进行分类组合，借助神经网络来完成硬故障的诊断，但该方法很难确定组合聚类的标准，而且对软故障诊断没有提及。Yang[27]等在以神经网络为基础进行故障诊断的同时将概率理论融合进来，达到了较高的故障辨识率。

为了提高电路的故障诊断效果，Asgary[28]在 Yang 的基础上非常巧妙地利用模糊隶属函数对网络参数进行了优化。Cannas[29]在进行测试与故障诊断前首先采用被测电路的可测性分析，确定可诊断的故障元件集，该方法能大大简化神经网络结构，缩短训练时间，仅仅只对有效故障做出辨别，大大提高了诊断效率。

由于单个神经网络在模拟电路测试与故障诊断的缺陷，El-Gamal[123]对其进行了改进，改进方法是采用集成神经网络对电路进行训练、辨别，完成电路的故障诊断，获得了满意的故障诊断效率。

Contu[30]将小波技术应用到模拟电路故障诊断中，将电路中提取的故障信息进行了小波变换处理，使神经网络的结构得到了简化。之后，Aminian[31]在文献[30]的基础上对故障信息进行小波变换提取小波系数，采用主成分分析进行数据降维和归一化处理，最后借助神经网络完成故障模式的聚类与诊断，该方法的优点是神经网络结构简单、诊断效率高。Maehran[32]等人仍旧采用小波变换进行故障特征提取，通过模块化分层的方式使子神经网络的结构简单化，大大提高了训练速度与故障诊断率。El-Gamal[33]等人在神经网络的基础上再结合遗传算法进一步对神经网络结构进行了优化，从而完成了故障诊断。

非线性电路与线性电路相比，非线性电路存在的问题更加复杂，将神经网络应用在非线性电路中的研究和研究成果相对较少。由于非线性模拟电路的故障诊断面临的问题更加复杂、困难，因此线性模拟电路的故障诊断方法可能不太适应非线性电路。

2．模糊技术方面

随着模拟电路测试与故障诊断方法研究的快速发展，越来越多的研究者将模糊技术应用到模拟电路测试与故障诊断领域，获得了许多显著的研究成果。例如：Grzechca[34]等人采用模糊成员函数对电路故障响应的测试数据进行预处理，将其当作多层感知机的输入来完成故障诊断，但是该方法的缺点是模糊成员函数的表示很困难。文献[35]利用模糊神经元将BP神经网络的隐层激励函数进行了调整，借助CMOS模拟运放电路作为验证电路进行实验来完成故障诊断。Catelani[36]采用模糊方法进行故障诊断，通过与文献[26]采用的径向神经网络的比较，将两种不同方法实现故障诊断的效果进行了比较。

近年来，虽然模拟电路故障诊断理论获得了快速的发展，取得了丰硕的研究成果，但仍然存在许多需要解决的问题，比如软故障、多故障的诊断，容差问题，非线性电路的故障诊断、可测性问题等。因此为了解决上述这些问题需要更多的专家学者在模拟电路故障诊断领域做出更加深入、细致的研究，得到更加有意义的研究成果。

3．可测性研究方面

测点选择是可测性设计的重要组成部分，研究者们在可测性研究方面也获得了很多研究成果。例如：SakesR[38]等人在其著作中首次提到可测性测度概念和灵敏度矩阵，后来该成果引起了很多专家学者的兴趣，开始基于灵敏度矩阵的测点选择方法研究。文献[39]以文献[38]为基础采用组合迭代算法进行测点选择。首先按照测点集的数目与灵敏度矩阵的秩相等的要求任意选择一组测点集，用协方差矩阵行列式的大小的方法比较寻找测点集，重复进行计算直到寻找到最优测点集为止，该方法的优点是能选择得到比其他方法更为优越的最优测点集，但缺点是测点的时间复杂度比较高。Mohamed[40]等人以所构造的电路传输函数与电路中各备选测点响应属性为基础，提出了一个用于区分硬故障的规则。

Manetti[41]等人对基于电路拓扑结构的测点选择方法进行了研究。借助符号分析法[42-43]建立起方程，对采用符号分析法构造方程得到的电路参数来进行求解，以此来辨别电路元件是否可以测量，并判断该元件用哪些测点来测试和诊断，这种方法为模拟电路测试和故障诊断提供了电路的测试性指标和优化测点集合。Starzyk[44]也对基于电路拓扑结构的测点选择方法进行了研究。但是这种方法必须以事先知道的电路结构为基础，将可测试结点和待诊断的故障提前指定出来，根据测试性指标要求来确定测点。

Achintya Halder[45]等人完成了测试响应波形空间到电路的参数空间的映射，该方法要求输出响应电路参数必须相互对应。由于该方法要根据相互映射关系来对映射函数进行计算，相比其他方法来说，需要做更多的仿真实验，计算工作量较大。Mustapha Slamani[46]与Hemink[47]根据仿真数据计算备选测点对故障元件的频域灵敏度曲线，确定最优测点集合和激励信号频率。

文献[48]提出了一个新的概念——模糊组，并将其成功应用到了测点选择方法中。如果在任意一个给定测点上产生了诸如电压或电流值这样的故障信息，这些信息在多种故障模式下很接近或者有重叠，这种情况下认为该测试节点不能区分这些故障，也就是说它们归属于同一模糊组。模糊组概念的提出为后续基于故障字典技术的测点选择方法打下了坚实的基础。之后，Lin[49]等人以模糊组概念为基础对电路在全部故障模式下各个测点的电压值进行了分析，认为在考虑到元件容差的情况下，一个故障在某测点上的电压值将会在一定范围内随机产生变化。与此同时，在这篇文献中首次提出了"整数编码技术"的理念，也使国内外许多专家学者对该理念产生了浓厚的研究兴趣。经过研究实践证明：整数编码技术应用到测点选择中获得了非常好的测试效果，测点选择方法研究越来越成熟，也受到了广大的研究者的重视，在以后的研究中将对算法精度和算法的时间复杂度方面越来越关注。文献[50]对测点选择的评估标准进行详细的讨论，提到了包含法和排除法两种经典方法，并利用这两种方法进行了有效的测点选择。该文献对模糊组、整数编码技术成功应用于测点选择算法作了总结和归纳，为该领域的研究学者进行后续研究奠定了基础。

20 世纪 70 年代末，国内开始了模拟电路故障诊断理论的研究，之后得到快速的发展。清华大学、上海交通大学、电子科技大学、湖南大学和西安电子科技大学等国内科研机构先后在该研究领域做了大量的工作，发表了许多关于模拟电路测试和故障诊断的学术论文，陆续出版了唐人亨[51]、邹锐[52]、杨士元[1]等人的学术专著。上述研究成果也促使国内模拟电路测试与故障诊断的研究获得了迅速的发展，尤其是就目前来看，关于模拟电路故障诊断这一领域的研究异常活跃，出版了很多相关的有价值的学术论文。故障字典法[53]、故障验证法[54]、参数识别法[55]等早期的故障诊断方法获得了较为成熟的研究成果。同时，基于人工智能技术的模拟电路测试与故障诊断方法在国内外也取得了丰硕的研究成果[59-85]。

1. 传统的模拟电路故障诊断方法

在早期的、传统的模拟电路故障诊断方法中，许多研究者提出了很多针对模拟电路的软故障诊断的故障字典法。例如：文献[56]在计算测试节点电压之间的大小关系的基础上，采用节点电压灵敏度序列构造故障字典达到诊断单、软故障的目的。张伟等人[53]为了克服文献[56]中传统故障字典法的不足，利用节点电压灵敏度之间的定量关系构造了节点电压灵敏度权序列故障字典。

但随着研究的不断深入和故障字典规模的不断扩大，传统的故障字典法在考虑到元件容差对电路影响时明显不能对软故障做出正确的诊断。文献[121]提出了 K 故障模糊屏蔽算法，该算法计算量小，故障诊断速度快，但只适用于线性模拟电路，对非线性电路却无能为力。文献[55]对系统参数与元件参数之间的相互关系进行了研究，用系统辨识的思想来对模拟电路进行诊断，但是这种方法必须借助于特定的数学模型，通常情况下仅仅适用于离线诊断。

2. 现代智能故障诊断方法

近年来，国内的研究者将神经网络[57-61]、小波分析、模糊理论和信息融合技术相结合等技术[31-44]应用到模拟电路故障诊断中。王承[122]采用主成分分析，成功将故障特征维数降低，使神经网络结构得到了简化。文献[59]对基于 BP 神经网络的故障诊断方法进行了研究，该方法收敛速度慢，该缺陷一定程度上对电路的故障诊断率和诊断效果造成了影响。金瑜[57]采用遗传算法优化了 BP 神经网络的结构和参数进行故障诊断；殷时蓉[59]借助改进的 Elman 网络对非线性模拟电路建立了模型，用遗传算法优化 BP 神经网络结构和参数进行故障诊断，达到了较好的诊断效率。

除此之外，随着研究的进一步深入，专家学者们尝试将模糊理论与神经网络相结合来完成故障诊断[62-65]，但是模糊规则的界定、隶属度函数的选择等问题仍旧有待进一步研究。目前专家学者们都将小波变换与神经网络相结合，利用小波变换完成故障特征的提取，能有效降低故障模式识别的复杂性，得到更优越的故障特征，简化了神经网络结构和减少了训练时间[66-70]。以小波多分辨率分解思想为基础，构造小波神经网络，解决了神经网络隐层节点数目不确定的问题[71-72]。为了克服单神经网络方法的缺陷，文献[73]提出神经网络集成方法，有效提高了故障诊断率。

支持向量机是一种性能良好的模式分类器，其在模式识别和机器学习领域获得了非常广泛的研究与应用，因此人们开始将支持向量机应用到模拟电路故障诊断中来。该分类器在小样本分类决策中非常有用，这与模拟电路故障诊断中仅仅能提取到非常有限的特征信息的要求是一样的，因此需要尽可能地从小样本数据中归纳总结出其中的隐含信息进行分类决策。同时，支持向量机[74-79]克服了神经网络结构确定问题和存在局部最优等缺点。孙永奎[74]采用支持向量机一对一的策略对电路进行故障分类诊断，但是简单地利用一对多（OAA）等策略远远不能达到模拟电路故障诊断的要求。唐静远[79]用融合层次支持向量机、融合支持向量数据描述和 D-S 理论等方法提高了多分类支持向量机的故障诊断效率。

3．可测性设计方法

可测性设计方法是模拟电路故障诊断的主要方法之一，目前常见的可测性设计方法有：电路的可测节点选择、测试激励选择和可测性分析等。例如：文献[80]对电路的可测性设计问题做了系统、全面的介绍。文献[81]的研究提出了基于零极点灵敏度分析和模糊聚类的可诊断元件集确定方法，获得了满意的可诊断元件集。文献[82]提出了一种新的可测性分析和设计方法，该方法经过适当地改变拓扑结构和可及节点的个数和位置，判断电路中单、多故障的可测性，不需要进行复杂的数值运算就能高效地解决可测性问题。而对国内来说对于可测性设计问题的研究已获得了明显的效果，研究者一般都倾向于电路可测试节点的选择。文献[83]通过灵敏度矩阵的计算，利用该矩阵完成可测试节点的初选，并且对测点进行二次筛选，获得最优可测试节点集合，该方法在某种意义上仍旧属于故障字典法。邹晓松[84]通过寻找灵敏度函数和故障元件响应之间的相互对应关系，对电路进行频率仿真。但是该方法的前提条件是：灵敏度函数一定要有解并且收敛。该方法的主要缺点是仿真量与计算工作量都较大。杨成林[85-86]利用整数编码技术将测点选择转化为图搜索问题，提出了基于启发式图搜索和最佳图搜索的测点选择算法。该算法的优点是不增加时间复杂度能提高结果精度。以此为基础再借助 Rollout 策略，获得更为精确的结果，但是缺点是有较高的时间复杂度。黄以锋[87]在改进相关性模型的基础上提出了基于信息熵的测点优化策略，再与文献[88]中故障隔离度的概念相结合，提出了基于测点必要度的概念进行测点选择[89]，有效缩小了测点搜索的范围，大大提高了效率。但是以上的这些测点选择方法基本上都是以整数编码技术为基础提出来的，受到整数编码表的构建规则的限制。

归纳起来，模拟电路测试和故障诊断经过很多年的研究与发展，已经初步奠定了模拟电路故障诊断的理论基础，但是现有的模拟电路故障诊断理论和方法仍旧有很多问题和不足，需要研究者们付出精力去进一步研究和完善。

2.3.2　模拟电路故障诊断的传统方法

传统的模拟电路故障诊断方法有很多，其中典型的方法有故障字典法、故障验证法、测前仿真法和测后模拟法等。在上述传统故障诊断方法中，根据故障诊断环境可区分为在线诊断法与离线诊断法；根据被测电路性质可区分为线性电路故障诊断法与非线性电路故障诊断法。一般情况下，模拟电路故障诊断方法可以采用以下原则来进行分类：按照电路仿真与实际测试的先后顺序，可为测前仿真法（Simulation-Before-Test，SBT）、测后仿真法（Simulation-After-Test，SAT）以及介于测前和测后仿真之间的人工智能方法等。归纳起来，有以下几种常见的模拟电路故障诊断方法：

（1）故障字典法。故障字典法是模拟电路故障诊断中最常用的一种方法。该方法是首先进行电路仿真，得到电路在不同故障状态下的电路特征，将故障特征与故障进行对比，按照它们的一一对应关系构建故障字典，当实际对电路进行诊断时，只要得到电路的实时特征，将其与故障字典进行对比，就能从故障字典中查出此时对应的故障。该方法的优点是几乎不需要测后计算，易于理解，对线性和非线性系统的诊断比较适应，但缺点是由于测试节点和故障模式较多导致故障字典中的数据集较庞大，对于大规模电路的测试和诊断不适合，并且故障字典中故障特征通常是实时特征，无法顾及实际电路中的容差影响，通常只适合单、硬故障的诊断，对软故障和多故障的诊断不能达到良好的诊断效果。

针对模拟电路故障诊断中传统故障字典法的不足，研究者们不断对传统故障字典法进行改进，大大提高了诊断容差软故障和多故障的精度。例如：Grzechca 和 Golonek[90]提出了一种与模糊理论相结合的模拟电路故障字典诊断方法，使故障诊断精度得到了明显的提升。陈圣俭等人[91]按照支路屏蔽的原理，提出一种专门针对容差软故障诊断的软故障字典构造方法。彭敏放等人[92]也按照支路屏蔽原理和故障模糊集构造了故障屏蔽字典，既可以诊断软故障又能诊断硬故障。

（2）参数识别法。参数识别法是按照电路现有的拓扑关系、输入及输出关系，尽可能获得充足的故障信息，对网络中每个元件的参数进行估计或者求解（或者参数偏离标称值的偏差），最后根据每个参数的容差范围来准确定位网络中的故障元件。该方法要对故障元件的参数值进行求解，所以对故障的损坏程度能做出准确的判断，能全面对电路进行诊断，但是很难写出大规模电路或非线性电路的网络方程，而且该方法不能对电路进行实时故障诊断。参数识别法可分为多频测量法（元件值识别）与伴随网络法（元件值增量）。上述参数识别法中的电路需要用数学模型或表达式来表达，且一般网络电路中含有较多的元器件，电路也多数是非线性电路，尽管提出了一些改进方法，比如说用分段线性化函数对非线性电路进行简化，但是在拓展应用时还会受到一定程度的限制，总的计算量也相当大。

（3）故障验证法。故障验证法首先只需要获得少量的故障信息，预先估计被测电路中的故障元件可能在哪个集合中，再利用激励信号和在可及节点获得的测量数据，按照一定的判断原则对估计结果的正确性进行验证。由于验证这些估计和判断原则的不同，故障验证法包括 K 故障诊断法、故障定界法和网络撕裂法。故障验证法适应于电路的拓扑结构较简单和故障总数较少的情况；若电路中总故障数较大时，由于庞大的各类故障组合的数目，需要较大的计算量。除此之外，故障验证法要求被测电路的可测性条件要符合要求，如果电路的可测性条件不满足，将出现不能诊断或误诊断的情况。

故障验证技术比较适应于电路中故障数目较少的情况。目前，常用的故障验证方法包括

K 故障诊断法、符号分析法、网络撕裂法等。其中，K 故障诊断法是假设电路有 K 个故障，而实际电路的故障数并不等于假设的 K 个故障，该方法对诊断线性电路非常有效，但当电路网络规模比较大时，故障验证的工作量非常大，给诊断电路带来一定的困难。符号分析法的优点是一般进行的相关运算都是线性运算，因此通常只适用于故障元件数较少的情况，而且有测试频率方程必须是独立方程这个要求。网络撕裂法是一种适用于对大规模模拟电路进行故障诊断的方法，该方法要求撕裂节点一定是可及节点，否则不能对子模块作进一步划分。

上述几种方法分别从不同的角度采用不同的方法来对模拟电路进行故障诊断，它们是专家学者们多年的研究成果。除了故障字典法外，其余几种方法在一定程度上依赖于模拟电路诊断方程或者优化的模型，而在建模过程中工作量巨大，计算相当复杂，且在模型建立后很难改变，灵活性差甚至有可能不能获得模拟电路的故障诊断方程，因此对于诊断速度要求非常高的实时诊断无能为力；而故障字典法在软故障诊断、多故障诊断的实际应用中也受到一定的限制。

2.3.3 模拟电路故障诊断现代智能诊断方法

模拟电路故障诊断现代智能诊断方法主要是以人工智能技术的模式识别理论为基础的故障诊断方法。由于现代智能诊断方法不需要建立数学模型，只要一定的运算规则的运用，从而实现测量空间到决策空间的映射就能完成故障模式的诊断，在故障诊断中具有明显的优势，日益成为现代故障诊断方法中的研究热点和发展趋势。因为这些方法不需要复杂的数学运算，所以明显地缩短了计算时间，而且仅仅只要少量的故障信息就能对电路中的元件故障做出准确的判断，计算量小，实施较为方便，与传统的故障诊断方法相比能更有效地对电路快速实施诊断。近年来，国内外研究者们提出了很多关于模拟电路故障诊断的新的诊断方法，归纳起来，有以下几种新兴的模拟电路故障诊断技术。

1. 基于神经网络的模拟电路故障诊断方法

Aminian 和 LifenYuan（袁莉芬）等人在文献[93-94]中提出了基于神经网络的模拟电路故障诊断方法。神经网络是人工智能技术一个重要分支，有充分逼近任意的复杂非线性关系的能力和模式分类能力，该方法将模拟电路故障诊断归属于模式识别问题，近年来研究者们将神经网络成功应用在模拟电路故障诊断中，获得了许多丰硕的研究成果。神经网络的优势是自学习能力和泛化能力超强，不需要对模拟电路的故障模型进行分析就能完成模拟电路故障诊断。但是神经网络诊断方法的缺点是需要大量的典型故障样本，并且要对故障数据实施故障特征提取。由于受到模拟电路可测节点数目的限制，很难得到大量的典型的故障样本。特别是神经网络还有算法收敛速度慢、局部极值小、受网络结构复杂性和样本复杂性的影响较大等缺点。

2. 基于小波分析预处理的模拟电路故障诊断方法

在文献[32]中，Aminian 等人将神经网络与小波分析相结合成功应用到模拟电路故障诊断中，该项研究成果得到了很多学者专家的广泛关注。小波分析在时域和频域分析中都有良好的局部化性质，采用小波分析对高频信号进行预处理，获得高频信号的细节信息，再使用神经网络进行故障诊断。何怡刚等人在其著作[95]中将小波变换与神经网络相结合构成小波神经网络，将神经网络的自学习特性融入小波的局部特性中，该方法具有良好的自适应性和容错性。

3. 基于模糊理论的模拟电路故障诊断方法

Peng Wang（王鹏）等人在文献[96]中提出了基于模糊数学理论的容差模拟电路的故障诊

断方法。在文献[97]中，王鹏宇等人利用模糊规则将故障定位在某几个元件上，有效将故障范围缩小，再利用神经网络完成故障元件的诊断。在文献[98]中，曹荣敏等人利用神经网络与模糊理论相结合构成的模糊神经网络进行模拟电路故障诊断。模糊神经网络通过对人脑结构和思维功能的双重模拟，获得神经网络的学习结果，然后再将其转化为模糊逻辑系统的规则知识。但是模糊数学与神经网络有其自身的缺陷，受其缺陷的影响，模糊神经网络在模拟电路故障诊断中的应用还有待完善，比如模糊度准确量化的问题，神经网络易出现欠学习、过学习和低泛化等问题。

4. 基于支持向量机的模拟电路故障诊断方法

支持向量机是继神经网络出现之后的一种模式识别方法，该方法是以统计学理论和结构最小风险原则为基础的一种模式识别方法，目前因其理论基础和应用效果俱佳，已经成为人工智能诊断技术的研究热点。支持向量机具有诸多优点，比如：强大的分类能力，所需样本小、训练时间短、泛化能力强、诊断速度快、诊断准确率高等。将支持向量机成功应用于模拟电路故障诊断领域可以达到非常好的诊断效果。若将支持向量机与小波分析、粗糙集、粒子群优化等数学方法相结合应用在故障诊断中，可大大提高故障诊断效率。在文献[99，75]中，吴洪兴和唐静远等人将支持向量机成功应用到模拟电路故障诊断中，获得良好的诊断效果。在文献[100]中，宋国明等人提出了小波变换和支持向量机相结合的模拟电路故障诊断方法。在文献[101]中，马晨光等人将粗糙集与支持向量机结合起来应用于模拟电路故障诊断，诊断结果比较理想。

5. 模式识别诊断方法与数学算法相结合的模拟电路故障诊断方法

国内外学者还开始了将模式识别诊断方法与各种数学算法相结合，共同应用到模拟电路故障诊断领域的研究。例如：在文献[102]中，Pan Zhongliang（潘中良）等人将专家系统和神经网络结合起来，成功应用到模拟电路故障诊断领域中。在文献[103]中，冯志红等人提出了基于信息融合技术的模拟电路故障诊断方法。在文献[104]中，YanghongTan（谭阳红）等人将遗传算法和神经网络相结合进行模拟电路故障诊断。于飞等人将主元分析和小波多分辨率分析应用在模拟电路故障诊断中，获得了良好的诊断效果。在文献[105]中，周龙甫等人将粒子群优化算法和灵敏度分析相结合进行模拟电路故障诊断，达到了较高的故障诊断效率。在文献[106]中，Alippi 等人针对测前仿真故障字典诊断法的缺陷，对该方法进行了改进，采用谐波对模拟电路的全局敏感度进行分析，对故障诊断的最佳激励信号和测试点做出了正确的选择。

由于受到篇幅限制，还有很多诸如网络撕裂法和奴群算法等其他故障诊断方法，在此不再叙述。虽然近年来提出了各种不同模拟电路故障诊断方法，在理论领域有一定的创新，但是在实用性和电路兼容性方面还需要不断完善，因此国内外学者仍然在继续进行相关的研究。

2.4　开关电流电路测试与故障诊断基本理论

2.4.1　开关电流电路测试与故障诊断研究现状

就目前的研究情况来看，对开关电流电路测试和故障诊断的研究相对较少，从事这个领域研究的课题是相对较新的课题。关于这一领域的研究报告及文献总的来说也较少，主要讨论的是测试原理、测试过程以及 BIST 和 DFT。

国外关于开关电流电路测试的方法有以下几种：针对开关电流四乘幂滤波器振荡能力，G.E.Taylor 等人提出了相应地测试方法[107-108]，该方法的基本思想是能在输出端观测到电路中所有可能出现的故障。这是由于 SI 电路有特殊的电流模结构，它由很多的电流镜存储单元组成，从它的工作原理来看，从首个存储晶体管的栅源电容依次下传到下一个晶体管，所以所有出现的故障应该都是按顺序地通过电路。又如 Saether 等人提出了另外一种开关电流电路测试方法：首先通过变化时钟顺序将二分电路结构重新组合成串联电流镜结构，然后对输入和输出直流信号进行比较[110]。M.Renovell 提出一种适用于使用相同开关电流存储单元电路的 BIST 方法[111]，单独的测试时钟电路在电路内部插入，并比较级联电流镜的输入与输出直流信号。为了更好地降低测试时间，Wey 报道了一种基于直流信号的 AD 转换器的测试方法[112]，该 AD 转换器具有开关电流流水线结构。但是这种方法可能会产生新的偏移电压，这是由于电路中存在器件参数失配的现象造成的，从而大大影响了测试精度，补救方法是通过片外高精度电阻进行调整。以上讨论的方法的适用范围都不大，都仅仅对某一特殊电路结构适用，或者只是能够测试部分的电路功能，因而对软故障测试和诊断以及评估信号容差问题都讨论不多。

国内关于开关电流电路故障诊断的研究较少，从事这一领域的研究工作的国内科研机构主要有合肥工业大学和湖南大学等单位。目前在国家自然科学基金等基金资助下，开关电流电路测试与故障诊断工作开展顺利，取得了一定的成绩。例如：黄俊[109]等人借鉴模拟电路故障诊断的方法对开关电流基本存储单元作了故障诊断的初步探讨，对无 MOS 开关的基本存储单元电路进行了硬故障测试，由于测量的是电流参数，导致可用于测试的有关故障信息量不充分，造成故障定位的不唯一性和模糊性，甚至根本不可诊断，虽然情况较简单，但诊断效果不理想。文献[114-115]提出了用伪随机技术进行开关电流电路测试和故障诊断的方法，将伪随机激励信号引入到开关电流电路测试中，通过检测和对比脉冲响应样本与器件容差范围，不用明确测量原始性能参数，就能正确对被测器件进行故障识别。但这些方法对原始观测数据没有经过任何预处理，既没有对原始数据作特征选择和特征提取，更没有涉及特征提取算法问题，导致误判率较高。郭杰荣[116]提出了开关电流电路小波神经网络诊断方法。该方法能正确无误地诊断出所有硬故障，但对于低灵敏度晶体管的软故障却达不到好的诊断效果。另外，郭杰荣在其博士论文[113]中提出了采用 SIMULINK 的开关电流非理想特性行为模拟技术，提出的一个完整的 MATLAB/SIMULINK 模型可以对开关电流电路进行时域仿真与频域分析；给出了开关电流测试用的故障模型、容差分析方法并对开关电流失配效应进行了测试，研究了失配效应与电流定标误差引起的电路性能偏差，在给定的跨导随机误差的条件下进行了仿真测试；研究了基于小波神经网络对开关电流电路进行故障缺陷测试的方法，该测试方法包括以下步骤：对于典型故障，以选择的正弦信号激励，电路输出的信号在时域和频域中分别采样作为神经网络训练样本；利用开关电流电路结构特性，采用群组灵敏度分析选择确定测试缺陷点；为降低神经网络的复杂性，采用小波多尺度分解对各类响应数据进行预处理，产生故障细貌后再输入神经网络；神经网络将分类、识别不同的故障响应结果。对待测电路的实际电压信号进行测量，将其输入到训练好的神经网络模型，完成故障测试与识别。

2011 年，本书作者龙英[117]首次将故障特征预处理概念引入到开关电流电路故障诊断中，提出了信息熵预处理的开关电流电路故障字典诊断方法。该方法应用信息熵预处理技术来诊断开关电流电路中的故障，使用一个数据采集板从被测电路的输出端提取原始信号，这些原始数据被经过预处理，找到包含在信号中的定量度量——信号的信息熵。通过高精度分析输出端信号，对开关电流电路中的故障晶体管具有检测和识别能力。尽管该方法仅仅使用一个特征参数减少了计算和故障诊断时间，但它仅适应于小规模的开关电流电路的诊断。为了解决故障模式较多的开关电流电路诊断的故障分类率较低的问题，在文献[117]基础上，增加一个特征参数，提出提取两个故障特征参数的神经网络诊断方法[118]，大大提高了故障分类率。2014 年，龙英[119]将粒子群优化算法（PSO，即 Particle Swarm Optimization）引入到支持向量机（SVM）参数的选取中，提出了一种基于 PSO-SVM 模型的信息熵和峭度预处理故障分类方法。与文献[118]比较，该方法有效解决了文献[118]中因出现信息熵的模糊集重叠而影响故障正确分类的问题，但是由于峭度对野值较敏感导致故障诊断率不高。为进一步提高故障准确率，根据以上研究成果，综合比较了上面各种开关电流电路诊断法的优缺点，龙英[120]提出了基于信息熵和 Haar 小波变换的伪随机故障诊断新方法，获得了接近 100%的故障诊断率。但是，这些方法在具体应用过程中，都没有对故障响应信号进行初步特征识别，没有兼顾信号的细节的完整性与整体的合理性。另一方面，独立成分分析（ICA）特征参数（信息熵和峭度）的计算与具体算法有关，数据处理算法的性能直接影响故障识别方法的实用性、故障诊断的正确性以及能否在线收敛等特性，故障特征的成功抽取决定了故障模式能否成功聚类。

因此，迄今为止，真正可以付诸工程实践的对开关电流电路的测试和故障诊断方法还很少，很少有文献对开关电流电路软故障和容差电路的诊断给出系统而有效的方法。正是在这种背景下，我们开始了开关电流电路测试与故障诊断方法研究，拟借助故障字典、神经网络、小波分形和独立成分分析等技术，在对开关电流滤波器等电路进行故障定位的基础上，进一步对开关电流电路进行测试与诊断。

2.4.2　开关电流电路测试与故障诊断方法

2.4.2.1　模拟测试方法[113]

对于开关电流电路测试和故障诊断来说，现有的混合模拟电路测试方法并不太适合。当对混合信号电路进行测试和诊断时，通常情况下会将混合电路中的数字和模拟部分分开独立地进行测试。单独对数字或模拟电路的测试和诊断方法及其设备已经出现了很多的报道和成果。然而，制造商们发现在大批量对混合信号芯片生产时，模拟电路部分的测试成本很大。而绝大部分混合信号电路中的模拟电路的可利用率较低，仅仅用于模拟信号处理和接口，所以在芯片中必须增添额外专门用于测试和诊断的引脚，而测试模拟电路部分的引脚问题也就面临十分严峻的挑战。

测试（Testing）和故障诊断（fault diagnosis）是混合信号电路设计与维护的两个重要的方面。测试是将故障电路从全部的正常电路中区分出来，故障诊断是从电路中区分故障模式。所以测试是在电路中对故障进行检测，而故障诊断是检测和定位故障。若一个电路能在大规模生产前的表征设计时就能发现故障，这非常利于找到故障发生的原因。假设故障被发生和进行了准确定位，就能重新设计出电路从而避免产生可能发生的故障。

对数字电路的测试和故障诊断已经发展得相当成熟了，但是因为模拟电路缺少故障资料、模拟电路的连续特性以及电路的容差影响，模拟电路的测试与故障诊断进展非常缓慢。模拟电路测试和故障诊断的困难主要是因为模拟电路本身的特性，不能对电路进行精确的计算或者测量，这是模拟电路面临的第一个挑战，另外模拟电路的容差范围、有限的测量方法、非线性特性等也是模拟电路面临的问题。就是对于一个线性电路来说，电路参数偏离正常值时也可以使元件变化值与电路相应值之间存在非线性关系。在目前比较流行的 SOC 技术中，由于模拟电路的复杂性快速提高，大大降低了电路的可测试性。目前仍然缺少故障模型可以建立故障覆盖与电路性能的有效联系，因此仍然需要在模拟电路故障诊断中提出有针对性的模拟仿真快速而有效的计算算法。

由于采用现代封装技术，对传统的探针检测模拟电路方法在应用上造成了一定的限制。随着芯片集成度越来越高，单位面积器件数目快速增加，不可能为了测试芯片单独提供额外的 I/O 管脚，模拟集成电路的测试和故障诊断已经面临着极大的挑战。近年来研究者们提出了诸如预测试模拟技术、多测试矢量定点模拟技术的算法。多测试矢量定点模拟技术通常情况下应用在数字测试中，其特点是采用最小化在线计算结构来进行故障诊断。它是在一系列输入激励下获得的测量数据基础上来进行，每次假定电路仅仅只有一个器件发生短路或开路故障而另外的器件都处于正常状态。但是，因为生产工艺的复杂化，每个器件值都有偏离标称值的可能性，因而测量的值可能与故障字典的值不能一一对应。若对故障电路测量的值与正常电路值不能明显地区分开来，该方法就不能准确地对故障进行定位。即该方法是否能成功诊断出故障由能否选出与正常电路正确区分的故障信号来决定。

随着半导体工艺技术的快速发展，将混合模数信号电路集成在一个单一芯片上成为可能。一个混合信号的数字信号处理芯片中的模拟和混合信号部分是 Ads、DAs、PLLs、OP-amps 和滤波器。由于电路芯片内部结构越来越复杂，这大大降低了芯片电路的可控制和可观测性。近年来，为了在数字电路中提高电路的可测性，已经成功引入了 Design-for-testability（DfT）和 Built-In-self test（BIST）技术。目前已经在混合信号电路中成功发展了这两项技术以提高它们的可控制与观测性。

可测试性从概念上来说是指在电路内部节点上控制、观测信号的能力。在对混合信号电路芯片进行测试时，对其数字和模拟电路模块的测试是分别单独进行的，每一个模块由一个扫描路径独立进行测试。将数字移位寄存器（DSR，digital shift register）的扫描链安装在 ADC/DAC 以及 DSP 内核之间的接口电路上，每个寄存器与一个节点连接进行读存，扫描链允许数字测试数据并行地加载到寄存器并串行输出。模拟移位寄存器（ASR）可以经过开关电容或开关电流的采样保持（S/H, samplr/hold）电路完成电压或电流测试数据的测量。需要说明的是由采用开关电容/开关电流的 ASR 中运放的偏值电压产生的误差可能会被累计储存下来，因此一种可消除该误差的结构——模拟多路复用器（analog multiplexers）获得了快速的发展。

如果就可控制与观察性而言，故障覆盖率（fault coveraga）在数字电路测试中是一个很关键的测试指标。与许多的故障查询有区别的是，在模拟电路测试中故障覆盖率的意思是：将有哪些需要测试的参数问题转换为应该测试哪一些参数。事实上尽管模拟电路有很多参数需要测试，但是只有一部分称为关键参数（critical parameters）的才会对电路的行为产生显著的影响。因此有必要对参数变化与系统故障的关系进行研究，将关键参数一一列出来。

电路测试的内建自测试（Built-In-self test BIST）技术、策略及对象已经成功应用在 IC 中，正渐渐扩展到磁心存储器（MCM）及印刷电路板（PCB）级。这些技术起源于数字电路但很少应用在模拟电路中。随着电路设计复杂性的增加，大量的混合信号电路的设计受到研究者们的高度重视。内建自测试技术大大提高了混合信号电路的测试效率，但是还存在一些问题，比如：通用模拟芯片要求怎样的故障标准，器件的故障检测需要何种 BIST 技术，对现有的测试技术与方法哪些测试对象能够被内建。尤其是模拟电路 BIST 技术需要逐步延续到 IC、PCB 以及系统中去，且应与电流数字 BIST 技术协调并兼容。

研究者们已经提出了一些将模拟电路可测试性和故障诊断效率提高的模拟 BIST 结构，该结构可以在线（on-line）测试也可以离线（off-line）测试。通常，一个 BIST 结构包括五个部分：被测电路（UUT），测试产生器（Test Generator），输入多路复用器（Input multiplexers），输出比较器（Output Comparator）以及时钟电路（Timing Circuitry）。除此之外，还有两个额外的引脚：测试使能端（test enable）和故障指示端（error indicator）。这种 BIST 结构是基于 D/A converter 和 A/D converter 技术，采用一种虚拟工具（virtual instrument）来产生测试输入，对输出进行测量，达到比较输出结果的目的。该结构具有良好的数字结构，无需实际的工具。采用合适的综合方法，仅仅需要一个专门的测试频率（test frequency）和采样点（single sampled point）就能对大部分电路进行完全测试，且很多测试产生器产生的测试频率同时可对多个被测电路进行测试，大大降低了制造测试产生器的硬件成本。这给开发一种可测试的综合方法提供了一个思路：根据一系列参量值以最小数目的测试频率和采样点实现全部的测试，并得到通用测试频率。研究者提出了一种基于统计规律设计概念的可测试性综合方法，该方法的目标是找到约束空间，有些在此空间选取的参量值通过最小数目的测试频率和采样点实现全部的测试。

2.4.2.2　开关电流电路测试与故障诊断新方法

由于在主要包含数字信号处理及控制模块的复杂的混合信号集成电路中，模拟－数字接口一般趋向于合并为一个单元，使用同一个电源，这样消除了使用 DC－DC 转换器构成多重电源的必要性，大大降低了整个系统的成本。因此为了兼容低电压系统，模拟信号处理部分必须能在 2～3V 的电源电压下运行。降低功耗以及相关联的高速样与量化也是关键因素之一。

传统上，开关电容技术曾广泛地应用在混合信号电路设计的模拟接口部分，然而，SC 电路并不完全兼容数字 CMOS 工艺技术，而且随着其技术的进一步发展，SC 技术的缺陷也越来越明显。SC 需要高质量线性电容，一般使用两层多晶硅实现。随着集成电路制造工艺的发展，开关电容的缺点在实现片上系统中会更加显著。开关电容技术需要高质量的线性电容来存储电荷，这种电容通常是用两层多晶硅来实现的，然而，随着深亚微米工艺的发展，开关电容所用的第二层多晶硅对于纯数字电路是不需要的。另外，向深亚微米工艺发展的趋势还导致电源电压减小，直接减小了适用于开关电容上的最大电压摆幅，因而减小它们的最大可达动态范围，同时，电源电压降低，实现高速高增益的运算放大器也将变得更加困难。

开关电流技术采用电流而不是电压作为媒介，这种模拟电路因而受到重视。由于漂移电感（stray-inductance）的影响在低电抗的 SI 电路中远比在高阻抗的 SC 电路中要小，电流模技术在提高速率方面更有潜力。SI 技术较好地兼容低尺寸 CMOS 技术，这样晶体管就具有很高的截止频率，也就意味着高速。另外，高线性电容也不需要了。因此混合信号电路中的模拟部分可以采用与数字部分相同的低成本数字 CMOS 工艺通过 SI 技术来实现。

在开关电流电路的测试和诊断方面，现有的模拟电路测试方法并不适合开关电流电路。目前国内外开关电流电路故障诊断的研究论文提出了很多新的诊断方法，部分新兴的开关电流电路测试和故障诊断技术如下：

1．开关电流电路伪随机测试方法

伪随机测试方法包含三步：1）通过嵌入 DAC 和 ADC 将模拟 DUT 建立为数字系统，2）应用 LFSR's 数字产生的伪随机序列加到上述数字系统，3）基于新的容差范围建立用于分类识别的信号序列 Φ（输入输出的互相关函数 cross correlation）。由于伪随机序列具有的频谱包含有限数目的色调，可以利用它作为通用的线性时不变（LTI）电路激励信号。因此，用伪随机序列作为输入激励信号，可以完全除去测试产生的问题。伪随机测试方法将伪随机激励信号引入到开关电流电路测试中，讨论伪随机测试技术在开关电流电路测试的应用，通过检测和对比故障特征信号（脉冲响应样本）与器件容差范围，不用明确测量原始性能参数，就能正确地对被测器件进行故障识别。该诊断方法是基于一个伪随机测试序列信号和基于对伪随机测试序列与相应的开关电流滤波器之间的互相关性的少量的标识特征样本评价。测试结果表明，该诊断方法有以下优点：1）伪随机输入序列信号可以由一个具有小的芯片面积的非常简单的电路产生；2）伪随机故障诊断在测试成本和模拟时间之间达到了一个好的平衡；3）以伪高斯噪声信号激励被测电路，直接根据其输出响应信号便可以判断电路中的故障，不需要进行多次诊断，故障诊断效率和故障覆盖率大大提高。

2．开关电流电路小波神经网络测试方法

小波神经网络测试方法是一种基于时域与频域中多尺度小波分解及神经网络非线性映射归纳的对模拟集成开关电流电路进行故障缺陷测试的方法。包括以下步骤：针对典型故障情况，以选择的正弦信号作为激励信号，电路输出的信号在时域和频域中分别采样作为神经网络训练样本；利用开关电流电路结构特性，采用群组灵敏度分析选择确定测试缺陷点；为降低神经网络的复杂性，采用小波多尺度分解对各类响应数据进行预处理，产生故障细貌后再输入神经网络；神经网络用于将不同的缺陷响应结果分类、识别。测量待测电路的实际电压信号，将其输入训练好的神经网络模型，完成故障测试与识别。该诊断方法用于模拟集成开关电流电路软硬故障及缺陷问题有明显的优势，且有结构简单、速度快、准确率高的优点。

3．基于信息熵预处理的开关电流电路故障字典诊断方法

信息熵预处理故障字典诊断方法包括以下步骤：采集开关电流电路的电信号，该电信号为开关电流电路的可测试节点时域响应信号；对采集的电信号做中心化处理；定义电路故障模式；计算电信号的信号熵值；找到信号熵值的模糊集；根据信号熵值和信号熵值的模糊集建立故障字典，利用故障字典对被诊断电路的各种故障进行分类。该方法应用信息熵预处理技术来诊断开关电流电路中的故障，使用一个数据采集板从被测电路的输出端提取原始信号，这些原始数据被经过预处理，找到包含在信号中的定量度量——信号的信息熵。通过高精度分析输出端信号，对开关电流电路中的故障晶体管具有检测和识别能力。利用信息熵预处理电路响应大大降低了故障字典的大小，减少了故障检测时间，并简化了故障字典架构。信息熵预处理故障字典诊断方法不仅能分类灾难性故障，也能定位参数性故障。它既能应用于模拟电路又可应用于开关电流电路，仅仅使用一个特征参数减少了计算和故障诊断时间。

4．基于神经网络的开关电流电路故障诊断方法

开关电流电路神经网络诊断方法利用一个数据采集板从被测器件的输出端提取到神经网络的原始训练数据，这些原始数据通过特征选择后，找出信号的峭度和熵，因此能大大减少神经网络分类器输入端数目，简化神经网络的结构，减少训练和处理时间，改善了网络的性能。通过分析电路输出端信号，该系统能够高精度地检测和定位开关电流电路中的故障晶体管，达到98%的故障分类精度。研究表明：利用开关电流电路专业仿真软件 ASIZ 仿真，能够提取适当的特征参数来训练神经网络。而且，因为神经网络在噪声环境下能达到鲁棒的分类，该技术不仅能检测和定位硬故障而且能分类软故障。当电路中同时发生故障的故障晶体管数目和故障类别数较大时，该方法能获得较高的故障分类率。

5．基于小波分形和核主元特征提取的开关电流电路诊断方法

基于小波分形及核主元特征提取的开关电流电路故障诊断方法，包括开关电流电路故障

诊断模块的训练步骤和采取开关电流电路故障诊断模块对有故障开关电流电路进行实时故障诊断的两个步骤。将小波分解与分形分析结合对故障信号进行特征提取，然后采用核主元分析对经小波分形分析后的特征信号进行最优特征提取，最后通过支持向量机分类器故障诊断出开关电流电路的故障。对大规模开关电流电路故障诊断及故障类别重叠进行故障诊断时，可以根据故障数据的复杂程度的高低和故障类别的重叠程度的大小，选取合适数量的特征用于支持向量机分类器进行故障诊断，故障分类率高、故障诊断准确并具有极好的泛化性能。这种方法对于解决大规模开关电流电路故障诊断及故障类别重叠时进行故障诊断的问题，具有十分重要的理论和现实意义。

6．基于信息熵和小波变换的开关电流电路诊断方法

基于信息熵和小波变换的开关电流电路诊断方法是利用 Haar 小波正交滤波器作为采集序列的预处理系统，实现一路输入两路输出，得到观测信号的低频近似信息和高频细节信息。然后计算相应的信息熵作为故障特征，采用蒙特卡罗分析获取信息熵模糊集进一步提取特征值，使故障特征达到很好的区分度，最后构建故障字典，完成故障模式的故障分类。该方法采用伪随机信号激励经蒙特卡罗分析、Haar 小波正交滤波器分解和信息熵及模糊集的计算来实现故障特征的提取，以减少信号的冗余。因此能有效解决开关电流电路的故障诊断和定位问题，进一步提高了故障诊断准确率，是一种高诊断效率的开关电流电路故障诊断新方法。

7．基于独立成分分析的开关电流电路诊断方法

基于独立成分分析（ICA，Independent Component Analysis）的开关电流电路诊断方法是采用独立成分分析作为预处理器来实行特征提取的神经网络开关电流电路故障诊断方法。该诊断方法利用 Haar 小波正交滤波器作为采集序列的预处理系统，实现一路输入两路输出，得到观测信号的低频近似信息和高频细节信息。接下来进行 ICA 故障特征提取，分别对高频和低频两路输出信号计算其（负）熵和峭度及其模糊集，获得最优故障特征。最后用神经网络故障分类器识别故障的类型。该方法诊断结果表明能有效实施开关电流电路的故障诊断，对电路测试实现了接近 100%的故障诊断正确率。

2.4.3 开关电流电路仿真程序 ASIZ

英国学者 M. de Queiroz 开发出了开关电流仿真软件－ASIZ（Analysis of Switched-current Filters in Z Transform，简记为 ASIZ），下面对该软件作一个简单的介绍。ASIZ 是以 Z 变换为基础的可以分析开关电流滤波器功能的仿真软件。该程序可以分析开关电流滤波器、开关电容滤波器以及各种周期性开关线性时不变系统。但是用该软件分析时也有相应的条件：必须是由电容、电阻、电压控制电压源或电流源构成的系统，并且在开关状态那一瞬间电路要完全稳定下来，该仿真软件可获得开关电流电路的频率响应、极点和零点、瞬态响应和灵敏度。

ASIZ 程序能够完成的仿真功能有：

1．基于 Z 变换的传递函数分析。为了顺序分析各种不同的功能，需要设好特征多项式的分子参数，其传递函数或者特征多项式分母参数会在分析结束时列出。

2．零极点分析功能。任何传递函数的零极点能通过该程序计算出，并能绘制出相应零极点图，从零极点图上可以看出，极点和零点的计算和显示是由其相应参数窗口控制的。

3．频域响应分析功能：能分析增益、相位和近似群时延。对于任一传递函数，能绘制出其频域响应波形图，并在主程序窗口显示。在频域响应窗口能对若干种选项进行设置，例如：最小频率、最大频率、最小增益、最大增益、最小群时延、最大群时延和频率单位等。

4. 时域响应分析。在一个辅助窗口能够绘制出几种测试输入信号的时域响应波形,输入信号可以是阶跃信号、脉冲信号、正弦信号和噪声信号。也能通过文本文件读出,可以看到,文本文件每一行是两个数字,前者是时间,后者是与时间相对应的值。在设置时域响应仿真参数时,可以设置最小电压、最大电压和仿真时间等参数。

5. 晶体管的非线性性能分析。由于 n 沟道和 p 沟道 MOS 晶体管具有完全一样的交流小信号模型,因此两种管子都是可行的。其晶体管模型能根据跨导 g_m,电导 g_{ds},电容 C_{gs} 和电容 C_{gd} 建模构成。网表中给出的是 g_m 和 g_{ds},可通过几种方式在 MOSFET 参数窗口设置其他参数值。

6. 灵敏度分析功能。在做灵敏度分析时,可以计算出传递函数的灵敏度,它和定义的一系列电路参数的改变密切相关。灵敏度曲线不是单独绘制的,它随着频域响应分析同时被绘制出来,因此,频域响应主窗口里有三种曲线:灵敏度、增益和相位曲线,同时从曲线可看出,误差利用分贝或者度数分层地标明了。误差有两种,一种是确定性偏差,是将全部被选定参数的误差相加,另一种是统计偏差,是将全部被选择参数误差相加后再开平方,在作误差分析时以全部被选择参数的变化一致为前提。特别提醒的是,尽管不需要重新计算即可获得任一结点电压的频域响应,但全部与传递函数灵敏度有关联的所选参数值都能列出来,在最初分析之后就可得到在分析参数窗口定义的结点电压的灵敏度。

7. 频谱分析功能。对输入正弦信号作频谱分析,其输出频谱成分能重叠加入到主频域响应图上。按下"e"键,频谱计算从输出频谱参数窗口开始,或者直接显示在从频域响应窗口上。当主传输函数在其频率区间之内,几乎能计算出全部频谱分量,输出频谱仅仅能用于标准传输函数。

以上 7 个功能是 ASIZ 程序能够完成的基本仿真功能。仿真后的结果以报告文件的形式存储,且能够显示在电脑屏幕上。要用 ASIZ 程序来正确分析电路,首先要得到其交流小信号模型,开关电容电路选择通用电路结构,开关电流电路选择无偏置电路。采用交互式的操作命令,但电路用文本的形式描述出来,其格式如下:

首行是电路结点数,后面每一行分别描述一种元器件。

MOS 晶体管:M[*name*][*drain*][*gate node*][*source*][*Gm*][*Gds*]

电阻:R[*name*][*node*1][*node*2][*resistance*]

电容:C[*name*][*node*1][*node*2][*capacitance*]

电流源:I[*name*][*node* +][*node* −][*current*]

电压源:V[*name*][*node* +][*node* −][*voltage*]

开关:S[*name*][*node*1][*node*2][*phase*]([*phase*]…)

跨导:G[*name*][*nodeI* +][*nodeI* −][*nodeV* +][*nodeV* −][*Gm*]

理想运放:O[*name*][*input node*][*input node*][*output node*]

电压放大器:E[*name*][$nodeV_O$ +][$nodeV_O$ −][$nodeV_i$ +][$nodeV_i$ −][A_V]

电路的结点数规定如下:接地点结点号为 0,然后从 1 开始按顺序编号,中间不允许遗漏,同样相位数也是从 1 开始编号的。ASIZ 的 EdFil 编辑程序可以生成电路的这种编号描述,也能产生一个归一化电路,也就是说电容、电阻、电导和跨导等值约等于 1。

以上每一种元器件有其相应的作用。例如:电流转换成电压通过电阻来实现,电阻也可以描述开关与直流电源中的模型损耗;电容的作用是用来分析开关电容电路寄生参数的影响;电流源模拟开关电流电路的输入信号,电压源模拟开关电容滤波器中的输入信号;在跨导运算放大器电路中用到了跨导，在开关电容电路和精度高的开关电流电路中用到了理想运放；电压放大器的作用是用来仿真开关电容电路中的有限增益运放，电压放大器有"E"和"A"两种形式，都是 EdFil 编辑程序所允许的形式。EdFil 是 ASIZ 程序附带的一种非常方便的辅助电路绘图软件，网表文件由它生成的；开关在描述任一个多相位电路时，不是开的就是关的。模拟电路时，只能有一个输入，我们观察到网表中可能有若干个信号电流源，但实际上是同一个输入信号，只是它们的值存在一个系数的差别；ASIZ 程序能够计算出 Z 变换下的节点电压来得到输出，交流小信号模型中的 MOS 晶体管，其栅源电压和漏极电流呈现出线性关系，而且开关电流电路输入信号就是生成输出电流的栅电压。另外，电阻可用来取样输出电流，在这种情况下，结果是有效的且适应于大信号。图 2-3 显示出了 ASIZ 主界面及子界面。EdFil 编辑器网表生成及绘图界面如图 2-4 所示。

    EdFil 编辑器可以绘制电路图，并生成 ASIZ 程序仿真所需的网表文件，也与其他仿真软件如 Spice 兼容。EdFil 编辑器与 Spice 里的原理图绘制有所区别，但它很容易使用。鼠标和键盘可以完成电路绘制工作，由于所有的元器件有其默认名称和参数，当选择一个元器件后，为了便于识别，可更改元器件的名称和参数。为了得到电路网表文件，基本操作是完成了电路图绘制后再点 Generate Netlist 菜单即可。

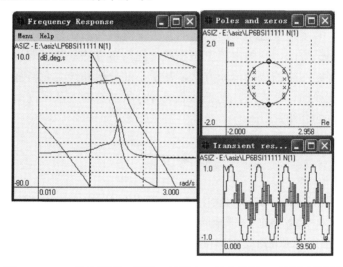

图 2-3　ASIZ 的主界面（频域）及零点、极点分析、时域分析界面

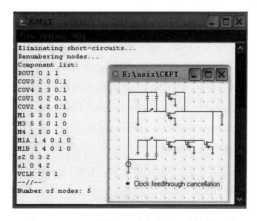

图 2-4　EdFil 编辑器网表生成及绘图界面

2.5 本章小结

现代电路技术的迅猛发展促进了片上系统、混合集成电路的大量涌现，也使电子设备的组成和结构越来越复杂，集成电路的集成度越来越高，电路发生故障的概率和故障诊断的难度不断提升。为了提高系统的安全性和可靠性，对电路测试和故障诊断提出了更高、更新的要求，研究高效、顺应电路发展需求的故障诊断理论和方法迫在眉睫。

本章首先介绍了几种不同电路故障特征提取方法。包括基于主元分析的特征提取方法，基于小波分析的特征提取方法，基于多小波变换的特征提取方法，基于粗糙集的特征提取方法，基于分形理论的特征提取方法，基于互信息熵的特征提取方法。然后，结合模拟电路故障诊断关于神经网络方面、小波理论方面、模糊技术方面、支持向量机及信息融合技术方面的研究成果，阐述了模拟电路故障诊断的发展及研究现状，同时详细介绍了模拟电路故障诊断的传统方法和现代智能诊断方法，传统方法包括故障字典法、参数识别法和故障验证法。现代智能诊断方法包括基于神经网络的诊断方法，基于小波分析预处理的诊断方法，基于模糊理论的诊断法，基于支持向量机的诊断方法。最后，详细介绍了开关电流电路测试与故障诊断基本理论。从开关电流电路测试与故障诊断的国内外研究现状出发，讨论了开关电流电路的模拟测试方法，并阐述了近年来所提出的开关电流电路测试与故障诊断新方法，包括开关电流电路伪随机测试方法，开关电流电路小波神经网络方法，基于信息熵预处理的故障字典诊断方法，基于神经网络的故障诊断方法，基于小波分形和核主元特征提取的诊断方法，基于信息熵和小波变换的诊断方法，基于独立成分分析的诊断方法。同时对开关电流电路专业仿真工具作了简单的介绍。

参考文献

[1]   杨士元. 模拟电路的故障诊断与可靠性设计[M]. 北京: 清华大学出版社, 1993.

[2]   谭阳红. 基于小波和神经网络的大规模模拟电路故障诊断研究[D]. 长沙: 湖南大学, 2005.

[3]   张维强, 徐晨, 宋国乡. 模拟电路故障诊断的小波包预处理神经网络改进算法[J]. 信号处理, 2007, 23(2): 204-209.

[4]   Feng L I, Shang H L, Kong Q S. Fault Detection for Linear Analog IC: The Method of Short Circuit Admittance Parameters[J]. Journal of Applied Sciences, 2001, 49(1): 105-108.

[5]   Roy A, Sunter S, Fudoli A, et al. High Accuracy Stimulus Generation for A/D Converter BIST[C]// Proceedings of the 2002 IEEE International Test Conference. IEEE Computer Society, 2002: 1031-1039.

[6]   Milor L S. A tutorial introduction to research on analog and mixed-signal circuit testing[J]. IEEE Transactions on Circuits & Systems II Analog & Digital Signal Processing, 1998, 45(10): 1389-1407.

[7]   Variyam P N, Chatterjee A. Enhancing test effectiveness for analog circuits using synthesized measurements[J]. Gynecologic oncology, 1998, 61(2): 132-137.

[8]   Wang L T, Wu C W, Wen X. VLSI Test Principles and Architectures: Design for Testability (Systems on Silicon)[M]. Morgan Kaufmann Publishers Inc., 2006.

[9]   Berkowitz R S. Conditions for Network-Element-Value Solvability[J]. IRE Transactions on Circuit Theory, 1962, 9(1): 24-29.

[10]　蔡金锭. 大规模模拟网络故障的快速诊断方法与可及点优化设计[D]. 西安: 西安交通大学, 2001.

[11]　Navid N, Willson A N. Theory and an algorithm for analog circuit fault diagnosis[J]. IEEE Transactions on Circuits & Systems, 1979, CAS-26(7): 440-457.

[12]　Lee J, Bedrosian S D. Fault isolation algorithm for analog electronic systems using the fuzzy concept[J]. IEEE Transactions on Circuits & Systems, 1979, 26(7): 518-522.

[13]　P.M.Lin. DC Fault Diagnosis Using Complementary Pivot Theory[C]//Proeeedings of IEEE Int. SymP. CAS. NewYork, 1982: 1132-1135.

[14]　Hochwald W, Bastian J. A dc approach for analog fault dictionary determination[J]. IEEE Transactions on Circuits & Systems, 1979, 26(7): 523-529.

[15]　Freeman S. Optimum fault isolation by statistical inference[J]. IEEE Transactions on Circuits & Systems, 1979, 26(7): 505-512.

[16]　R.Decarlo, C.Gordon Tableau. Approach to Ac-multi-frequency Fault Diagnosis[C]//Proceeding of IEEE Int. SymP. CAS. 1981: 270-273.

[17]　Wey C L, Wu C C, Saeks R. Analog Fault Diagnosis[J]. IEEE Transactions on Circuits & Systems, 1982, CAS-29(5): 277-284.

[18]　Huang Z, Lin C, Liu R W. Node-fault diagnosis and a design of testability[J]. IEEE Transactions on Circuits & Systems, 1983, 30(5): 257-265.

[19]　Salama A E, Starzyk J, Bandler J W. A unified decomposition approach for fault location in large analog circuits[J]. IEEE Transactions on Circuits & Systems, 1984, 31(7): 609-622.

[20]　Bandler J W, Salama A E. Fault diagnosis of analog circuits[J]. Proceedings of the IEEE, 1985, 73(8): 1279-1325.

[21]　刘琦. 基于云模型理论的模拟电路故障分类诊断的研究[D]. 天津: 河北工业大学, 2013.

[22]　Ogg S, Lesage S, Jervis B W, et al. Multiple fault diagnosis in analogue circuits using time domain response features and multilayer perceptrons[J]. IEE Proceedings-Circuits Devices and Systems, 1998, 145(4): 213-218.

[23]　Kirkland L V, Wright R G. Using neural networks to solve testing problems[J]. IEEE Aerospace & Electronic Systems Magazine, 1997, 12(8): 36-40.

[24]　Cabral E F, Teruya M Y, Soria R A B. Using MLPs for fault analysis in analog circuits[C]//Circuits and Systems, 1995. Proceedings. Proceedings of the 38th Midwest Symposium on. IEEE, 1995: 1172-1174.

[25]　Catelani M, Fort A. Fault diagnosis of electronic analog circuits using a radial basis function network classifier[J]. Measurement, 2000, 28(3): 147-158.

[26]　El-Gamal M A, El-Yazeed M F A. A Combined Clustering and Neural Network Approach for Analog Multiple Hard Fault Classification[J]. Journal of Electronic Testing, 1999, 14(3): 207-217.

[27]　Yang Z R, Zwolinski M, Chalk C D, et al. Applying a robust heteroscedastic probabilistic neural network to analog fault detection and classification[J]. IEEE Transactions on Computer-Aided Design of Integrated Circuits and Systems, 2000, 19(1): 142-151.

[28]　Asgary R, Mohammadi K. Using Fuzzy Probabilistic Neural Network for Fault Detection in MEMS[C]// Intelligent Systems Design and Applications, 2005. ISDA '05. Proceedings. 5th International Conference on. 2005: 136-140.

[29]　Cannas B, Fanni A, Manetti S, et al. Neural network-based analog fault diagnosis using testability analysis[J]. Neural Computing & Applications, 2004, 13(4): 288-298.

[30] Contu S, Fanni A, Marchesi M, et al. Wavelet analysis for diagnostic problems[C]//Electrotechnical Conference, 1996. Melecon '96., Mediterranean. 1996: 1571-1574 vol.3.

[31] Aminian M, Aminian F. Neural-network based analog-circuit fault diagnosis using wavelet transform as preprocessor[J]. IEEE Transactions on Circuits & Systems II Analog & Digital Signal Processing, 2000, 47(2): 151-156.

[32] Aminian F, Aminian M. Fault Diagnosis of Analog Circuits Using Bayesian Neural Networks with Wavelet Transform as Preprocessor[J]. Journal of Electronic Testing, 2001, 17(1): 29-36.

[33] El-Gamal M A. Genetically Evolved Neural Networks for Fault Classification in Analog Circuits[J]. Neural Computing & Applications, 2002, 11(2): 112-121.

[34] Grzechca D, Rutkowski J. Use of neural network and fuzzy logic to time domain analog tasting[C]// International Conference on Neural Information Processing. 2002: 2601-2604 vol.5.

[35] Torralba A, Chavez J, Franquelo L G. Fault detection and classification of analog circuits by meansof fuzzy logic-based techniques[C]//Circuits and Systems, IEEE International Symposium on, 1995(3): 1828-1831.

[36] Catelani M, Fort A. Soft fault detection and isolation in analog circuits: some results and a comparison between a fuzzy approach and radial basis function networks[J]. Instrumentation & Measurement IEEE Transactions on, 2002, 51(2): 196-202.

[37] 张维强. 小波和神经网络在模拟电路故障诊断中的应用研究[D]. 成都: 电子科技大学, 2006 年

[38] Sakes. R. A measure of testability and its application to test point selection theory[C]//In Proc. of the 20th Midwest Symposium on Circuits and Systems, Lubbock, Texas rech. Univ., 1977: 576-583.

[39] Spaandonk J V, Kevenaar T A M. Iterative test-point selection for analog circuits[J]. Proc Vlsi Test Symp, 1996: 66-71.

[40] El-Gamal M A, Hassan A S O, Abdel-Malek H L. A new approach for the selection of test points for fault diagnosis[C]//Circuits and Systems, 1995. ISCAS '95., 1995 IEEE International Symposium on. 1995: 2019-2022 vol.3.

[41] Manetti S, Piccirilli M C, Liberatore A. Automatic test point selection for linear analog network fault diagnosis[C]//Circuits and Systems, 1990, IEEE International Symposium on. IEEE, 1990: 25-28.

[42] Carmassi R, Catelani M, Iuculano G, et al. Analog network testability measurement: a symbolic formulation approach[J]. IEEE Transactions on Instrumentation & Measurement, 1992, 40(6): 930-935.

[43] Manetti S. New approach to automatic symbolic analysis off electric circuits[J]. IEE Proceedings G, 1991, 138: 22-28.

[44] Starzyk J A, Pang J, Manetti S, et al. Finding ambiguity groups in low testability analog circuits[J]. IEEE Transactions on Circuits & Systems I Fundamental Theory & Applications, 2000, 47(8): 1125-1137.

[45] Halder A, Chatterjee A. Automated test generation and test point selection for specification test of analog circuits[C]//Quality Electronic Design, 2004. Proceedings. 5th International Symposium on. 2004: 401-406.

[46] Slamani M, Kaminska B. Multifrequency testability analysis for analog circuits[C]//VLSI Test Symposium, 1994. Proceedings. 12th IEEE. IEEE, 1994: 54-59.

[47] Hemink G J, Meijer B W, Kerkhoff H G. Testability analysis of analog systems[J]. IEEE Transactions on Computer-Aided Design of Integrated Circuits and Systems, 2006, 9(6): 573-583.

[48] Hochwald W, Bastian J. A dc approach for analog fault dictionary determination[J]. IEEE Transactions on Circuits & Systems, 1979, 26(7): 523-529.

[49] Lin P M, Elcherif Y S. Analogue circuits fault dictionary—new approaches and implementation[J]. International Journal of Circuit Theory & Applications, 1985, 13(2): 149-172.

[50] Prasad V C, Babu N S C. Selection of test nodes for analog fault diagnosis in dictionary approach[J]. IEEE Transactions on Instrumentation & Measurement, 2001, 49(6): 1289-1297.

[51] 唐人亨. 模拟电子系统的自动故障诊断[M]. 北京: 高等教育出版社, 1991.

[52] 邹锐. 模拟电路故障诊断原理和方法[M]. 武汉: 华中理工大学出版社, 1998.

[53] 张伟, 许爱强, 陈振林. 模拟电路节点电压灵敏度权序列故障字典法[J]. 电子测量与仪器学报, 2006, 20(4): 46-49.

[54] 师宇杰, 张耀升. 模拟电路故障诊断的 VIM 验证算法[J]. 天津大学学报: 自然科学与工程技术版, 1998(5): 600-605.

[55] 董晨皓, 林争辉, 秦建业. 模拟电路故障诊断的辨识法及其方程[J]. 上海交通大学学报, 1995(1): 138-143.

[56] Wang P, Liang Y Z, Chen B M, et al. The invariance of node-voltage sensitivity sequence and its application in a unified fault detection dictionary method[J]. IEEE Transactions on Circuits & Systems I Fundamental Theory & Applications, 1999, 46(10): 1222-1227.

[57] Deng Y, He Y, Sun Y. Fault diagnosis of analog circuits with tolerances using artificial neural networks[C]//Circuits and Systems, IEEE Asia-Pacific Conference on, 2000: 292-295.

[58] 何怡刚, 梁戈超. 模拟电路故障诊断的 BP 神经网络方法[J]. 湖南大学学报: 自然科学版, 2003, 30(5): 35-39.

[59] 殷时蓉, 陈光禓, 谢永乐. 应用 Elman 网络优化非线性模拟电路测试激励[J]. 电子科技大学学报, 2008, 37(4): 574-577.

[60] 金瑜, 陈光禓, 边海龙. 基于移民算子遗传 BP 神经网络的模拟电路故障诊断[J]. 电子测量与仪器学报, 2007, 21(1): 20-24.

[61] 谭阳红, 何怡刚, 陈洪云, 等. 大规模电路故障诊断神经网络方法[J]. 电路与系统学报, 2001, 6(4): 25-28.

[62] 王鹏宇, 黄智刚. 模糊理论与神经网络结合对模拟电路进行分层故障诊断[J]. 电子测量技术, 2002(1): 7-9.

[63] 朱大奇, 于盛林. 电子电路故障诊断的神经网络数据融合算法[J]. 东南大学学报: 自然科学版, 2001, 31(6): 87-90.

[64] 梁戈超, 何怡刚, 朱彦卿. 基于模糊神经网络融合遗传算法的模拟电路故障诊断法[J]. 电路与系统学报, 2004, 9(2): 54-57.

[65] 罗晓峰, 王友仁. 基于信息融合的神经网络模拟电路故障诊断研究[J]. 计算机测量与控制, 2006, 14(2): 146-148.

[66] He Y, Tan Y, Sun Y. Fault diagnosis of analog circuits based on wavelet packets[C]//TENCON 2004. 2004 IEEE Region 10 Conference. IEEE, 2004: 267-270 Vol.1.

[67] 谭阳红, 叶佳卓. 模拟电路故障诊断的小波方法[J]. 电子与信息学报, 2005, 20(8): 1748-1751.

[68] 王承, 陈光禓, 谢永乐. 小波—神经网络在模拟电路故障诊断中的应用[J]. 系统仿真学报, 2005, 17(8): 1936-1938.

[69] 王军锋, 张维强, 宋国乡. 模拟电路故障诊断的多小波神经网络算法[J]. 电工技术学报, 2006, 21(1): 33-36.

[70] Zhou J, Xu H, Wang H. A novel fault diagnosis based on wavelet transform of Iddt waveform[C]// Communications, Circuits and Systems, 2004. ICCCAS 2004. 2004 International Conference on. 2004: 1320-1324 Vol.2.

[71] 金瑜. 基于小波神经网络的模拟电路故障诊断方法研究[J]. 仪器仪表学报, 2007, 23(9): 1600-1604.

[72] Song G, Wang H, Jiang S, et al. Fault Diagnosis Approach of Analog Circuits Based on Genetic Wavelet Neural Network[C]//Electronic Measurement and Instruments, 2007. ICEMI '07. 8th International Conference on. 2007, (3): 675-679.

[73] 刘红, 陈光祦, 宋国明, 等. 基于 AdaBoost 集成网络的模拟电路单软故障诊断[J]. 仪器仪表学报, 2010, 31(4): 851-856.

[74] 孙永奎, 陈光祦, 李辉. 支持向量机在模拟电路故障诊断中应用[J]. 电子测量与仪器学报, 2008, 22(2): 72-75.

[75] 唐静远, 师奕兵, 张伟. 基于支持向量机集成的模拟电路故障诊断[J]. 仪器仪表学报, 2008, 29(6): 1216-1220.

[76] 唐静远, 师奕兵, 周龙甫, 等. 基于交叉熵方法和支持向量机的模拟电路故障诊断[J]. 控制与决策, 2009, 24(9): 1416-1420.

[77] 崔江, 王友仁. 模拟电路故障的一种聚类二叉树支持向量机诊断新方法[J]. 仪器仪表学报, 2008, 29(10): 2047-2051.

[78] 崔江, 王友仁. 基于支持向量机与最近邻分类器的模拟电路故障诊断新策略[J]. 仪器仪表学报, 2010(1): 45-50.

[79] 唐静远. 模拟电路故障诊断的特征提取及支持向量机集成方法研究[D]. 成都: 电子科技大学, 2010.

[80] 潘中良. 可测性设计技术[M]. 北京: 电子工业出版社, 1997.

[81] 孙永奎. 基于支持向量机的模拟电路故障诊断方法研究[D]. 成都: 电子科技大学, 2009.

[82] 袁海英. 基于时频分析和神经网络的模拟电路故障诊断及可测性研究[D]. 成都: 电子科技大学, 2006.

[83] 赵宏革, 王天序. 对模拟电路测试节点选择方法的探讨[J]. 船电技术, 2002, 22(1): 18-20.

[84] 邹晓松, 罗先觉. 模拟电路的多频灵敏度故障诊断方法[J]. 微电子学与计算机, 2004, 21(4): 109-112.

[85] 杨成林, 田书林, 龙兵, 等. 基于启发式图搜索的最小测点集优选新算法[J]. 仪器仪表学报, 2008, 29(12): 2497-2503.

[86] Yang C L, Tian S, Long B. Selection of optimum test points set for analog faults dictionary techniques[C]// Intelligent Control and Automation, 2008. Wcica 2008. World Congress on. IEEE, 2008: 4970-4975.

[87] 黄以锋, 景博, 夏岩. 基于信息熵的电路测点优化策略[J]. 计算机应用研究, 2010, 27(11): 4149-4151.

[88] 汪鹏, 杨士元. 模拟电路故障诊断测试节点优选新算法[J]. 计算机学报, 2006, 29(10): 1780-1785.

[89] 黄以锋, 景博, 周宏亮. 基于测点必要度的模拟电路测点优选方法[J]. 控制与决策, 2011, 26(12): 1895-1899.

[90] Grzechca D, Golonek T, Rutkowski J. Analog fault AC dictionary creation-the fuzzy set approach[C]//Circuits and Systems, 2006. ISCAS 2006. Proceedings. 2006 IEEE International Symposium on. IEEE, 2006.

[91] 陈圣俭, 洪炳熔, 王月芳, 等. 可诊断容差模拟电路软故障的新故障字典法[J]. 电子学报, 2000, 28(2): 127-129.

[92] 彭敏放, 何怡刚. 容差模拟电路的模糊软故障字典法诊断[J]. 湖南大学学报: 自然科学版, 2005, 32(1): 25-28.

[93] Aminian F, Aminian M, Collins H W. Analog fault diagnosis of actual circuits using neural networks[J]. IEEE

Transactions on Instrumentation & Measurement, 2002, 51(3): 544-550.

[94] Yuan L, He Y, Huang J, et al. A New Neural-Network-Based Fault Diagnosis Approach for Analog Circuits by Using Kurtosis and Entropy as a Preprocessor[J]. IEEE Transactions on Instrumentation & Measurement, 2010, 59(3): 586-595.

[95] He Y, Tan Y, Sun Y. Wavelet neural network approach for fault diagnosis of analogue circuits[J]. Circuits, Devices and Systems, IEE Proceedings, 2004, 151(4): 379-384.

[96] Wang P, Yang S. A new diagnosis approach for handling tolerance in analog and mixed-signal circuits by using fuzzy math[J]. Circuits & Systems I Regular Papers IEEE Transactions on, 2005, 52(10): 2118-2127.

[97] 王鹏宇, 黄智刚. 模糊理论与神经网络结合对模拟电路进行分层故障诊断[J]. 电子测量技术, 2002(1): 7-9.

[98] 曹荣敏, 关静丽, 张果. 电子电路模糊神经网络故障诊断研究及仿真[J]. 计算机仿真, 2005, 22(11): 165-168.

[99] 吴洪兴, 彭宇, 彭喜元. 基于支持向量机多分类方法的模拟电路故障诊断研究[J]. 电子测量与仪器学报, 2007, 21(4): 27-31.

[100] 宋国明, 王厚军, 刘红, 等. 基于提升小波变换和 SVM 的模拟电路故障诊断[J]. 电子测量与仪器学报, 2010, 24(1): 17-22.

[101] 马晨光, 胡昌华, 骆功纯, 等. 粗糙集和支持向量机在复杂电路系统诊断中的应用[J]. 电光与控制, 2009, 16(3): 83-85.

[102] 潘中良. Neural Network Expert System Approach for Analog Circuits Fault Diagnosis[J]. 电子科技大学学报, 1997(4): 405-408.

[103] 冯志红, 林志贵, 王炜. 基于信息融合的模拟电路故障诊断方法分析[J]. 电子测量与仪器学报, 2008, 22(6): 47-53.

[104] Tan Y, He Y, Cui C, et al. A Novel Method for Analog Fault Diagnosis Based on Neural Networks and Genetic Algorithms[J]. Instrumentation & Measurement IEEE Transactions on, 2008, 57(11): 2631-2639.

[105] 周龙甫, 师奕兵, 李焱骏. 容差条件下 PSO 算法诊断模拟电路单软故障方法[J]. 计算机辅助设计与图形学学报, 2009, 21(9): 1270-1274.

[106] Alippi C, Catelani M, Fort A, et al. SBT soft fault diagnosis in analog electronic circuits: a sensitivity-based approach by randomized algorithms[J]. IEEE Transactions on Instrumentation & Measurement, 2002, 51(5): 1116-1125.

[107] Taylor G E, Toumazou C, Wrighton P, et al. Mixed signal test considerations for switched current signal processing[C]//Circuits and Systems, 1992. Proceedings of the 35th Midwest Symposium on. IEEE, 1992: 756-759 vol.1.

[108] Wrighton P, Taylor G, Bell I, et al. Test for Switched-Current Circuits[M]//Switched-Currents: an analogue technique for digital technology. IET Digital Library, 1993: 487-507.

[109] 黄俊, 何怡刚. 开关电流电路故障诊断技术的初步研究[J]. 现代电子技术, 2007, 30(9): 76-78.

[110] Sether G E, Toumazou C, Taylor G, et al. Built-in self test of S 2 I switched current circuits[J]. Analog Integrated Circuits & Signal Processing, 1996, 9(1): 25-30.

[111] Renovell M, Azais F, Bodin J C, et al. BISTing switched-current circuits[C]//Proceedings of the Asian Test Symposium. 1999: 372-377.

[112] Wey C L. Built-in self-test design of current-mode algorithmic analog-to-digital converters[J]. IEEE

Transactions on Instrumentation & Measurement, 1997, 46(3): 667-671.

[113] 郭杰荣. 集成开关电流电路测试技术研究[D]. 长沙: 湖南大学, 2007.

[114] Guo J, He Y, Tang S, et al. Switched-current circuits test using pseudo-random method[J]. Analog Integrated Circuits & Signal Processing, 2007, 52(1): 47-55.

[115] Guo J, Yigang H, Cai X. PRBS Test Signature Analysis of Switched Current Circuit[C]//Information Science and Engineering, International Conference on. IEEE Computer Society, 2009: 627-630.

[116] Guo J, He Y, Liu M. Wavelet Neural Network Approach for Testing of Switched-Current Circuits[J]. Journal of Electronic Testing, 2011, 27(27): 611-625.

[117] Long Y, He Y, Liu L, et al. Implicit functional testing of switched current filter based on fault signatures[J]. Analog Integrated Circuits & Signal Processing, 2012, 71(2): 293-301.

[118] Long Y, He Y, Yuan L. Fault dictionary based switched current circuit fault diagnosis using entropy as a preprocessor[J]. Analog Integrated Circuits & Signal Processing, 2011, 66(1): 93-102.

[119] Zhang Z, Duan Z, Long Y, et al. A new swarm-SVM-based fault diagnosis approach for switched current circuit by using kurtosis and entropy as a preprocessor[J]. Analog Integrated Circuits & Signal Processing, 2014, 81(1): 289-297.

[120] 龙英, 何怡刚, 张镇, 等. 基于信息熵和 Haar 小波变换的开关电流电路故障诊断新方法[J]. 仪器仪表学报, 2015, 36(3): 701-711.

[121] 彭敏放, 何怡刚. 容差电路的 K 故障屏蔽方法研究[J]. 电路与系统学报, 2002, 7(2): 92-95.

[122] 王承, 陈光禓, 谢永乐. 基于主元分析与神经网络的模拟电路故障诊断[J]. 电子测量与仪器学报, 2005, 19(5): 14-17.

[123] El-Gamal M A, Mohamed M D A. Ensembles of Neural Networks for Fault Diagnosis in Analog Circuits[J]. Journal of Electronic Testing, 2007, 23(4): 323-339.

[124] 王承. 基于神经网络的模拟电路故障诊断方法研究[D]. 成都: 电子科技大学, 2005.

[125] 王军锋, 张维强, 宋国乡. 模拟电路故障诊断的多小波神经网络算法[J]. 电工技术学报, 2006, 21(1): 33-36.

[126] Starzyk J A, Liu D, Liu Z H, et al. Entropy-based optimum test points selection for analog fault dictionary techniques[J]. Instrumentation & Measurement IEEE Transactions on, 2004, 53(3): 754-761.

[127] 袁海英, 陈光禓. 基于最大故障信息量二元树的模拟电路诊断法[J]. 仪器仪表学报, 2006, 27(12): 1679-1682.

[128] 张维强, 徐晨, 宋国乡. 模拟电路故障诊断的小波包预处理神经网络改进算法[J]. 信号处理, 2007, 23(2): 204-209.

第 3 章 开关电流电路灵敏度分析与
故障模型硬故障测试

3.1 引言

开关电流（SI）技术是一种模拟采样数据信号处理技术，具有速度快、低电压，芯片占用面积小和与标准数字 CMOS 工艺完全兼容等优点。它标志着模拟采样数据信号处理的新纪元的到来，同时为基于标准数字 CMOS 技术的混合信号的 VLSI 增加新的思想，这引起了全世界工业界和学术界的诸多模拟电路设计和测试人员的关注。SI 技术日益成为集成数模混合系统中的最主要的模拟电路技术[1]。模拟集成电路测试与故障诊断领域中经常提到缺陷、故障、差错这几个词[2]。缺陷的意思是产品的物理系统之间存在差异。一是当生产出产品时会产生缺陷，二是产品在长期地使用过程中也有可能会产生缺陷。差错（error）是指电路在运行过程中有缺陷的系统产生的错误信号，差错可以由缺陷引起。故障（fault）指电路中实际存在的缺陷，故障是多种多样的。可以将缺陷、差错、故障统一起来并采用抽象的模型对它们进行模拟，也就是用故障模型来模拟。根据故障产生的时间长短可分为永久性故障和暂时性故障。永久性故障包括开路、短路故障和时延故障。近年来研究者们对永久性故障进行诊断的研究方法层出不穷，提出了很多针对永久性故障的测试与诊断方法。暂时性故障包括瞬时故障和间歇性故障。由于暂时性故障的复杂性，现在还没有有效方法来对暂时性故障进行测试与诊断。间歇性故障主要由元器件的老化或电路中存在即将要断开的连接等因素造成，它发生的故障是断断续续，时有时无，给电路故障诊断带来了极大的困难；而瞬时故障主要由于存在外界的干扰因素而引起的，故障会随着干扰的消失而消失。

本章在对开关电流电路灵敏度进行分析的基础上，详细讨论了开关电流电路硬故障和软故障模型。对开关电流电路测试和诊断方法做了初步研究，将硬故障模型导入开关电流基本存储单元和三阶滤波器电路中进行了实例研究，为后续章节开关电流电路测试和故障诊断新方法的提出提供了思路。

3.2 开关电流电路的灵敏度分析

灵敏度是电路性能参数随着电路元件值变化而发生变化的一种测量，是电路元件的变化对电路的传输性能参数产生的影响。按照常用周期性开关线性电路的分析方法，假设在交流小信号条件下，对电路实施节点分析方法将节点电压矩阵及其伴随矩阵求解出来，根据求解结果来对电路的相关特性进行分析。

按照正规矩阵公式 $\boldsymbol{G}(z)\boldsymbol{E}(z)=\boldsymbol{I}(z)$，再将其伴随矩阵 $\boldsymbol{G}^T(z)\hat{\boldsymbol{E}}(z)=\hat{\boldsymbol{I}}(z)$ 求解出来。伴随矩阵与一个伴随网络相对应，该网络和正规网络的拓扑结构相同。将跨导和运算放大器的输入支路和输出支路相互对调，去除输入电流源，再在每个相位期间在输出结点处施加电流值 $-z^{1/f}$（不是 -1，因为所有的方程组都乘 $z^{1/f}$），这样就象正规方程组一样在每个输入相位

期间形成一个 $\hat{I}(z)$。因此，按照 $E(z)$ 到 $\hat{E}(z)$ 即可将某一结点电压对任一电路参数的灵敏度计算出来。

如果一个开关电流电路网络的开关周期为 T，每一个开关周期又可以分成 f 个相，每个相位元件作用一次。那么在阻值相同的条件下会有两种不同的作用，一种作用是作为电导，另一种是在不同的相位期间作为输入和输出的跨导。所以节点电压对元件值的导数是该节点电压对该元件的全部值的导数之和，考虑到节点电压是它的 $f \times f$ 之和，可得到节点电压 $E_i(z)$ 对参数 $x(z)$ 的灵敏度表达式如下式所示

$$S_x^{E_i} = \frac{x}{E_i} \sum_{m=1}^{f} \sum_{k=1}^{f} \sum_{l=1}^{f} \frac{\partial E_{i,mk}}{\partial x_l(z)} \tag{3-1}$$

式中，$m = 1, 2, \cdots, f$ 为输出相位；$k = 1, 2, \cdots; f$ 为输入相位；$x_l(z)$ 为在相位 l 期间的参数 $x(z)$；$E_{i,mk}$ 为节点电压。

在开关电流电路中最常用的元件是工作在不同相位的输入输出支路的跨导。跨导 $G_{mab,f_1f_2}(z)$ 可定义为在相位 f_1 中支路 a 上的控制电压和在相位 f_2 中支路 b 的输出电流，因此节点电压 $E_{i,mk}(z)$ 对其导数的表达式可表示如下

$$\frac{\partial E_{i,mk}}{\partial G_{mab,f_1f_2}} = V_{a,f_1k} \hat{V}_{b,f_2m} \tag{3-2}$$

式中，V_{a,f_1k} 为在相位 m 中支路 a 上的电压，其输入工作在相位 k；$\hat{V}_{b,f_2m}$ 为伴随网络中的相同电压；G_{mab,f_1f_2} 为输入支路 a 和输出支路 b 的跨导。

由于对基本算法中作了不同程度的改进，在分析伴随网络时需要将以下两项考虑进去：

（1）对正规方程组中的高阻抗方程乘 $z^{1/f}$。相当于对伴随方程组中对应余下的低阻抗方程的未知量乘 $z^{1/f}$。该未知量是在伴随网络中低阻抗结点上的电压，在上述情况下，一定要用伴随网络的解除以 $z^{1/f}$。

（2）在正规方程组的低阻抗方程中将 R_c 项消除。相当于在伴随方程组中全部的低阻抗结点电压和高阻抗结点电压相比（相加或相减）被认为是零。后来可以看出，这只对与 G_c 电导（电容）的灵敏度造成影响。

将支路 a 中的电阻当作同一支路和相位中输入和输出的跨导，$G_m = 1/R_a$，可得如下表达式

$$S_{R_a}^{E_i} = -\frac{1}{R_a E_i} \sum_{m=1}^{f} \sum_{k=1}^{f} \sum_{l=1}^{f} V_{a,lk} V_{b,lm} \tag{3-3}$$

因此，节点电压 $E_{i,mk}(z)$ 相对于工作在不同相位的输入 a 和输出支路 b 的跨导 $G_{mab}(z)$ 的灵敏度是

$$S_{G_{mab}}^{E_i} = \frac{G_{mab}}{E_i} \sum_{m=1}^{f} \sum_{k=1}^{f} \sum_{l=1}^{f} V_{a,lk} V_{b,lm} \tag{3-4}$$

如果已知跨导随机误差，可以进一步将绝对或统计偏差计算出来，在标准曲线的基础上加上或减去偏差即可得到误差容限。计算统计偏差的公式如式（3-5）所示

$$\Delta |E_a(j\omega)| = 0.05 \times 8.686 \sqrt{\sum_i \left(\text{Re} \, S_{G_{mi}}^{E_a(j\omega)} \right)^2} \tag{3-5}$$

开关电流电路是全部由 MOS 管构成的一种电路，通过 MOS 管的沟道宽度的改变来得到开关、跨导和电流源，是一种完全与数字 CMOS 工艺兼容的技术。为了得到与电路设计要求相符合的传输响应，必须使各级晶体管的面积比值与计算的电流定标值完全相同。因此可以选择输入端的采样保持电路晶体管归一化跨导值是 1，而其他晶体管归一化跨导根据电流定标进行赋值。将全部开关晶体管归一化跨导按 1，α_1，α_2，… 进行分组。按照群组灵敏度分析方法将开关电流电路中的 CMOS 元件进行分类，按照群组的方式将绝对误差或统计误差计算出来，最后得到电路容差边界的确定。对误差容限的分析能有效提高矩阵分析的效率。

以 1dB 纹波 5 阶 Chebyshev 低通滤波器为例其传输参数为

$$T(S) = \frac{b_0}{s^5 + a_4 s^4 + a_3 s^3 + a_2 s^2 + a_1 s + a_0} \tag{3-6}$$

式中，a_0=0.128 449 138 5；a_1=0.575 399 672 7；a_2=0.901 466 788 8；a_3=1.622 477 566 4；a_4=0.810 283 465 7；b_0=0.058 480 088 8。开关电流电路共使用 40 个 MOS 晶体管，相邻晶体管跨导值基本相同，如表 3-1 所示。群组灵敏度如表 3-2 所示统计。偏差分析结果如图 3-1 所示。

表 3-1　开关电流 5 阶 Chebyshev 低通滤波器归一化跨导值

MOS 管	归一化跨导值
M0202 M0302 M0505 M0605 M0607 M0707 M0909 M1009 M1314 M1315 M1617 M1618 M1920 M1921 M2211 M2204 M2312 M2308 M2424 M1024 M2525 M0325 M0128	1
M0204 M0504 M0311 M0611	4.161 422 247 429 98E-1
M0708 M0908 M0612 M1012	6.44 364 478 936 041E-1
M1021 M2420　M2720	1.984 430 259 362 85E-1
M0315 M2514 M0114 M2614	1.517 448 718 655 03E-1
M2617 M2717	1.387 697 234 481 49E-1

表 3-2　群组灵敏度（偏差：0.553207dB）

序号	灵敏度
a	0.498 621-0.054 389j
b	-0.000 223 0.006 012j
c	-0.000 144 0.003 883j
d	-0.249 253 0.014 312j
e	-0.249 171 0.016 246j
f	0.000 379 0.008 989j

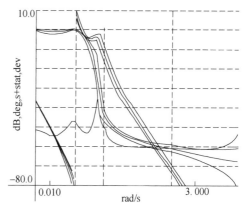

图 3-1　偏差=0.553207dB 的容差分析

3.3　开关电流电路故障模型

集成电路中的故障以各种方式出现，构成故障性能的几个主要方式有：针孔故障，该故障由氧化物或多晶硅产生，还有金属轨道之间依次桥接，或者轨道之间的间隙，还有浮栅和离子注入等故障。大量的故障模型因此而定义出来[3]，比如抽象的固定型故障、栅氧化物短接故障、浮栅以及针孔故障等物理缺陷。

传统的模拟电路故障模型包括灾难性故障（硬故障）和参数性故障（软故障）。灾难性故障指元件的开路和短路失效故障，对电路性能造成极大的影响，这种故障可改变电路的拓扑结构，诊断起来相对容易些。而参数性故障是指电路元件的参数超出预定的容差范围，这类故障不会改变电路的拓扑结构，一般它们均未使设备完全失效，但会造成电路性能严重下降甚至失效。通常认为元件参数的相对偏差绝对值在5%范围内为无故障，但实际上元件容差是可以根据电路性能的不同要求而灵活设定的。相对来说，硬故障诊断比软故障诊断容易很多[6]。

开关电流电路是由CMOS晶体管构成的基本存储单元以及开关组建而成，其可能发生的结构故障有三种[7]：（1）金属层断裂故障，造成源极与漏极浮地和开关输入与输出之间断开；（2）栅极多晶硅断裂故障，造成浮地栅极存储了一部分电荷，将CMOS栅极与开关绝缘或者使沟道宽度明显缩短；（3）如果减小晶体管动态范围，将有可能造成沟道阻抗增大[4]。对于开关电流电路中的MOS开关，可以进一步将上述几种故障按接通 R_{on}，断开 R_{off} 电阻分为三种情况：① $R_{on} > R_{on\varepsilon}, R_{off} \geq R_{off\varepsilon}$；② $R_{on} \leq R_{on\varepsilon}, R_{off} < R_{off\varepsilon}$；③ $R_{on} > R_{on\varepsilon}, R_{off} \geq R_{off\varepsilon}$，其中 $R_{on\varepsilon} = R_{ons} + \varepsilon_{on}$，$R_{off\varepsilon} = R_{offs} - \varepsilon_{off}$，$R_{on\varepsilon}$ 与 $R_{off\varepsilon}$ 为无故障理想开关接通与断开电阻，ε_{on} 与 ε_{off} 为预定的容差。显然，常闭故障（S/ON fault）使得 $R_{off} = R_{on} \leq R_{on\varepsilon} < R_{off\varepsilon}$ 是故障②的一种特殊情况，常开故障（S/OFF fault）使得 $R_{on} = R_{off} = R_{on} \geq R_{off\varepsilon} \geq R_{on\varepsilon}$ 是故障①的一种特殊情况。以上三种故障情况覆盖了灾难性和参数性错误。

电流开关将要流过输入的电流 I_{in}。设 V_{max} 为开关最大电压。通常情况 $V_{max} = V_{DD}$。对于一个无错误电路，其接通电阻应该足够小，这样最大流通电流($= V_{max} / R_{on}$)比最大输入电流 $I_{IN}(max)$ 大，同时其阻断电阻应该足够大，这样关断时的泄漏电流($= V_{max} / R_{off}$)低于容差值 I_{tol}。因此对于故障①，$V_{max} / R_{on} < I_{IN}(max)$，将会产生一个错误电流 $\Delta I = I_{IN} - V_{max} / R_{on}$。对故障②将产生高于容差的泄漏电流 V_{max} / R_{off}。令 V_{tol} 为开关等效电压 $V_{tol} = I_{tol}R_{off}$。因而存在故障②将产生超出容差的泄漏电流 V / R_{off}，其中 $V_{tol} < V < V_{max}$。最后，故障③兼有故障①和故障②。电流开关的故障模型总结如下：第一种故障产生超容差错误电流和容差内的泄漏电流，第二种故障产生容差内错误电流和超容差的泄漏电流，第三种故障产生超容差错误电流和超容差的泄漏电流。同理：电压开关故障模型可分为四类：第一种故障产生超容差时间常数 τ_{on} 和容差内的泄漏电流，第二种故障产生容差内的时间常数 τ_{on} 和超容差泄漏电流，第三种故障产生超容差的时间常数 τ_{on} 和超容差泄漏电流，第四种故障开关状态变化时产生冲激电荷效应。

在开关电流电路中，晶体管四种灾难性故障是栅源短路（GSS）、栅漏短路（GDS）、漏极开路（DOP）、源极开路（SOP）。开关电流电路硬故障模型可采用呆滞型故障模型进行建模，在这个呆滞型故障模型中，开路和断开是两个不同的概念，开路可以用于高阻抗故障建模，比如点缺陷，它存在于MOSFET沟道的氧化层当中，因此必须用大电阻仿真开路。呆滞短路故障是指元器件两端直接导线相连，可通过在元器件两端并联一个小电阻（1Ω）来实现，呆滞开路故障是指元器件端在电路中断开而与电路没有连接，可通过在开路点串联一个大电阻（1MΩ）来实现。仿真时模拟短路通常电阻值从 1Ω 增加到 1kΩ，模拟开路通常电阻值从 1MΩ 下降到 1kΩ。图3.2a是一个灾难性故障模型。除了硬故障外，漏栅电容 C_{gd}、栅源电容 C_{gs}，漏源电导 g_{ds} 和跨导 g_m 这几个参数也对开关电流电路的非理想性能有很大的影响，这些也必须包含在故障模型中[5]。在实际模拟时，可以引入一个或多个故障，或适当调整电容和电导参数的关系。参数性故障模型如图 3-2b 所示。

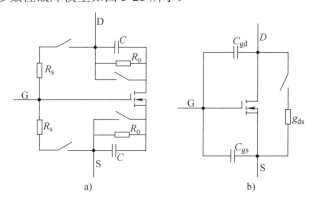

图 3-2　灾难性和参数性

a）灾难性故障　b）参数性故障

假设电路中一次只有一个故障发生，这可以使故障性能的分析简化，并可以提供最小的饱和故障群。也可以这样说，将所有出现的故障按顺序注入被测器件的晶体管中，再施加规定的测试激励信号进行模拟，分析出所得结果，看是否可以检测出故障。

3.4　诊断实例

3.4.1　基本存储单元硬故障测试

由于 MOS 开关引入了电荷注入误差，很难产生标准电流，为了简化电路结构，减少误差电流，所以采用省去 MOS 开关的第一代开关电流存储单元电路来做初步研究。引入硬故障模型的第一代存储单元电路如图 3-3 所示。

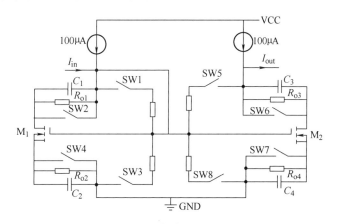

图 3-3　加入硬故障模型的存储单元电路

首先对无故障存储单元进行仿真，无故障时 SW2，SW4 闭合，其他开关断开，当 I_{in} 端加入–50μA 的直流电流时，在输出端得到输出电流为 49.294μA，误差电流为 0.706μA。该误差电流是由于 MOS 管的输出—输入电导比误差、调整误差和失配误差等引起的，但是由于没有 MOS 开关引入的电荷注入误差，大大减少了误差电流。

接着将两个 MOS 管的 8 个硬故障依次导入存储单元电路中。表 3-3 列出了各故障模式下的输出电流。当发生栅源短路故障时，模型中 SW1 断开，其他开关闭合，由于 M1 和 M2 管的栅极都接地，两个管子都截止，使电流源电流从输出端流出，导致他们的栅源短路故障电流相同，都是 100μA。M₁ 管的栅漏极本来是相连的，所以无栅漏短路故障，其输出电流与无故障时的输出电流相同，为 49.294μA。M₂ 管的栅漏短路故障输出电流是 10.263μA，很显然，这与其他输出电流是有区别的。M₁ 管和 M₂ 管的漏极开路和源极开路故障输出电流都比较接近，分别为 10mA 左右和 99μA 左右，相差仅 0.233mA 和 0.745μA。综上所述，表中输出电流分为了 5 个区域，不能区分的故障有 M₁ 管和 M₂ 管的栅源短路故障、M₁ 管的漏极开路和源极开路故障及 M₂ 管的漏极开路和源极开路故障。因此，对无 MOS 开关的基本存储单元电路进行硬故障测试，虽然情况较简单，但测试效果不理想，两个 MOS 管 8 个故障不能明显的区分，没有达到诊断的目的。

表 3-3　故障下的输出电流

	M1 管	M2 管
栅源短路	100μA	100μA
栅漏短路	49.294μA	10.263μA
漏极开路	10.139mA	98.769μA
源极开路	9.906mA	99.514μA

3.4.2　三阶低通滤波器硬故障测试

现在以三阶低通滤波器电路为诊断实例来做进一步的研究。电路如图 3-4 所示。

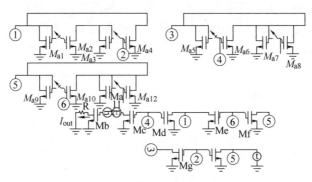

图 3-4　三阶低通滤波器电路

图中 MOS 晶体管的归一化跨导值为：M_a=1，M_b=0.049 25，M_c=0.031 53，M_d=0.051 25，M_e=0.065 66，M_f=0.031 53，M_g=0.038 88，M_h=0.030 34。电路截止频率为 5MHz，截止频率与时钟频率之比是 1：4，时钟频率为 20MHz，带内纹波 0.5dB。

首先对无故障三阶滤波器电路进行仿真，取样频率为 1kHz，得到无故障频率响应波形如图 3-5 所示。经过灵敏度分析，电路中最有可能发生硬故障的晶体管有两个，分别是 Md 和 Mg，形成了 Md-GSS、Md-GDS、Md-SOP、Md-DOP、Mg-GSS、Mg-GDS、Mg-SOP、Mg-DOP 共 8 种故障模式。下面将这 8 种故障模式依次导入电路中进行仿真，得到 8 种故障模式的频率响应波形如图 3-6 所示。从图中可以看出，Md-DOP 故障与无故障响应波形是重合的，不能区分出 Md-DOP 故障，除了 Md-DOP 故障外，其他几类故障都能明显地区分开来。通过该实例可看出，测量频率响应波形来区分故障比测量电流效果要好一些，但是这都只适合于电路较简单且发生故障晶体管较少的情况，如果电路中发生故障的晶体管较多时，故障检测率会大大降低。更重要的是，该方法不能检测软故障。

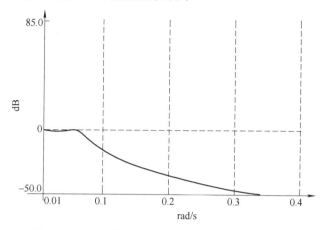

图 3-5　三阶低通滤波器电路的无故障频率响应波形

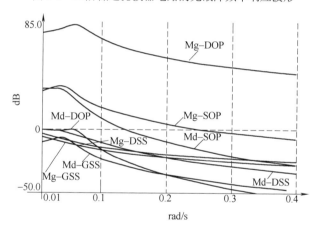

图 3-6　8 种硬故障频率响应波形

3.5　本章小结

本章首先对开关电流技术进行了讨论，综述了开关电流技术的发展及相对于开关电容技术的优势。接着详细分析了开关电流电路硬故障和软故障模型，对基于故障模型的开关电流硬故障测试方法做了初步研究，通过对两个电路实例测试，得到如下结论：

（1）故障信息量的主要构成是由电路中的电流这个参数所决定。然而，众所周知，电路中的电流很难测量到，通常，电路中的电流仅仅能在电路输入端或者输出端测量较为便利，而在电路的支路上测量电流却很困难，在支路上只能测到电压。但另一方面，电路中并不是任何一个节点都可以测量到电压，可测电压节点数非常有限，比电压节点数少得多，这样就造成了用于测试的故障信息量严重不足的局面，造成故障定位的不唯一性和模糊性，甚至根本不可诊断。通过对无 MOS 开关的基本存储单元电路进行硬故障测试，虽然情况较简单，但测试效果不理想，两个 MOS 管 8 个故障不能明显地区分，没有达到诊断的目的。

（2）该测试方法只能诊断硬故障，不能诊断软故障。由于硬故障的产生在本质上改变了电路的拓扑结构，诊断相对较容易。所以，目前电路故障诊断课题的瓶颈主要在于对软故障的诊断，寻找、提出既能诊断硬故障又能诊断软故障的新的开关电流电路测试和诊断方法具有非常重要的意义，为后续章节新的电路测试和故障诊断新方法的提出提供了思路。

参考文献

[1]　Fiez T, Allstot D. A CMOS switched-current filter technique[C]//Solid-State Circuits Conference, 1990. Digest of Technical Papers. 37th ISSCC., 1990 IEEE International. IEEE, 1990: 206-207.

[2]　Tsividis Y. Analog MOS Integrated Circuits—Certain New Ideas, Trends, and Obstacles[J]. IEEE Journal of Solid-State Circuits, 1987, 22(3): 317-321.

[3]　Eckersall K R, Wrighton P L, Bell I M, et al. Testing mixed signal ASICs through the use of supply current monitoring[C]//European Test Conference, 1993. Proceedings of ETC 93, Third. IEEE, 1993: 385-391.

[4]　Wang C P, Wey C L. Test Generation Of Analog Switched-Current Circuits[C]//Asian Test Symposium. IEEE Computer Society, 1996: 276-276.

[5]　Pan C Y, Cheng K T. Implicit functional testing for analog circuits[C]//2014 IEEE 32nd VLSI Test Symposium (VTS). IEEE Computer Society, 1996: 489-494.

[6]　Renovell M, Azais F, Bodin J C, et al. BISTing switched-current circuits[C]//Proceedings of the Asian Test Symposium. 1999: 372-377.

[7]　郭杰荣. 集成开关电流电路测试技术研究[D]. 长沙: 湖南大学, 2007.

第4章 开关电流电路伪随机测试与诊断

4.1 引言

混合信号电路在通信、多媒体等领域获得越来越广泛的应用。随着系统级芯片（SOC）的发展，混合信号电路在 IC 中所占的比重越来越大，对混合信号电路测试也就提出了越来越高的要求，故障诊断也变得更加复杂。一般来说，混合电路通常包括一部分模拟电路（运放、滤波器等），一部分数字电路（DSP 单元、控制逻辑电路等），还有数模、模数转换器等。由于包含有不同的模块，通常要求几种完全不同的结构来测试一个混合电路芯片，而且，通常情况下模拟电路及转换器的测试方法还没有数字电路测试方法成熟。模拟电路目前一般采用直接的功能测试：直接测量其性能参数并将其与设计者设定好的地容差范围进行比较，当所有规格都符合标准分 DUT 识别为无故障，否则为有故障。过长的测试时间以及测试所需复杂的测试设备使得功能测试非常昂贵，通常，测试一个模拟/混合信号芯片所花的成本，包括测试设备和测试时间，大约占整个制造成本的 30%。与数字电路测试不同，对模拟电路的测试采用的是直接功能测试，即直接测量电路的性能参数 Z 且检查它是否满足我们给出的参数范围。如果被测器件（DUT）满足这个范围，那么就是无故障电路；反之，则为故障电路。因为需要直接测量不同的性能参数，这需要复杂的测试设备来产生不同的激励，这导致直接功能测试价格相当昂贵，测试时间长、测试设备昂贵且精度差。最近报道了几种降低模拟器件与转换器功能测试成本的方法[1-2]，特别是通过嵌入在芯片激励产生器的 BIST 方法。然而由于需要各种不同类型的激励产生器来进行功能测试，很难使用 BIST 电路完成完整的测试。

在开关电流电路测试和故障诊断方面，现有的大部分模拟电路测试和故障诊断方法并不适合开关电流电路。目前有部分关于开关电流电路测试的文献，讨论测试原理、方法以及内建自测试（BIST）和 DFT，这些文献所采用的方法基本上可以分为两类：A）基于直流信号测试技术[3]，这种方法可以测试开关电流电路由 MOS 管故障造成的静态特性变化，如泄漏电流、输出电导、传输特性以及电压偏置等，但不能测试频率特性、动态特性以及失真等故障；B）基于时钟相位变换的测试[4-5]，利用改变时钟顺序将二分电路结构重组为串联电流镜结构并将输入与输出直流信号进行比较，该方法只适用于某一特定电路结构和只能测试部分电路功能或特定结构，相关文献讨论的都是开关电流二分电路结构。上述两种方法对于参数性故障、评估特征信号的容差范围等讨论都不多[12]。最近，文献[4-7]介绍了隐式功能测试的概念，该方法将伪随机数字测试技术应用于模拟测试，通过评估不同的电路响应来检测和定位模拟电路中的参数性故障。文献[6]提出了一种开关电流的伪随机测试方法。然而作者没有讨论标识样本的选择，而且也没有处理映射性能空间到识别信号空间的容差范围。为了有效应用于隐式功能测试环境，这种方法需要进一步改进。首先，为了减少误判率，大量的标识样本应该同时分析故障电路。其次，关于性能空间的容差范围映射到标识空间的容差范围需要详细的讨论。此外，在信号特征空间，灾难性和参数性故障实例需要划分边界。基于此，本章提出了一种用伪随机技术进行开关电流电路测试和故障诊断的方法[8]。该诊断方法是基于一个伪随机测试序列信号和基于对伪随机测试序列与相应的开关电流滤波器之间的互相关性的少量的标识特征样本评价。伪随机信号是包含多种频率成分的连续周期信号，其信号概率密度近似服从高斯分布，因此又称为伪高斯噪声信号。利用线性移位寄存器（LFSR）电路产生输入激励，通过分析和比较开关电流滤波器的状态响应样本，从而实现对灾难性和参数性故障诊断。为了验证所提出方法的有效性，一个 5 阶巴特沃兹低通开关电流滤波器和一个 6 阶椭圆带通滤波器被用来做测试实例。测试结果表明，该诊断方法有以下优点：1）伪随机输入序列信号可以由一个具有小的芯片面积的非常简单的电路产生；2）伪随机故障诊断在测试成本和模拟时间之间达到了一个好的平衡；3）以伪高斯噪声信号激励被测电路，直接根据其输出响应信号便可以判断电路中的故障，不需要进行多次诊断，故障诊断效率和故障覆盖率大大提高。

4.2 开关电流电路的伪随机测试和故障诊断

工程实际中绝大多数的模拟及混合信号电路（CUT）都可以认为是线性时不变（Linear Time-invariant, LTI）系统，系统的脉冲响应就代表了系统的特征。一般情况下，系统的脉冲响应很容易测量得到，评判一个电路是不是存在故障，最简单的方法是将系统发生故障时的脉冲响应与无故障脉冲响应作比较。而在实际测试中，如何测量到被测系统的脉冲响应呢？以一个脉冲信号作为激励直接加入到被测电路输入端，在输出端即可获得系统的脉冲响应。然而这种方法虽然简单但并不合适，原因是与所加的冲击信号的能量有关，如果能量过小，电路输出响应会被电路噪声所覆盖，如果能量过大，会对电路产生不利的影响。系统辨识理论告诉我们，一个电路如果是线性时不变系统，在被测电路输入端加入的是一个随机过程，相应地在电路输出端同样会产生一个随机过程。举例来说，电路输入端加入的随机过程是白噪声，那么电路输出端随机过程也是白噪声。另外由随机过程理论告诉我们，假设对被测电路施加一个白噪声激励，如果计算出输入信号与输出信号之间的互相关函数，会发现此互相关函数与白噪声激励下的脉冲响应只有一个常数因子的差别，也就是说，输入与输出之间成正比。因此，该被测电路的特征可以用此互相关函数来近似描述。测量到电路的近似脉冲响应，就完成了测试的第一步，能作为测试和故障诊断的基础，接着作相应的特征分析，最终实现对被测电路的测试与诊断[12]。

最近，学者提出了大量的模拟和混合信号电路测试方法，在这些方法中，伪随机技术测试法具有很多特点：该方法在测试时，能加大正常状态频域响应与故障状态频域响应之间的区别，便于故障定位和识别，因此大大提高了测试的效率和故障识别率；另外，测试激励信号产生电路简单，伪随机激励信号很容易生成，这个特点比较适合系统级芯片中对混合信号电路的内建自测试（BIST）。值得注意的是，电路输入端如果加入的是一个高斯白噪声，考虑到理想情况，输入信号与输出信号之间的互相关函数和它的脉冲响应基本相同，这个特点给我们提供了一个故障诊断的思路。

实际上，精确测量脉冲响应样本是非常困难的，因此，用伪随机技术来估计被测器件（DUT）的脉冲响应样本，利用这些样本来达到故障检测的目的。伪随机故障诊断包含以下三步：1）将模拟被测器件嵌入到数模转换器（DAC）与模数转换器（ADC）之间，将模拟系统转换为数字系统；2）在数字系统输入端加入伪随机序列 $x[n]$；3）在输入序列 $x[n]$ 与输出序列 $y[n]$ 之间计算互相关函数 $R_{xy}[m]$。线性时不变系统之所以采用伪随机序列作为激励，是因为其频谱中含有有限数目色调。用伪随机信号来激励的另外一个好处就是可以完全消除测试生成问题。文献[9]提到一种类似的测试结构，但没有说明识别信号与分类标准的建立。为了在识别特征信号空间区分无故障与故障电路，正确地识别特征信号可以有效提高伪随机测试效率。

众所周知，一个数字线性时不变系统能通过脉冲响应函数 $h[m]$ $(m=0,1,2,\cdots,\infty)$ 完全地表达出来，因此，尽管采集的脉冲响应函数 $h[m]$ 的样本时间不同，但这些样本都能用作候选的识别信号。研究表明，当一个数字线性时不变系统被加入一个伪随机序列 $x[n]$ 时，其脉冲响应可以通过计算输入、输出互相关函数 $R_{xy}[m]=E\{x[n-m]y[n],m=0,1,2,\cdots,\infty\}$ 来构建。从实际因素来看，仅仅用一个脉冲信号产生脉冲响应并不是最好的选择，所以我们用伪随机序列激励来产生脉冲响应，理论上，无限数目的伪随机序列 $x[n]$ 加入到系统中，为所有的候选标识信号 $R_{xy}[m]$ 计算出预期的随机变量 $x[n-m]y[n]$，即用互相关函数获得脉冲响应。而实际上，无限数目随机序列在现实中是无法实现的，只能用一个有限数目随机序列来代替，因此在作故障诊断时就会造成误识别，即可能将一个无故障电路识别为有故障电路。

采用伪随机信号对开关电流电路进行测试有许多优点：1）由于测试激励信号是伪随机序列，比如说白噪声，没必要再加一个测试产生电路，测试电路简单；2）易于生成高质量的测试标识信号，使测试成本最小化。基于数字信号处理的混合信号设计的内建自检也能用到这种测试结构。为了更加有效地运用伪随机测试技术，它的很多方面还值得进一步讨论，例如有限长度伪随机序列响应，ADC 测试等。高斯白噪声是一个 $\delta(t)$ 脉冲，在该脉冲作用下产生的脉冲响应能进行性能评估。当然，在实际上无法实现一个理想的和无限长度的伪随机序列，因而只能应用一个具有有限长度 N 的随机序列来对标识特征信号进行评测。

4.2.1　伪随机技术测试原理

混合信号电路伪随机测试原理图如图 4-1 所示，图中清楚地描述了伪随机技术测试原理，它的主要思想是将被测电路（CUT）放在 D/A、A/D 这两个转换器中间，将模拟线性时不变系统变换为数字线性时不变系统进行测试。LFSR 是一个线性反馈移位寄存器，其主要功能是产生 m 序列，m 数字序列通过 D/A 转换器变为模拟信号，再将此模拟信号经过带通滤波器后所得到的信号才是测试激励信号，该信号是一个呈高斯分布的带限白噪声。m 数字序列 $x[n]$ 被送入到 D/A 转换器，经过被测器件，从 A/D 转换器中得到输出信号 $y[n]$，输入激励信号 $x[n]$ 经过 m 采样延迟，得到不同延迟下的输入 $x[n-m]$，再将 $x[n-m]$ 与 $y[n]$ 作相关运算，计算出输入与输出之间的互相关函数值，即各种不同的特征参数值，最后对这些特征参数值进行分析和处理，以判断电路是否存在故障，达到故障诊断的目的。

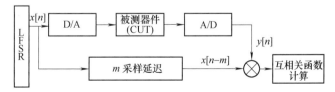

图 4-1　混合电路伪随机测试原理图

测试激励信号 $x[n]$ 是一个随机序列，它由线性反馈移位寄存器所生成。随着该随机序列输入到这个线性时不变待测器件中，在电路输出端会产生一个随机过程 Y，该随机过程会产生另一个随机序列 $y[n]$。随机过程 X 经过一线性时不变系统的线性变换而得到随机过程 Y。

根据随机过程理论，瞬态能决定任何随机过程，x、y 的瞬态和脉冲响应之间密切相关。系统的输出是输入与系统的冲激响应的卷积，即

$$y[n] = \sum_{k=0}^{\infty} x[n-k] \cdot h[k] \qquad (4\text{-}1)$$

设 $x[n]$ 的均值是 μ_x，标准差是 σ_x，当 $x[n]$ 是平稳白噪声时，则有

$$E[x[n] \cdot x[n+m-k]] = \mu_x^2 + \sigma_x^2 \cdot \delta[m-k] \qquad (4\text{-}2)$$

式中，$E[n]$ 是期望值；μ_x 是 $x[n]$ 的均值；σ_x 是 $x[n]$ 的标准差；δ 是脉冲值号。

被测器件（CUT）的输入与输出互相关函数为

$$R_{xy}[m] = E\{x[n] \cdot y[n+m] = E\left[x[n]\sum_{k=0}^{\infty} x[n+m-k] \cdot h[k]\right]$$
$$= \sum_{k=0}^{\infty} h[k] \cdot E[x[n] \cdot x[n+m-k]] = h[m] \cdot \sigma_x^2 + \mu_x^2 \sum_{k=0}^{\infty} h[k] \qquad (4\text{-}3)$$

如果 $\mu_x = 0$，那么特征值 $R_{xy}[m]$ 将与冲激响应 $h[m]$ 成正比，故可以将 $R_{xy}[m]$ 序列作为分析对象来对电路进行测试，其中序号 $m \leqslant k-1$，即只取冲激响应衰减时间段内的前 k 个点，因为对 $m \geqslant k$ 的点，$R_{xy}[m]$ 已趋于零。

假设随机过程 X、Y 具有各态历经性，那么互相关函数 $R_{xy}[m]$ 的计算可以由原来的求统计平均数改变为时间平均运算。但是，时间平均运算有约束条件，就是计算时要求用无限的采样点，$x[n]y[n+m]$，$n = 0,1,2,\cdots,\infty$。而实际中我们只能使用有限的 N 个随机序列去估计真实的特征值 $R_{xy}[m]$，估计值可表示如下

$$R_{xy}[m] = \frac{1}{N}\sum_{n=0}^{N-1} x[n] \cdot y[n+m]$$
$$= \sum_{k=0}^{\infty} h[k] \cdot \frac{1}{N}\sum_{n=0}^{N-1} x[n] \cdot x[n+m-k] \qquad (4\text{-}4)$$

上式两边取均值，可得到

$$E[R_{xy}[m]] = \sum_{k=0}^{\infty} h[k] \cdot \frac{1}{N}\sum_{n=0}^{N-1} E(x[n] \cdot x[n+m-k])$$
$$= h[m] \cdot \sigma_x^2 + \mu_x^2 \cdot \sum_{k=0}^{\infty} h[k] \qquad (4\text{-}5)$$

上述几个公式说明了这样一种情况：估计值均值等于其实际值。同时，仿真结果也告诉我们，估计特征值呈现高斯分布，输入序列长度 N 的开方越大，估计特征值的标准差越小，即成反比。因为估计特征值具有随机性，相应地在对被测器件作测试时会出现误识别，即将无故障类划分为故障类。然而当输入序列数 N 很大时，会使标准差的值降低，从而使误识别的概率大大降低。

4.2.2 伪随机序列的生成

采用伪随机技术来对开关电流电路进行测试，首要问题就是如何产生一个伪随机序列。选择伪随机序列作为测试激励信号的主要原因是它的测试序列简单。线性反馈移位寄存器的

结构图如图 4-2 所示，线性反馈移位寄存器有多少级，在其输出端就会生成多少位的周期性伪随机序列。序列的周期由序列中的非零值决定，也就是说，假设序列有全部 $2^n - 1$ 非零值，它的周期为 $2^n - 1$，且此序列的长度最大。从图 4-2 可看出，n 个触发器构成了 n 阶移位寄存器，再加上 n 个异或门电路一起构成了 n 阶线性反馈移位寄存器，$a_0, \cdots, a_{n-1}$ 是移位寄存器中 n 个触发器的输出，而 a_n 作为移位寄存器输入，它是 n 个触发器的输出与反馈信号的异或，即

$$a_n = \sum_{i=0}^{n-1} a_i c_i = a_0 c_0 \oplus a_1 c_1 \oplus \cdots \oplus a_{n-1} c_{n-1} \tag{4-6}$$

式中，系数 $c_0, \cdots, c_{n-1}$ 的值为 0 或者 1。假设 $c_i = 0$，不存在反馈，第 i 个触发器输出 a_i 与反馈电路没有相连；假设 $c_i = 1$，存在反馈，第 i 个触发器输出经过一个异或门反馈到移位寄存器的输入。

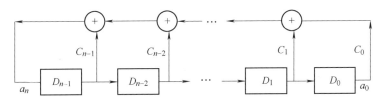

图 4-2   线性反馈移位寄存器结构图

从图 4-2 可看出，从线性反馈移位寄存器输出端得到的是数字随机序列，直接用这个 m 数字随机序列来作为测试激励信号是不合适的，我们要求的激励信号是呈高斯分布的白噪声，且其均值为 0，最简单的方法就是先将这个数字随机序列输入到 D/A 转换器中进行转换得到模拟信号，再将这个模拟信号通过带通滤波器处理就可以得到所要求的测试激励信号。需要提醒的是，要得到均值为 0 的白噪声激励，带通滤波器的输入模拟信号，也就是 D/A 转换器的输出必须是双极性电压信号，如果是电流信号，也必须将它转换过来，这样才会获得符合要求的白噪声激励。

4.2.3   空间映射

在生产集成电路芯片时，由于生产工艺、生产环境等因素，在生产制造过程中不可避免地出现干扰，使生产出来的元器件精度受到影响，一部分元器件值存在误差。而在测试这些含容差元器件的电路时，测试难度加大，且花费的时间较多，所以采用空间映射的方法。如图 4-3 所示，我们能这样来描述电路实例，它的相关参数设置在不同参数空间。例如：参数 P 设置在工艺制板空间（例如，离子束能量），参数 X 设置在器件空间（例如，栅极宽度），参数 Z 设置在性能参数空间，通带增益、阻滞衰减是滤波器电路的性能参数，它们属于性能参数空间。参数 R 设置在标识特征空间，也就是冲激响应采样值空间，标识特征空间是进行故障诊断的空间，它是一个二维空间，只取二个值的目的是识别故障简单，且故障覆盖率高。

空间映射，其实就是将工艺制板、器件、性能参数和标识特征这四个空间相互联系起来，最常用的方法就是蒙特卡罗法。首先来看工艺制板、器件和性能

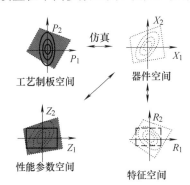

图 4-3   不同的参数空间的电路实例映射

参数这三个空间的联系。在工艺制板和器件空间，采用描点法，根据参数值在这两个二维空间标出相应的点，标出的点数量不限，可以很多，但必须注明哪些点属于故障电路，哪些点属于无故障电路。接着按照上面两个空间标出的点，通过模拟仿真获得相应的性能参数，这样就将工艺制板、器件空间的点映射到性能参数空间。然后在性能参数空间根据仿真出来的性能参数值标出相对应的点，还要注明是有故障的还是无故障的。以上过程就完成了工艺制板、器件和性能参数这三个空间的映射。然后，需要将性能参数空间映射到特征空间，也就是说在特征空间里做出与性能参数空间相对应的点来。方法也很容易：根据性能空间上的每一个点，进行模拟仿真得到其脉冲响应，再选择适当的特征参数，例如：选择两个互相关函数值 $R_{xy}[12]$ 和 $R_{xy}[20]$。这样就完成了这四个空间的映射。

上述方法需要提出以下说明：1）这四个空间的点，指的就是某一个电路，点与电路是相互对应的，在每一个空间，不同的点对应的电路也不同，而这里指的电路不同，并不是指由不同的元器件组成或者电路拓扑结构不一样，而是指电路中某个元器件参数值取值不同；2）在工艺制板、器件、性能参数空间和特征空间这四个空间都可以找到相对应的点，这四个点不是指四个电路，而是指的是同一个电路，空间映射将它们联系在一起。

4.2.4　候选信号的选择

理论上有一个无限数目的脉冲响应样本 $h[m],m=0,1,\cdots,\infty$ 可作为候选信号。然而，对于一个固定的 LTI 系统，其脉冲响应会逐渐趋于 0。因此，那些大的 $h[n]$ 仅仅带有 LTI 的 DC（静态）行为信息，所以只需使用脉冲响应落在有意义范围的样本（带有静态和动态信息）作为候选信号。根据傅立叶变换关系，有意义的信号部分近似等于 Fs/BW，其中 Fs 为 ADC 采样频率，Fs/BW 为 LTI 的–3dB 带宽。当 ADC 的采样率非常高的时候，Fs/BW 的值非常大，而过多的脉冲响应样本就是多余的。对于一个具有 p 极点和零点的 LTI 系统，仅仅任意的脉冲响应样本就足够表述系统了。由于典型 LTI 系统的 p+q+1 的值通常比较小（<10），候选信号的数目也可以很小。一个简单的选择候选信号的策略是在 Fs/BW 均匀地采样。我们的实验表明，通常有 15～30 候选信号就够了，从中选择几个最合适的用于识别分类。

4.2.5　特征信号的容差范围

这一小节开始讨论信号特征空间的边界划分。

在电子器件生产制造过程中，电路可能发生的故障有两种：灾难性故障和参数性故障。一个电路发生故障后，如果它的拓扑结构发生了变化，这属于灾难性故障，举例来说，电路中的短路故障和开路故障都属于灾难性故障。另一类故障是参数性故障，其不会使电路拓扑结构发生改变，而是元器件参数发生了变化，通常，在实际制造过程中不可避免地会出现工艺制板参数的随机扰动，这个随机扰动不可避免地会引起参数性故障。提前设定好设置在工艺制板空间的参数 P 系列，通过随机改变这一 P 系列，大量的电路实例会在工艺制板空间产生。接着通过空间映射的方法将这些电路实例映射到器件空间、性能空间和信号特征空间。这时我们重点来分析信号特征空间的每一个点，按照这些点在特征空间所处的位置是否在其容差范围内来判断，如果在容差范围内，属于无故障电路实例，反之，属于故障电路实例。一般情况下，故障和无故障电路实例分别都会聚集在一起，因此可以划分出信号特征空间的边界，从而可进行故障和无故障识别。信号特征空间边界的获得是基于大量标识实例（故障和无故障）即训练系列，这些训练系列是通过蒙特卡罗模拟产生的。

　　然而，在信号特征空间，虽然故障和无故障电路实例会分别聚集在一起，但在边缘处各有一小部分电路实例会混合在一起，即故障和无故障电路实例出现混合，不能精确划分边界导致误识别。误识别是不可避免的，但我们可使误识别比例降低到最低，目标是得到最小百分比的误识别的边界划分。作故障诊断时，我们用的是特征信号而不是性能参数，故障覆盖率将有所降低，这主要是两个方面的原因引起的：1）在信号特征空间，无故障与有故障电路实例的混合；2）被估计的特征信号的不确定性。

4.3 应用实例

　　本节提供了两个应用实例来验证采用脉冲响应样本进行伪随机故障诊断的有效性。来用做电路分类的两个实例分别是一个 5 阶开关电流巴特沃斯低通滤波器和一个 6 阶椭圆带通开关电流滤波器，其小信号等效电路如图 4-4 所示。对于巴特沃斯低通滤波器，性能参数 Z 的指标如下：静态增益 A_v（归一化值 $A_v=1$），通带波纹（1dB），时钟频率 f_o（归一化值 $f_o=10\text{kHz}$）和截止频率 f_c（归一化化值 $f_c=10\text{kHz}$）。对于椭圆带通滤波器，性能参数 Z 的指标如下：最大允许通带波纹 $A_{\max}$（归一化化值 $A_{\max}=1\text{dB}$）和通滞增益 A_v（归一化化值 $A_v=1$），阻带最小允许衰减 $A_{\min}$（归一化化值 $A_{\min}=40\text{dB}$），时钟频率 f_o（归一化化值 $f_o=5\text{kHz}$）。考虑到开关电流电路有其特殊性，通过灵敏度分析，可得到滤波器性能参数和 MOS 管参数的性能接受区域，如图 4-5 所示。进行 ASIZ 仿真时选择了 MOS 管参数 C_{gs} 和 g_m，设置的标准容差范围是 5%。

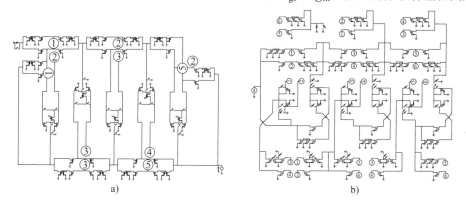

a)　　　　　　　　　　　　　　　　　　　　　　b)

图 4-4　低通与带通滤波器的小信号等效电路

a）低通滤波器　b）带通滤波器

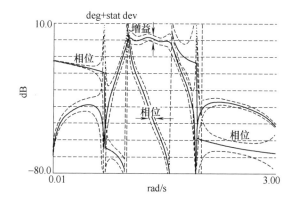

图 4-5　带通滤波器的性能接受偏差区域

4.3.1　序列参数选择

$R_{xy}(t)$ 的频谱表明了第一个过零点在 $f_o = 1/\Delta t$。因此，要测试截止频率为 f_c 的一个电路，通常 f_o 应该略大于 f_c。假设取经验值 $\Delta t = f_o/5$，这样伪随机序列脉冲宽度 $\Delta t \leqslant 1/5 f_c$。举例来说，假设 $f_c = 100\mathrm{MHz}$，可得到 $\Delta t \leqslant 2\mathrm{ns}$。当输入脉冲总数 N 范围从 31 变化到 127 时，$R_{xy}(t)$ 估计的结果如图 4-6 所示。为确保信号的功率谱接近"白噪声"，N 可以设置得更大，对于以下的实验，N 设置为 63，因此，选择一个 6 位的 LFSR，这个 6 位 LFSR 能产生 63 个向量的伪随机序列，选定的值可以实现在 DUT 的脉冲响应和互相关函数 R_{xy} 之间达到一个良好的对应关系，带通滤波器的脉冲响应 $h(t)$ 与互相关函数 $R_{xy}(t)$ 如图 4-7 所示。

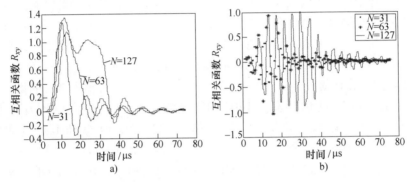

图 4-6　不同长度 N 的输入伪随机序列获得的互相关函数

a）巴特斯低通滤波器　b）椭圆带通滤波器

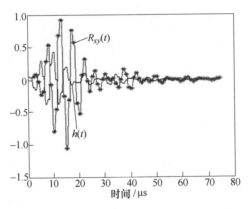

图 4-7　带通滤波器的脉冲响应 $h(t)$ 和互相关函数 $R_{xy}(t)$

4.3.2　开关电流电路测试

这一节的目的是为了对在前面几段提出的开关电流滤波器进行测试以及更准确地对电路作伪随机故障诊断。开关电流电路完全与 CMOS 工艺兼容，电路里不含运放和线性浮置电容，所以 SI 性能故障不与运放和电容有关，而是由 MOS 晶体管的非理想因素引起的。一方面，灾难性故障会对 SI 电路的性能造成破坏性的影响；另一方面，MOS 晶体管参数的改变引起的参数性故障是由 CMOS 工艺过程造成的。比如说：MOS 晶体管宽长比改变、晶体管电流增益的变化和晶体管动态范围减小以及金属隔离层厚度的变化等。对开关电流电路性能误差影响最大的是漏栅电容 C_{gd}、栅源电容 C_{gs}，漏源电导 g_{ds} 和跨导 g_m，例如，晶体管失配误差会被不同的电容和电导引起，有限输入输出电导比误差与 g_{ds}/g_m 成比例，不完整可调误差与 C_{gd}/C_{gs} 一致等。

　　为了确定该测试方法的有效性，采用伪随机测试来对带通滤波器进行故障模拟，在故障模拟中采用的输入激励信号是模拟一个 6 位的 LFSR（$N=63$）的 Matlab 序列，采样频率为 $f_0=5\mathrm{kHz}$。采用单晶体管短路（1Ω）和开路（$1\mathrm{M}\Omega$）故障模拟（图 3-2a）和参数性故障模型（图 3-2b），当采用以上的故障模型代替电路原来的 MOSFET 来测试脉冲响应即可得到故障脉冲响应，然后这些故障脉冲响应再与无故障脉冲响应进行比较。对于每一个晶体管，通过设置 4 种或 5 种不同的参数比值来引入两种不同的参数性故障，这两种不同的参数性故障是：有限输入输出电导比 g_{ds}/g_m 和 C_{gd}/C_{gs} 比。这样做的目的是为了反映实际参数性故障随机行为。除了两种参数性故障之外，所有的晶体管依次注入四种灾难性故障（GSS、GDS、DOP、SOP），在故障仿真时，每次仅仅一个故障被注入，这导致大量的故障实例。参数性故障参数 g_{ds}/g_m 和 C_{gd}/C_{gs} 分别被设置为 0.001，0.005，0.01，0.0125，0.05 和 0.001，0.01，0.05，0.1，1，而灾难性故障参数 R_s，R_o，C 分别设置为 0.1Ω，0.3Ω，0.6Ω，1Ω，10Ω，100Ω 和 $1\mathrm{k}\Omega$，$3\mathrm{k}\Omega$，$6\mathrm{k}\Omega$，$9\mathrm{k}\Omega$，$1\mathrm{M}\Omega$ 和 $1\mathrm{fF}$。

　　从图 4-8 可看出，低通滤波器的开路与短路故障引起了脉冲幅度的显著变化，因此可以轻松地实现故障识别。然而，对于 GSS、GDS、SOP 故障，基本的波形变化不大，但幅度明显改变，这样与无故障响应比较容易识别出来，而对 DOP，基本的波形变化明显，这也很容易识别。图 4-9 表明了带通滤波器的参数性故障，显然，脉冲响应的幅度明显随着参数性故障参数 g_{ds}/g_m 和 C_{gd}/C_{gs} 而改变，最高值可以作为一个识别信号。从图 4-10 可看出带通滤波器四种灾难性故障（GSS、GDS、DOP、SOP）的 R_{xy} 值的差异。

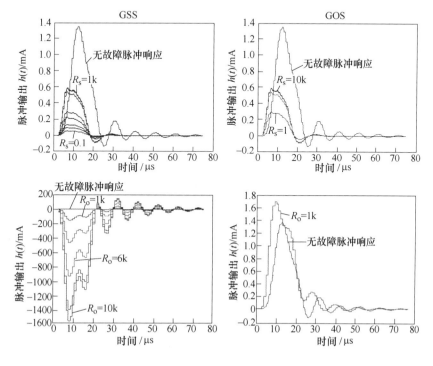

图 4-8　低通滤波器的灾难性故障测试

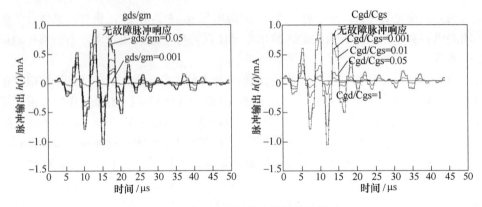

图 4-9   带通滤波器的参数性故障测试

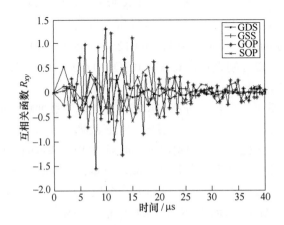

图 4-10   带通滤波器的互相关函数 $R_{xy}(t)$

4.3.3   测试结果及分析

一旦被测器件 DUT 的脉冲响应的估计通过互相关样本实现，可以冒着误诊断的风险，根据样本需要区分故障（灾难性故障和参数性故障）和无故障电路。通过随机改变灾难性故障参数和参数性故障参数，会产生大量的电路实例。通过蒙特卡罗模拟，在性能和标识特征空间可得到大量不同的电路实例。鉴于其相应的规格和位置（在图 4-5 可接受区域的内部或外部区域），在标识特征空间可以标记为无故障或有故障电路实例。根据有故障和无故障电路聚集在同一区域，在标识特征空间定义一个接受区域是很容易的。图 4-11 表明，在互相关样本中选择 $R_{xy}(12)$ 和 $R_{xy}(20)$ 为被测器件 DUT 的标识特征信号。

对于不同的故障类别，故障覆盖率（FC）可定义为

$$故障覆盖率 = \frac{检测到的故障}{注入的故障} \times 100\% \tag{4-7}$$

采用伪随机测试法和公式 4-7 的定义，得到整体故障检测率如图 4-12 所示，从图中可看出，横坐标是各种不同的故障类型：GDS、GSS、DOP、SOP、g_{ds}/g_m 和 C_{gd}/C_{gs}。，纵坐标是故障覆盖率。结果表明，开路的故障覆盖率略低于短路的，参数性故障测试略高于开路故障。从图中也可看出，故障覆盖率都接近 95%，因此该测试方法能获得较高的故障覆盖率。

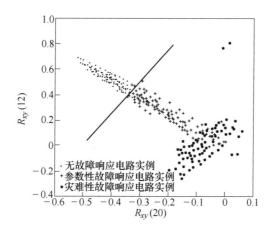

图 4-11　带通滤波器的信号特征空间边界划分

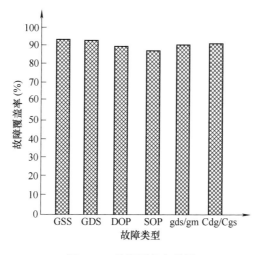

图 4-12　故障覆盖率结果

4.4　本章小结

　　针对开关电流电路测试和故障诊断难题，本章将伪随机激励信号引入到开关电流电路测试中，讨论了伪随机测试技术在开关电流电路测试中的应用，通过检测和对比故障特征信号（脉冲响应样本）与器件容差范围，不用明确测量原始性能参数，就能正确地对被测器件进行故障识别。另外，还讨论了伪随机激励信号的生成，论述了在工艺制板空间、器件空间、性能空间和识别特征空间进行空间映射的方法以及特征信号的容差范围。本方法的主要优点是：1）伪随机输入序列信号可以由一个具有小的芯片面积的非常简单的电路产生；2）伪随机故障诊断在测试成本和模拟时间之间达到了一个好的平衡；3）以伪高斯噪声信号激励被测电路，直接根据其输出响应信号便可以判断电路中的故障，不需要进行多次诊断，故障诊断效率和故障覆盖率大大提高。以一个 5 阶巴特沃斯低通开关电流滤波器和一个 6 阶椭圆带通滤波器为例进行了测试验证，对开关电流电路基本灾难性和参数性故障进行了仿真测试，结果证明该测试和故障诊断方法是行之有效的。

参考文献

[1]   Teraoka E, Kengaku T, Yasui I, et al. A built-in self-test for ADC and DAC in a single-chip speech CODEC[C]//Proceedings of the IEEE International Test Conference on Designing, Testing, and Diagnostics-Join Them. IEEE Computer Society, 1993: 791-796.

[2]   Toner M F, Roberts G W. A BIST scheme for a SNR, gain tracking, and frequency response test of a sigma-delta ADC[J]. IEEE Transactions on Circuits & Systems II Analog & Digital Signal Processing, 1995, 42(1): 1-15.

[3]   Sether G E, Toumazou C, Taylor G, et al. Built-in self test of S 2 I switched current circuits[J]. Analog Integrated Circuits & Signal Processing, 1996, 9(1): 25-30.

[4]   Olbrich T, Richardson A. Desing and self-test for switched-current building blocks[J]. Design & Test of Computers IEEE, 1996, 13(2): 10-17.

[5]   Renovell M, Aza&#, S, F, et al. Functional and Structural Testing of Switched-Current Circuits[C]//Test Workshop 1999. Proceedings. European. 1999: 22-27.

[6]   Pan C Y, Cheng K T. Pseudorandom testing for mixed-signal circuits[J]. IEEE Transactions on Computer-Aided Design of Integrated Circuits and Systems, 2010, 16(10): 1173-1185.

[7]   Marzocca C, Corsi F. Mixed-Signal Circuit Classification in a Pseudo-Random Testing Scheme[C]//IEEE International On-line Testing Workshop. IEEE Computer Society, 2001: 0219.

[8]   Pan C Y, Cheng K T. Implicit functional testing for analog circuits[C]//2014 IEEE 32nd VLSI Test Symposium (VTS). IEEE Computer Society, 1996: 489-494.

[9]   Pan C Y, Cheng K T. Pseudorandom Testing and Signature Analysis for Mixed-Signal Systems[C]// International Conference on Computer-aided Design. 1995: 102-107.

[10]   Long Y, He Y, Liu L, et al. Implicit functional testing of switched current filter based on fault signatures[J]. Analog Integrated Circuits & Signal Processing, 2012, 71(2): 293-301.

[11]   M. Ohletz. Hybrid built-in self-test for mixed analog/digital integrated circuits[C]//In Proc. Eur. Test Conf, Apr. 1991: 307-316.

[12]   郭杰荣. 集成开关电流电路测试技术研究[D]. 长沙: 湖南大学, 2007.

第5章　基于故障字典和信息熵预处理的
开关电流电路故障诊断

5.1　引言

开关电流电路由受时钟控制的 MOS 开关和 MOS 晶体管构成，MOS 晶体管在其栅极开路条件下，存储在栅极氧化电容上的电荷能维持其漏极电流。开关电流电路是电流域模拟采样数据系统，具有不需要浮地电容、与数字 VLSI 工艺兼容、适合于低电压工作、芯片面积较小、适合高频应用等优点，在混合模数系统设计领域越来越受到重视。在离散时间模拟电路领域，开关电流技术越来越被认为可以取代开关电容技术。然而，在故障测试方面，元器件存在容差、非线性问题和差的电路故障模型等因素使开关电流电路和模拟电路故障诊断难度大大增加，使其成为极具挑战性的研究课题。一般来说，容差指元件的参数在容差范围内存在随机的偏移，由于容差普遍存在，引起了故障存在模糊性，即故障的可测性变差。从电路故障诊断的实践来看，故障诊断面临的最大困难是元件参数的容差。实际的模拟和开关电流电路往往含有非线性元件，而且大量的非线性问题在线性电路中也常存在，所以在故障诊断时，难免会有庞大的计算量和复杂的计算公式。模拟和开关电流电路中输入与输出之间的关系复杂且难以模型化，导致至今缺乏有效与通用的故障模型进行故障诊断。最近，相关文献已提出了各种有用的技术对模拟电路进行故障诊断，如故障字典技术、小波技术、参数识别技术和模拟电路故障诊断神经网络方法[1-3,4-5,6-8]，但开关电流电路故障诊断和测试方面的工作却做得较少。总结这些研究内容，这些方法可归纳为两种类型：1）基于直流信号诊断技术[14-15]，SI 电路中由于 MOS 晶体管发生故障而引起电路静态性能发生变化，直流信号诊断技术能将这些变化测试出来，诸如：泄漏电流、传输特性和电压偏置等，但有的故障测试不出来，比如：频率特性、动态性能和失真等故障；2）基于改变时钟顺序的测试[16-17,9]，该方法的主要思想是改变时钟相位顺序，这个过程能使二分电路结构重新组合成串联电流镜，然后测量到输入和输出信号并进行对比，以此来达到测试的目的。在过去的几年里，有一些文献讨论了开关电流电路测试，包括测试原理、测试生成以及内建自测试（BIST）[17-19,9-11]，其中，在参考文献[19]和本书第四章的工作中提出了开关电流电路伪随机测试和故障诊断技术，但没经过任何预处理。使用数字线性反馈移位寄存器电路产生输入激励，通过分析开关电流状态响应样本，从而实现了灾难性故障和参数性故障测试。参考文献[15]提出了一个内建自我测试结构，适应于任何类型的由相同的存储单元所构成的开关电流电路结构。参考文献[10]提出了一种并行的基于 S^2I 细胞元作为基本模块的开关电流电路自我测试概念。在参考文献[17]中提到了功能和结构相结合的混合方法的优点。然而，考虑到开关电流电路中一些特殊的结构问题，如晶体管的失配误差、有限输出输入电导比误差、电荷注入误差、时钟馈通不完全可调误差等，还有开关电流电路中的 CMOS 参数，如漏栅电容 C_{dg}，栅源电容 C_{gs} 和跨导 g_m，由于以上的种种因素，在开关电流电路中难以构建一个良好的灾难性和参数性故障模型。另外，在参考文献[19]中，使用伪随机技术将数字测试技术应用到模拟电路故障诊断中，这可能导致更长的故障检测时间和复杂的故障检测结构。

最近，在文献[1-3]中，模拟电路故障诊断引入了预处理的概念。在文献的介绍中，正在研究使用小波分解预处理电路脉冲响应来训练神经网络[1-2]。通常情况下，小波变换是进行数据分析的一个有用的工具，但在诸如在线故障诊断这样的实时状态，没有什么好的算法，它并不适应于复杂的计算。在文献[3]的工作中提出了利用熵和峭度作为预处理器的一个新的基于神经网络的模拟电路故障诊断方法。然而，使用峭度这样的高阶统计量也有其相应的缺点：其中之一是，要实现高阶矩和高阶累积量的可靠估计，比二阶统计量的估计需要更多的样本。另一个缺点是，高阶统计量可能对数据中的野值非常敏感。举例来说，那些具有最大绝对值的少数样本数据可能在很大程度上决定了峭度的值，这样可能会导致误诊断。还有，在文献[3]中需要两个特征参数必须输入到神经网络中作进一步故障分类。

在模拟电路和开关电流电路故障诊断的诸多方法中，故障字典法因为可诊断条件无严格限制，非常适用于诊断非线性电路和在线故障诊断，实用性较强，越来越受到重视。但是传统的故障字典法一般只适用于单、硬故障的诊断，对软故障特别是电路中的容差影响尚缺少系统而有效的处理方法，使传统故障字典法存在较大的局限性。本章基于信息熵预处理原理，提出了一种可诊断开关电流电路中软故障和硬故障的故障字典故障诊断方法[6]，信息熵将被用来作为唯一的特征参数来识别故障字典中的故障类别。一种新的特征提取方法用于简化故障字典结构，并减少其故障诊断时间。不同频率的正弦信号输入到被测器件（CUTs）中，以及由此产生的时域响应被采样产生特征参数。时域响应数据进行采样并计算其信息熵，熵对于一个信号来说是唯一的，代表了信号的信息容量。

5.2 信息熵理论

估计理论给出了一种刻画随机变量的方法，一种方法是由信息论给出的。由信息论可知，信息本身蕴含某种不确定性，信息源的不确定性与信息源所包含随机事件的可能状态数及每种状态出现的概率有关。因此，以信息量作为出现故障的特征从而判定复杂电路系统当前所处状态，实现故障定位和诊断是一个可行的思路。在本章中，当电路中故障类别不是特别多的情况下，将应用信息熵作为预处理器来对中、小规模开关电流电路进行故障诊断。

5.2.1 熵的定义

熵是信息论中的基本概念。信息论最初所处理的问题是数据压缩与传输领域中的问题，其处理方法利用了熵和互信息等基本量，它们是随机过程的概率分布函数的基础。熵可以看作是随机变量的平均不确定度的度量。在平均意义下，它是为了描述该随机变量所需的比特数。在信息论中，熵是信息源包含信息多少的测度。一个系统有序程度越高，熵越小，所包含的信息就越多，系统就越稳定；反之，系统的无序程度越高，熵就越大，信息量越小，系统就越不稳定。对于一个离散取值的随机变量 X，它的熵 H 定义为[12-13]

$$H(X) = -\sum_i p(X = a_i) \log p(X = a_i) \tag{5-1}$$

式中，a_i 为 X 的可能取值；$p(X = a_i)$ 为 $X = a_i$ 的概率密度函数。

熵的单位与式（5-1）中对数 log 选取的基底有关，基底不同，熵的单位也不同。一般情况下，基底都选为 2，此时单位叫作比特。可定义函数 f 为

$$f(p) = -p \log p \qquad 0 \leqslant p \leqslant 1 \tag{5-2}$$

这是一个非负的函数，当 $p = 0$ 和 $p = 1$ 时等于零，在中间值处为正，利用这个函数，可以把熵写成[12]

$$H(X) = \sum_i f(p(X = a_i)) \tag{5-3}$$

可以看到，当概率 $p(X = a_i)$ 接近于 0 或 1 时熵较小，而概率在中间时熵较大。实际上，对随机变量的熵的理解是评测一个随机变量所得到的信息度量。随机变量的熵的大小与该随机变量的随机性有关，该变量越随机，即越没有什么规律可言，其熵值越大。举例来说：假设一个随机变量，它有 N 种可能的取值，它其中的一种取值概率为 1，而其余取值的概率为 0，这表现为它总是取概率为 1 的那个取值，每次都取相同的值，也就是说，该随机变量没有什么随机性，此时其熵值较小。相反，假设所有取值的概率都相等，每种取值都有可能发生，也就是说该随机变量随机性很强，这表示其熵值较大。

5.2.2　微分熵和极大熵

以上讨论的都是离散随机变量的熵，可以将熵的定义扩展到微分熵，连续随机变量或者随机向量的熵叫作微分熵。密度为 $p_x(\xi)$ 的随机变量 x，其微分熵 H 定义为[12]

$$H(x) = -\int p_x(\xi) \log p_x(\xi) \mathrm{d}\xi = \int f(p_x(\xi)) \mathrm{d}\xi \tag{5-4}$$

与熵的定义一样，微分熵也是对连续随机变量随机性的一种度量。如果连续随机变量没有什么随机性，那么它的微分熵就较小。极大熵方法在很多领域中都有应用，该方法将熵的概念用于正则化任务。假设关于信号的随机变量 x 的密度 $p_x(\cdot)$ 的可用信息形如下[12]

$$\int p_x(\xi) F^i(\xi) \mathrm{d}\xi = c_i, \quad i = 1, \cdots, n \tag{5-5}$$

实践中意思是指已经估计出信号 x 的 n 个不同函数的期望 $E\{F^i(X)\}$（注意，在此处是指标而不是指数）。一般来说，函数 F^i 未必是多项式。熵在这里可以作为一种正则化的度量，它可以帮助找出与测量相容的、结构化程度最低的密度。换言之，可以把极大熵密度解释成与测量可比较、对数据施加最少假设的那个密度。这是因为，熵可以解释成随机性的一种度量，因而，极大熵密度是满足这个约束的所有 pdf 之中最随机的那一个。极大熵方法的基本结果说明，在适当的规则性条件下，满足约束式（5-5），并且在所有这种密度中具有极大熵的密度 $p_o(\xi)$，形如[12]

$$p_o(\xi) = A \exp\left(\sum_i a_i F^i(\xi)\right) \tag{5-6}$$

式中，A 和 a_i 是利用式（5-5）中的约束[即将式（5-6）右边替换式（5-5）中的 p]和约束 $\int p_o(\xi) \mathrm{d}\xi = 1$，从 c_i 确定出的常数。

现在，考虑可以取实直线上所有值、具有零均值和某个固定方差（比方说 1）的随机变量的集合（于是即有两个约束）。对于此种变量，其极大熵分布是高斯分布。这是因为，由式（5-6），该密度具有如下形式[12]

$$p_o(\xi) = A \exp\left(\sum_i a_1 \xi^2 + a_2 \xi\right) \tag{5-7}$$

由定义可知，此种形式的密度是高斯的。这样可得到一个基本结论：在随机变量具有单位方差的条件下，呈高斯分布的随机变量具有极大熵。这说明了随机变量非高斯性可以用熵来度量，实际上，随机变量的熵越大，该随机变量就越随机，也可以说其结构化程度越低，由于高斯分布具有极大熵，所以高斯分布是最随机的分布。相反，对取值很明显地聚集于同一个值的分布，也就是说，当该随机变量很清楚地聚集，或者具有一个"长而尖"的 pdf 时，它的熵较小[12]。

5.2.3　用非多项式函数近似熵

将基于近似极大熵方法引入熵的逼近[12]。此方法的动机是这样的：一个分布的熵，不可能像在式（5-5）中那样，由有限个期望就能决定下来，即使都估计得很准。正如在前面解释过的那样，存在无穷多个分布，都满足式（5-5）中的约束，但其熵却相差甚远。特别地，当 x 仅取有限个值的极限情形下，微分熵趋于 $-\infty$。一个简单的解决方案是极大熵方法。这意味着计算的是极大熵，它与约束式（5-5）或者观测可比较，而这是一个适定的问题。极大熵的再进一步逼近，对随机变量来说，是一个有意义的逼近。在很多给出的约束条件下，首要的问题是要将极大熵密度的一阶逼近推导出来，并且该随机变量是一维的并且连续的。现在注意，接近高斯性假设意味着式（5-6）中所有其他的 a_i 与 $a_{n+2} \approx -1/2$ 相比都很小，因为式（5-6）中的指数和 $\exp(-\xi^2/2)$ 相去不远。这样，可取指数函数的一阶逼近。由此可以得到式（5-6）中常数的简单解，而且得到了近似极大熵密度，可把它记为 $\overline{p}(\xi)$[12]

$$\overline{p}(\xi) = \varphi(\xi)(1 + \sum_{i=1}^{n} c_i F^i(\xi)) \tag{5-8}$$

式中，$c_i = E\{F^i(\xi)\}$。式（5-8）是极大熵密度的近似式，可以以这个近似式为基础，将微分熵的一个简单逼近推导出来。然后，通过一系列的数学运算[3]，经运算后可得

$$J(x) \approx \frac{1}{2} \sum E\{F(x)\} \tag{5-9}$$

值得提醒的是，就算极大熵密度的近似式不怎么精确，但由于式（5-9）意义在于：如果式中 x 呈现高斯分布，那么式（5-9）具有极小值 0，所以可以这么说，非高斯性的度量还是可以用式（5-9）来构造。

到现在为止，从式（5-5）可以看出，式中只有度量函数 F^i 没有被选择了，首先可以选择任意一组线性独立函数，如 G^i，$i = 1, \cdots, m$，接着为了使被选择的函数 F^i 符合正交性假设，可以将 Gram-Schmidt 正交归一化方法应用到这些线性独立函数和单项式 ξ^k，$k = 0, 1, 2$ 的集合上。当然，要实现度量函数 F^i 的正确选择，下面的准则是不可缺少的[127]：

（1）要保证 $E\{G^i x\}$ 的实际估计的统计特性没有什么难度。值得注意的是，该估计不能对野值太敏感。

（2）极大熵方法是以式（5-6）中的函数 p_0 可积性这个条件为前题的。所以只有保证函数 p_0 的可积性，极大熵方法才存在。由于快速增长的函数会引起 p_0 不可积，做为 $|x|$ 的函数，$G^i(x)$ 的增长要比二次函数慢。

（3）在熵的计算过程中 x 的分布的相干部分非常重要，函数 G^i 要将其紧紧抓住。注意到，假设已知的是密度 $p(\xi)$，最优函数 G^{opt} 明显是 $-\log p(\xi)$，因为 $-E\{\log p(x)\}$ 直接就给出了熵。于是，可以使用某些重要密度的对数密度作为 G^i。

假设要使用两个函数 G^1 与 G^2 ，可这样选择：G^1 为奇函数、G^2 为偶函数，可以得到式（5-8）的一种特殊情形。这种两个函数的系统，可以度量非高斯的一维分布的两个最重要的特征。奇函数度量了反对称性，而偶函数度量了零处双模态相对峰值的大小，这和次高斯性相对超高斯性的比较密切相关。在此特殊情况下，式（5-9）中的信号的近似最大熵近似简化为[12]

$$J(x) \approx k_1 \left(E\left\{ G^1(x) \right\})^2 + k_2 (E\left\{ G^2(x) \right\} - E\left\{ G^2(v) \right\} \right)^2 \tag{5-10}$$

式中，k_1 与 k_2 为正常数；v 为标准化的高斯变量。

应该提醒的是，就算这种逼近不怎么精确，信号非高斯性的度量还是可以用式（5-10）来构造。在这个意义上讲，它总是非负的，如 x 有一个高斯分布，它等于零。

上述所有的假设都只是简单的计算，而且基本上不会对信号的统计特性产生影响。根据上述分析，可以通过选择适当的密度函数和简单的计算得到信号的熵。熵是一个在信号中的信息量定量的度量，实际上，对随机变量的熵的理解是评测一个随机变量所得到的信息度量。随机变量的熵的大小与该随机变量的随机性有关，该变量越随机，即越没有什么规律可言，其熵值越大。

在本章中，将提取被测器件输出端响应 x 作为原始信号，被测器件响应在不同的故障模式下有不同的特征参数。根据公式（5-10），可得到提取信号的熵 $J(x)$ ，将其作为候选的特征参数构建故障字典。

5.3　基于信息熵预处理的故障字典诊断方法

5.3.1　信息熵预处理故障字典诊断原理

基于信息熵预处理的故障字典诊断原理如图 5-1 所示。从图中可看出，它有两个工作流程，第一个是故障字典的构建流程，如图中虚线箭头所表示，第二个是测试与诊断流程，如图中实线箭头所表示。即首先利用数据采集板对实际电路（CUT）或者利用 ASIZ 软件对电路进行仿真，从电路的输出响应信号中提取原始数据，然后对原始数据进行预处理，在MATLAB 软件中计算其信息熵，这样，提取到了每种故障模式下的故障特征参数，并找到信息熵的模糊集，构建一个故障字典。被测电路的各种不同的故障类别通过此故障字典进行分类和识别。从图 5-1 可看出，根据信息熵预处理的故障字典诊断原理来对 SI 电路作诊断，需要考虑好以下几个步骤：

（1）测试信号。在这种方法中，一个频率为 100kHz 的正弦信号作为 SI 电路的测试激励信号。

（2）电路响应信号采集。根据所选择的激励信号，可以采集电路的时域响应信号，也可以采集电路的频域响应信号。

（3）定义故障模式。在对电路做故障诊断过程中，为了完成对故障元件的定位，在测前获得电路的某些先验知识，降低测试次数。通常还需要借助某些工具，比如采用计算机辅助设计对电路进行灵敏度分析，来确定电路中某些元件参数的变化引起系统的变化趋势，以定位影响电路性能最大的元件参数。灵敏度函数从本质上说就是某个函数对电路中某些参数的微分，表征了系统函数对参数变化的敏感程度，系统函数可以是频域响应、时域响应，电路参数可以是元件值、温度值等。为了定义故障模式，完成故障诊断，首先就必须对电路进行灵敏度分析，得到元件参数的改变对电网络系统特征的一阶改变，来定位电路中最有可能发生故障的故障元件。当故障元件定位后，就可以正确地来划分故障模式。

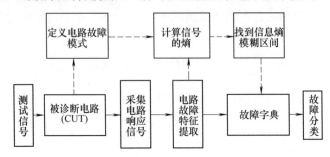

图 5-1   基于信息熵预处理的故障字典诊断原理

（4）提取故障特征。要实现电路的正确诊断，故障特征提取技术是关键。提取的故障特征是否合适，直接关系到开关电流电路故障诊断的成功或者失败。为了提取到合适的故障特征，要考虑几个重要因素，首先故障状态和故障特征值之间的对应要非常明确。第二，尽管会受到元器件容差与测量误差的影响，但故障特征要使类内间距较小，还要使类间间距较大，也就是说，属于同一种故障类型的聚集在一块，而使不同故障类型的聚集相互又隔得较远。

（5）建立故障字典。把上面所述的故障模式、故障代码和故障特征值以及故障特征的模糊集作为一组数据列成一个表，如果故障特征模糊集足以隔离出所有故障，那么就可以利用现有信息建立故障字典。

（6）故障诊断。故障诊断的过程也就是根据建立的故障字典来诊断实际故障的过程。诊断时，应该对故障电路施以构成字典的同样的激励，将获得的测试数据进行预处理，即计算信号的熵，得到信号的故障特征值，再将其与存储在字典中的诸故障特征加以比较，根据故障特征模糊集来进行故障定位。

综上所述，信息熵预处理的故障字典诊断方法可以总结为下面的步骤：

（1）用数据采集板在实际电路输出端提取原始信号或用 ASIZ 软件对电路的各种故障状态进行仿真，采集到电路原始信号。

（2）构造原始样本集。分别考虑硬故障和软故障几种故障模式，对应每一种故障模式，运行 50 次蒙特卡罗（Monto-Carlo）分析，得到时域响应数据。

（3）信息熵预处理。在 MATLAB 环境下对开关电流电路正常状态和故障状态时域响应进行信息熵预处理。

（4）计算信息熵模糊集。

（5）建立故障字典，进行模式识别，进行故障分类。

5.3.2   故障模式的定义

开关电流电路故障诊断归根结底是属于模式识别领域，因此用信息熵预处理的方法进行开关电流电路故障诊断，首先要进行故障模式的定义，以获取各个模式下的响应数据，建立故障字典。众所周知，电路的故障分为两种类型的故障，一种类型是硬故障，也叫灾难性故障，电路发生硬故障时，元器件发生了开路或者短路，一般会造成电路的拓扑结构发生改变；另一类是软故障，也叫参数性故障，电路发生软故障时，元器件参数超出了其容差范围，虽然没有达到 100%的损坏程度，但也会对电路的整体特性造成严重的影响，如果碰到较复杂的电路，势必会影响其功能的正常运作，大大降低了电路的可靠性。对以上两类故障进行诊断，各有不同的方法：硬故障诊断时，通常采用开路和短路故障模型进行诊断；而软故障具有连续性，大大增加了软故障诊断的难度，就目前来说，现已报道的文献大多是采用设置元器件故障值来对软故障进行诊断，比如说超出元器件标称值的 50%、20%等。一般来说，硬故障诊断要比软故障诊断容易。本章所述方法可对电路的软故障和硬故障进行诊断，因此按照软故障和硬故障进行故障模式的定义和划分。

假定一开关电流电路，其中有晶体管 M_1 的跨导值 g_m=1.9134ms，容差范围为±5%，首先考虑 M_1 超出容差范围，但在标称值±50%内变化的软故障模式，即：

（1）当 g_m=（1.8177，2.009）时，是正常的容差范围内，此时属于正常模式；

（2）当 g_m=（0.9567，1.8177）时，小于标称值的 50%，并且在±5%容差范围内变化，记为 $M_1\downarrow$；

（3）当 g_m=（2.009，3.8268）时，大于标称值的 50%，并且在±5%容差范围内变化，记为 $M_1\uparrow$；

再考虑晶体管 M_1 的硬故障模式，参照图 3-2 的开关电流硬故障模型，有：

（1）当模型中 $R_S=R_O=0$，$C=0$，此时属于正常模式；

（2）当模型中栅极与源极之间的 R_S=0.1Ω（小电阻），发生了栅源短路（GSS）故障；

（3）当模型中栅极与漏极之间的 R_S=0.1Ω（小电阻），发生了栅漏短路（GDS）故障；

（4）当模型中漏极端的 R_O=1MΩ（大电阻），发生了漏极开路（DOP）故障；

（5）当模型中源极端的 R_O=1MΩ（大电阻），发生了源极开路（SOP）故障。

分别对照以上的软故障和硬故障模式，设置好在各模式下的相对应的元器件参数值，运用 ASIZ 软件进行仿真分析，得到各种故障模式下的响应数据，再通过相关计算，获得相应的故障特征值，用来建立故障字典，达到故障诊断的目的。

5.3.3　故障特征提取

故障诊断的首要任务是确定合适的特征参数来定量地表征电路运行状态的变化。诊断成败的关键在于故障特征的提取与选择，即对原始数据进行一定的预处理，构造出优良的故障特征样本，而使故障诊断效率大大增加。所以，要实现电路的正确诊断，故障特征提取技术是关键，而且也可为故障字典的建立打下坚实的基础。在建立开关电流电路故障诊断系统之前，提取的故障特征是否合理，故障特征提取方法是否快速而有效，直接关系到开关电流电路故障诊断的成功或者失败[129-130]。特征选择和特征提取是在所采集的数据集中，选取最能区分不同故障模式的那些特征，换句话说，将现有的原始特征参数空间进行降维，保留原始特征中所特有的有用信息，删除掉多余的信息，并将这些保留的有用信息映射到少数几个特征上面，有时只剩下一个特征参数，争取获得维数尽量少的特征参数空间。很多学者已报道了大量的特征提取方法，总结来看，主要有下面几种[131]：基于主元特征的特征提取法、神经网络特征提取法、模糊信息优化处理的特征提取法、小波分析的特征提取法、基于小波包的特征提取法和基于互信息熵的特征提取法等。

在本章中采用的是基于互信息熵的特征提取方法，仅仅提取信号的一个特征参数——信息熵来识别电路各种故障状态。信号的信息熵是在 MATLAB 软件环境下计算得到的，在 MATLAB 中的信号处理的详细情况如下：

从被测器件输出端采集到时域响应数据，根据公式（5-10），当找到两个函数 G^1 和 G^2 时，能得到信号的熵。为了度量双模态/稀疏性可以选用拉普拉斯分布的对数函数密度

$$G^2(x) = |x| \tag{5-11}$$

为了度量反对称性，可使用下面的函数

$$G^1(x) = x \exp(-x^2/2) \tag{5-12}$$

它是光滑的，而且对野值是鲁棒的。

根据公式（5-10），可得到熵，即

$$J(x) = k_1(E\{x\exp(-x^2/2)\})^2 + k_2(E\{|x|\} - \sqrt{2/\pi})^2 \tag{5-13}$$

式中，$k_1 = 36/(8\sqrt{3} - 9)$，$k_2 = 1/(2 - 6/\pi)$。

5.3.4 故障诊断实例

开关电流电路的故障诊断是针对两类故障，即灾难性（硬）和参数性（软）故障。为了验证所提出方法的有效性，采用 3 个相关电路进行故障诊断。这些电路实例验证了本章里论述的特征参数的提取方法和开关电流电路的故障诊断技术。

5.3.4.1 切比雪夫低通滤波器电路诊断实例

以切比雪夫低通滤波器电路为故障诊断实例来验证基于信息熵预处理的开关电流电路故障字典诊断方法[21]。电路如图 5-2 所示。

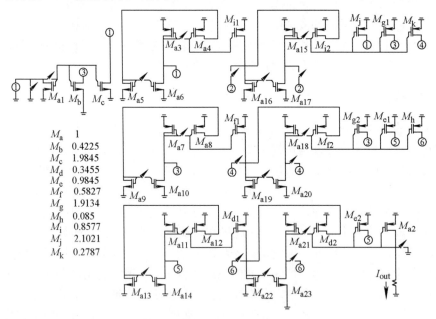

图 5-2 6 阶切比雪夫低通滤波器电路

图中 MOS 晶体管的规一化跨导值为：$M_a=1$，$M_b=0.425\,5$，$M_c=1.984\,5$，$M_d=0.345\,5$，$M_e=0.984\,5$，$M_f=0.582\,7$，$M_g=1.913\,4$，$M_h=0.085$，$M_i=0.857\,7$，$M_j=2.102\,1$，$M_k=0.278\,7$。电路截止频率为 5MHz，截止频率与时钟频率之比是 1∶4，时钟频率为 20MHz，带内纹波 0.5dB。

（1）软故障诊断。设跨导 g_m 的容差范围分别是 5%或 10%，经过灵敏度分析，电路中同

时发生故障的晶体管为 5 个，分别为 Mg1，Mf1，Me2，Md1 和 Mj。这 5 个晶体管在其容差范围内变化时，图 5-2 中所得电路时域响应为无故障类（NF）。电路发生软故障时其故障晶体管 g_m 值偏移了标称值 50%，当其中一个晶体管高于或低于它的标称值 50%，而其他 4 个 MOS 管在其容差范围内变化，这时所得到的时域响应为有故障类。这样形成了 11 种软故障模式 Mg1↑，Mg1↓，Mf1↑，Mf1↓，Me2↑，Me2↓，Md1↑，Md1↓，Mj↑，Mj↓和 NF，这里↑和↓意味着明显高于或低于标称值。对应每一种故障模式，分别运行 50 次蒙特卡罗（Monte-Carla）分析，11 种软故障类型如表 5-1 所示。

表 5-1　切比雪夫低通滤波器软故障类

故障模式	Mg1↓	Mg1↑	Mf1↓	Mf1↑	Me2↓	Me2↑	Md1↓	Mi↓	Mi↑	正常
故障代码	F1	F2	F3	F4	F5	F6	F7	F9	F10	F11
标称值	1.913 4	1.913 4	0.582 7	0.582 7	0.984 5	0.984 5	0.345 5	2.102 1	2.102 1	—
故障值	0.956 7	3.826 8	0.291 4	1.165 4	0.492 3	1.969	0.172 8	1.051	4.204 2	—

为了便于比较，首先利用一个数据采集板在实际电路输出端节点采集到实际数据，在 MATLAB 环境下将这些采集到的实际数据进行预处理，提取出一个故障特征参数——信息熵。然后，通过 ASIZ 模拟，获得模拟数据的理想信息熵。根据这两组数据，对实际数据和模拟数据的统计特性之间的差异进行比较。电路的时域响应数据是从图 5-2 中的输出节点（I_{out}）采集得到的。6 阶切比雪夫低通滤波器的实验数据构成的故障字典如表 5-2 所示。表中列出了特征参数信息熵的实际数据和 ASIZ 模拟数据以及各种故障模式。从表 5-2 中可看出，实际的特征参数值略小于模拟特征参数值，原因是仪器仪表的读数精度和在实际电路中元件值存在误差。但是，仍然可以根据实际采集的数据正确地构建故障字典。

表 5-2　6 阶切比雪夫低通滤波器的软故障类故障字典

故障模式	故障代码	标称值	故障值	实际信息熵	理想信息熵	信息熵的模糊集
Mg1↓	F1	1.913 4	0.956 7	8.677 3	8.961 9	9.234~8.694 0
Mg1↑	F2	1.913 4	3.826 8	0.007 5	0.088 4	0.223 1~0.018 7
Mf1↓	F3	0.582 7	0.291 4	4.956 3	5.209 0	5.368 2~5.079 1
Mf1↑	F4	0.582 7	1.165 4	4.134 9	4.406 7	4.380 8~4.426 7
Me2↓	F5	0.984 5	0.492 3	3.278 6	3.439 9	3.372 5~3.503
Me2↑	F6	0.984 5	1.969	5.979 5	6.253 5	6.106 4~6.421 3
Md1↓	F7	0.345 5	0.172 8	7.879 4	8.195 1	8.434 9~7.962 9
Md1↑	F8	0.345 5	0.691	1.074 3	1.283 4	1.459 4~1.143 8
Mi↓	F9	2.102 1	1.051	0.078 5	0.298 5	0.688 7~0.069 0
Mi↑	F10	2.102 1	4.204 2	8.813 4	8.912 8	8.654 2~9.148 5
正常	F11	—	—	3.897 3	4.073 7	3.973 0~4.082 9

考虑图 5-2 中 6 阶切比雪夫低通滤波器中的无故障类（NF）和 10 种软故障类。对于这 11 种故障模式中的每一个故障类别，正如前面所描述的那样，晶体管值在其容差范围内变化，产生了 50 次时域响应，因此，得到信息熵模糊区间。滤波器电路的模糊集及其软故障类列于表 5-2 的最后一列和图 5-3 中。图 5-3 表明，软故障类别可以通过信息熵这个唯一的特征参数区别开来，从而达到了故障分类的目的。表 5-2 和图 5-3 显示，在切比雪夫滤波器中，除了

两组故障模式 Mg1↓和 Mi↑, Mg1↑和 Mi↓的模糊集互相非常接近之外, 其他所有的故障类别 (包括正常的) 都落入不同的模糊集。这两种故障模式无法区分的原因是因为当 Mg1↓和 Mi↑, Mg1↑和 Mi↓时, 一些输入信号相互重叠在一起。

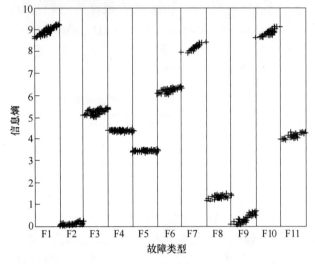

图 5-3　切比雪夫低通滤波器的软故障类故障分类

对 6 阶切比雪夫低通滤波器的 11 个软故障类作诊断时的系统的详细性能如表 5-3 所示。表中每一行对应一个故障类别, 每一行数字之和为 50, 表明作了 50 次模拟。然后, 不同的列显示的次数表明测试数据被诊断为不同的故障类别。例如: 在表 5-3 中, 第 3 行表明了对于 Mfl↓故障类, 50 次模拟数据都得到了正确的分类。同样地, 第一行读数表明, 对于 Mg1↓故障类, 50 次模拟数据中有 38 次被正确的分类, 12 次被误分类成 Mi↑。通过此表的所有行表明, 系统仅仅对 Mg1↓和 Mi↑, Mg1↑和 Mi↓故障类的模拟数据有误分类。

表 5-3　6 阶切比雪夫低通滤波器的诊断性能

	Mg1↓	Mg1↑	Mfl↓	Mfl↑	Me2↓	Me2↑	Md1↓	Md1↑	Mi↓	Mi↑	正常
Mg1↓	38									12	
Mg1↑		43							7		
Mfl↓			50								
Mfl↑				50							
Me2↓					50						
Me2↑						50					
Md1↓							50				
Md1↑								50			
Mi↓		11							39		
Mi↑	4									46	
正常											50

(2) 硬故障诊断。除了软故障类外, 灾难性短路或开路故障将对电路性能产生巨大的影响。该方法不仅可以识别软故障而且可以识别硬故障。在这项工作中考虑的四种灾难性故障是栅源短路 (GSS)、栅漏短路 (GDS)、漏极开路 (DOP) 和源极开路 (SOP)。仿真时短路通常使用小电阻, 开路通常是一个大电阻, 例如: 仿真时一个小电阻加到栅极和源极之间,

获得 GSS 故障响应；一个大电阻加到源极端，获得 SOP 故障响应等。当图 5-2 所示电路中有两个晶体管 Mc 和 Ma23 发生了硬故障，这些故障时域响应被输入到预处理器中作特征选择，形成了 Mc-GSS、Mc-GDS、Mc-SOP、Mc-DOP、Ma23-GSS、Ma23-GDS、Ma23-SOP、Ma23-DOP 和正常状态共 9 种故障模式，如表 5-4 所示。

表 5-4　切比雪夫低通滤波波器硬故障类

故障模式	正常	Mc-GSS	Mc-GDS	Mc-SOP	Mc-DOP	Ma23-GSS	Ma23-GDS	Ma23-SOP	Ma23-DOP
故障代码	F0	F1	F2	F3	F4	F5	F6	F7	F8

同样，为了比较，可分别获得实际电路响应数据的信息熵和理想数据的信息熵。对电路的正常状态和 8 种故障状态分别进行 50 次蒙特卡罗分析，找到信息熵的模糊集。将这些信息都加入到故障字典中去建立故障字典，如表 5-5 所示。

表 5-5 的最后一列和图 5-4 列出了切比雪夫低通滤波器的模糊集和硬故障类。从图 5-4 可以看出，硬故障类别可以由信息熵这个唯一的特征参数予以区分，进行故障分类。表 5-5 和图 5-4 表明，滤波器中的所有硬故障类都落入不同的模糊集，因此能达到 95%（考虑到软故障）的故障识别率。

表 5-5　6 阶切比雪夫低通滤波器的硬故障类故障字典

故障模式	故障代码	实际信息熵	理想信息熵	信息熵的模糊集
Normal	F0	3.897 3	4.073 7	3.973 0～4.082 9
Mc-GSS	F1	12.439 5	12.891 9	12.950 8～12.833 1
Mc-GDS	F2	11.874 1	11.973 8	11.922 9～12.026 6
Mc-SOP	F3	3.767 8	3.816 9	3.789 5～3.887 2
Mc-DOP	F4	4.103 4	4.327 3	4.000 6～4.455
Ma23-GSS	F5	13.798 2	14.053 4	13.474 2～14.567 9
Ma23-GDS	F6	11.342 3	11.699 4	11.661 0～11.736 6
Ma23-SOP	F7	6.078 5	6.388 5	6.388 9～6.388 8
Ma23-DOP	F8	4.293 0	4.493 7	4.924 5～4.484 0

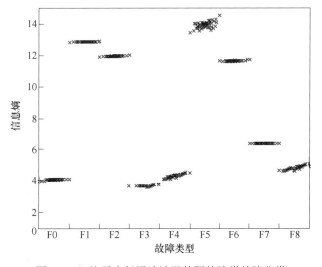

图 5-4　切比雪夫低通滤波器的硬故障类故障分类

5.3.4.2　椭圆带通滤波器电路诊断实例

　　现在对第 2 个电路进行研究，6 阶椭圆带通滤波器如图 5-5 所示，相比切比雪夫低通滤波器，电路更复杂一些。该电路中各晶体管跨导值 g_m 分别是：M_a=1，M_b=0.433 52，M_c=0.140 094，M_d=0.066 234 2，M_e=1.833 237，M_f=0.438 52，M_g=0.578 512 1，M_h=0.140 094，M_i=1.534 813，M_j=0.066 234 2，M_k=0.176 016，M_l=0.055 45，M_m=0.091 277 6，M_n=0.242 568，M_o=0.757 432，M_p=0.233 633，M_q=0.055 45，跨导的容差为±5%或±10%，中心频率为 1kHz。为了节省篇幅，本节重点针对有代表性的软故障进行诊断，与切比雪夫低通滤波器电路一样，首先在 ASIZ 软中对电路作灵敏度分析，可定义 14 种故障模式，分别是 Mb↑、Mb↓、Mc↑、Mc↓、Me↑、Me↓、Mj↑、Mj↓、Mk↑、Mk↓、Mo↑、Mo↓、Mq↑、Mq↓，这些故障模式都是大于或者小于标称值 50%的软故障，再和无故障模式（即正常模式）一起，一共 15 种模式。这里↑和↓意味着明显高于或低于标称值。对应每一种故障模式，分别运行 50 次蒙特卡罗分析。15 种软故障类型如表 5-6 所示。

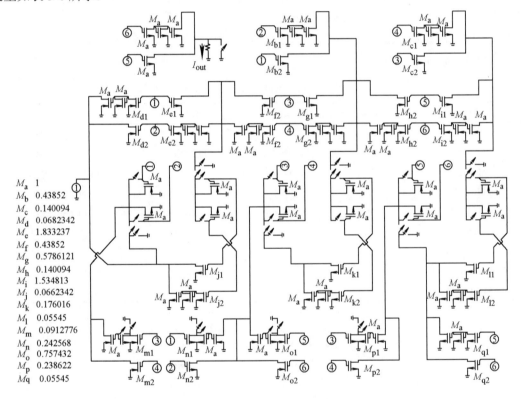

M_a　1
M_b　0.43852
M_c　0.140094
M_d　0.0682342
M_e　1.833237
M_f　0.43852
M_g　0.5786121
M_h　0.140094
M_i　1.534813
M_j　0.0662342
M_k　0.176016
M_l　0.05545
M_m　0.0912776
M_n　0.242568
M_o　0.757432
M_p　0.238622
M_q　0.05545

图 5-5　6 阶椭圆带通滤波器电路

　　在作 ASIZ 仿真时，时钟频率也选为 1MHz，输入激励为频率为 100kHz 的正弦信号，输出端 I_{out} 为唯一可测试点，并提取响应数据。按照上一节的诊断方法，可以获得椭圆带通滤波器的实验数据。六阶椭圆带通滤波器的软故障类故障字典如表 5-6 所示。

　　考虑图 5-5 中 6 阶椭圆带通滤波器中的无故障类（NF）和 14 种软故障类。对于这 15 种故障模式中的每一个故障类别，正如前面所描述的那样，晶体管值在它们的容差范围内变化，产生了 50 次时域响应，因此，得到信息熵模糊区间。滤波器电路的模糊集及其软故障类列于表 5-6 的最后一列和图 5-6 中。当预处理技术应用到更加复杂的椭圆带通滤波器时，成功进行故障分类的优势更加明显。除了两组模糊集（Me↑和 Mj↑，Mc↓和 Mq↓）之外，其他所有故障类都能正确地识别。由于对滤波器电路的输出进行有效的预处理，这个复杂电路的故障字典结构也非常简单。正如前面所提到的，Me↑和 Mj↑，Mc↓和 Mq↓属于同一个模糊集是因为其产生非常相似的输出。

表 5-6　6 阶椭圆带通滤波器的软故障类故障字典

故障模式	故障代码	标称值	故障值	信息熵	信息熵的模糊集
Mb↓	F1	0.438 52	0.109 63	9.744 5	9.601 4～9.888 5
Mb↑	F2	0.438 52	1.754 08	3.146 9	3.093 9～3.219 1
Mc↓	F3	0.140 094	0.035 023 5	5.494 7	5.474 9～5.514 8
Mc↑	F4	0.140 094	0.560 376	10.466 7	9.711 8～11.272 3
Me↓	F5	1.833 237	0.458 31	7.103 0	7.024 9～7.183 5
Me↑	F6	1.833 237	7.332 948	11.611 4	11.301 5～11.864 6
Mj↓	F7	0.066 234 2	0.016 558 55	4.661 9	4.641 5～4.693 0
Mj↑	F8	0.066 234 2	0.264 936 8	11.645 2	11.357 7～11.880 6
Mk↓	F9	0.176 016	0.044 004	10.341 5	10.217 4～10.462 2
Mk↑	F10	0.176 016	0.704 064	2.782 2	0.351 5～3.294 9
Mo↓	F11	0.757 432	0.189 358	4.922 5	4.879 5～4.965 3
Mo↑	F12	0.757 432	3.029 728	9.394 5	9.104 7～9.658 6
Mq↓	F13	0.055 45	0.013 862 5	5.464	5.438 8～5.489 0
Mq↑	F14	0.055 45	0.221 8	7.942 5	7.776 7～8.091 9
正常	F15	—	—	6.157 5	6.056 3～6.327 8

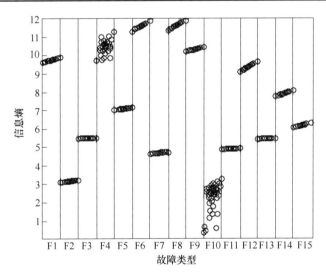

图 5-6　椭圆带通滤波器的软故障类故障分类

表 5-7 列出了在对 6 阶椭圆带通滤波器的 15 个软故障类作诊断时系统详细的性能。从表中可看到，第一行表明了对于 Mb↓故障类，50 次模拟数据都得到了正确的分类。同样地，第三行读数表明，对于 Mc↓故障类，50 次模拟数据中有 36 次被正确的分类，14 次被误分类成 Mi↑。通过此表的所有行表明，系统仅仅对 Mc↓和 Mq↓，Me↑和 Mj↑故障类的模拟数据有误分类。

表 5-7　6 阶椭圆带通滤波器的诊断性能

	Mb↓	Mb↑	Mc↓	Mc↑	Me↓	Me↑	Mj↓	Mj↑	Mk↓	Mk↑	Mo↓	Mo↑	Mq↓	Mq↑	NF
Mb↓	50														
Mb↑		50													
Mc↓			36										14		
Mc↑				50											
Me↓					50										
Me↑						45		5							
Mj↓							50								
Mj↑						3		47							
Mk↓									50						
Mk↑										50					
Mo↓											50				
Mo↑												50			
Mq↓			10										40		
Mq↑														50	
正常															50

5.3.4.3　时钟馈通补偿电路诊断实例

将本章提出的方法应用到第三个电路实例中来做实验研究。第三个待诊断电路为如图 5-7 所示的时钟馈通补偿电路。该电路各元器件参数标称值为：$C_1 - C_4 = 0.1\text{F}$ ，$M_1 - M_5 = 1\text{ms}$ 。电路和晶体管的容差分别为 5% 和 10%。经灵敏度分析，选取 8 种故障模式来进行研究，分别是：由电容短路或开路引起的硬故障模式：C_1 短路、C_1 开路、C_2 短路、C_2 开路和由晶体管跨导值 g_m 改变所引起的软故障：$M_1\uparrow$、$M_1\uparrow$、$M_3\downarrow$、$M_3\downarrow$，加上无故障模式（即正常模式）共研究 9 种故障模式。在作 ASIZ 仿真时，时钟频率也选为 1MHz，输入激励为频率为 100kHz 的正弦信号，输出端 I_{out} 为唯一可测试点，并提取响应数据。按照上一节的诊断方法，可以获得时钟馈通补偿电路的实验数据，所得到的故障字典如表 5-8 所示。

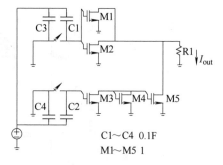

C1～C4　0.1F
M1～M5　1

图 5-7　时钟馈通补偿电路

表 5-8　时钟馈通补偿电路的故障字典

故障模式	故障类别	标称值	故障值	信息熵	信息熵的模糊集
M1↓	软故障	1	0.25	10.493 6	10.366 5～10.621 5
M1↑	软故障	1	2	8.406 4	7.518 1～9.344 4
M3↓	软故障	1	0.25	6.550 5	6.359 6～6.744 3
M3↑	软故障	1	2	5.413 9	4.105 4～6.903 2
C1 短路	硬故障	—	—	5.085 9	4.382 4～5.479 8
C1 开路	硬故障	—	—	773.469	670.34～798.83
C2 短路	硬故障	—	—	4.768 3	3.562 4～4.978 3
C2 开路	硬故障	—	—	125.524 9	98.667～132.245
正常	—	—	—	13.592 1	12.633 7～13.819 2

5.3.4.4　故障诊断结果分析

这里将本章所用方法所得的实验结果与文献[6]的部分结果进行了比较。文献[6]中的工作提出了利用峭度和熵作为预处理器对模拟电路故障诊断的方法，它需要两个特征参数，如峭度和熵，必须输入到一个神经网络中作进一步故障分类。然而在实际应用中，特别是对中、小规模模拟电路（电路不是很复杂）的情况进行诊断时，造成峭度这个特征参数也有其相应的不足。它主要的缺点在于，峭度这个特征参数在多数情况下对野值非常敏感，它们的值可能只依赖于少数几个可能错误的、但是取值很大的观测。这意味着，野值可能完全确定了累积量的估计，因而使得这些估计毫无用处。可以这么说，对一个具有零均值和单位方差的随机变量来说，如果在这个随机变量的无数个样本值中，有一个样本值远远偏离其他样本值，那么该随机变量的峭度可能受这个样本值的影响很大，也可能这个单样本值使峭度变得很大。因此，随机变量中边缘上的少数样本值就可能决定了其峭度值，而这些边缘上的少数样本值可能是错误的或者是无关紧要的。也就是说，峭度并不是非高斯性的一个鲁棒度量，这是因为像四阶矩这样多项式的期望受到远离零数据的影响要比接近零的数据影响要大得多。然而，本章中提出的方法，仅仅需要一个特征参数来识别故障。信息熵，或者说微分熵是非高斯性的一个鲁棒度量，其最大的优点是它的统计理论背景非常严谨。实际上，在只关心信息熵的统计性能的条件下，可以说熵是非高斯性的一个最优估计。根据前面所描述的理论，通过明智地选择函数 G，就可以得到信息熵的近似。它们概念简单、计算量小，且具有良好的统计性能，特别是鲁棒性。与文献[6]相比较，本章提出的方法仅仅需要一个特征参数，减少了计算和故障诊断时间。

在本小节中，使用信息熵作为唯一的特征参数来构建故障字典并对开关电流电路作故障诊断。研究表明，基于信息熵的故障字典诊断法简化了故障字典的结构、减少了故障诊断时间。熵是一个包含在信号中的信息量的定量度量，实际上，我们对随机变量的熵的理解是评测一个随机变量所得到的信息度量。随机变量的熵的大小与该随机变量的随机性有关，该变量越随机，即越没有什么规律可言，其熵值越大。在对小规模开关电流电路作故障诊断中，当故障类别不是特别多的情况下，仅仅利用熵这样一个特征参数是足够的。基于信号的熵特征参数构建的故障字典，能将例子电路中的故障类别正确分类至少达到95%以上。更重要的是，电路中如果没有重叠数据，该方法不仅能诊断硬故障还能诊断软故障。然而由于中规模和大规模开关电流电路的复杂性，包含有大量的故障类别，故障诊断方法将在后续章节作进一步详细研究。

5.4　本章小结

本章首先研究了信息熵预处理诊断的理论基础——信息熵理论。接着对所提出的新颖的基于故障字典和熵预处理的开关电流电路诊断技术作了详细的介绍。该方法应用信息熵预处理技术来诊断开关电流电路中的故障，使用一个数据采集板从被测电路的输出端提取原始信号，这些原始数据被经过预处理，找到包含在信号中的定量度量——信号的信息熵。该方法通过高精度分析输出端信号，对开关电流电路中的故障晶体管具有检测和识别能力。利用信息熵预处理电路响应大大降低了故障字典的大小，减少了故障检测时间，并简化了故障字典架构。电路实例结果表明，当晶体管跨导值 g_m 在 5%或 10%容差范围内变化时，信号落在不同范围，因此，当响应不重叠时，能正确检测到故障晶体管。考虑到容差虽然有一些重叠数据，但故障识别准确率达到95%以上。该方法不仅能分类灾难性故障，也能定位参数性故障，它既可应用于模拟电路又可应用于开关电流电路。一个低通和带通开关电流滤波器和一个时钟馈通补偿电路（CKFT）被用做电路实例来验证所提出方法的有效性。结果表明，所提出的方法仅仅使用了一个特征参数，减少了计算量和故障诊断时间。

参考文献

[1] Aminian M, Aminian F. Neural-network based analog-circuit fault diagnosis using wavelet transform as preprocessor[J]. IEEE Transactions on Circuits & Systems II Analog & Digital Signal Processing, 2000, 47(2): 151-156.

[2] Aminian F, Aminian M, Collins H W. Analog fault diagnosis of actual circuits using neural networks[J]. IEEE Transactions on Instrumentation & Measurement, 2002, 51(3): 544-550.

[3] Yuan L, He Y, Huang J, et al. A New Neural-Network-Based Fault Diagnosis Approach for Analog Circuits by Using Kurtosis and Entropy as a Preprocessor[J]. IEEE Transactions on Instrumentation & Measurement, 2010, 59(3): 586-595.

[4] He Y, Sun Y. Neural network-based L1-norm optimisation approach for fault diagnosis of nonlinear circuits with tolerance[J]. IEE Proceedings-Circuits, Devices and Systems, 2001, 148(4): 223-228.

[5] Sun Y, He Y. Neural-network-based approaches for analogue circuit fault diagnosis[M]//Test and Diagnosis of Analogue, Mixed-Signal and RF Integrated Circuits: the system on chip approach. IET Digital Library, 2008: 83-112.

[6] Long Y, He Y, Yuan L. Fault dictionary based switched current circuit fault diagnosis using entropy as a preprocessor[J]. Analog Integrated Circuits & Signal Processing, 2011, 66(1): 93-102.

[7] 张维强. 小波和神经网络在模拟电路故障诊断中的应用研究[D]. 西安: 电子科技大学, 2006.

[8] 谭阳红. 基于小波和神经网络的大规模模拟电路故障诊断研究[D]. 长沙: 湖南大学, 2005.

[9] Renovell M, Azais F, Bodin J C, et al. Testing switched-current memory cells using DC stimuli[C]//Design of Mixed-Mode Integrated Circuits and Applications, 1999. Third International Workshop on. 1999: 25-28.

[10] Saether G E, Toumazou C, Taylor G, et al. Concurrent Self Test of Switched Current Circuits Based on the S[C]//Circuits and Systems, 1995. ISCAS '95., 1995 IEEE International Symposium on. 1995: 841-844.

[11] Olbrich T, Richardson A. Desing and self-test for switched-current building blocks[J]. Design & Test of Computers IEEE, 1996, 13(2): 10-17.

[12] Hyvärinen A, Karhunen J, Oja E. Independent Component Analysis[M]//Independent Component Analysis. John Wiley & Sons, Inc., 2002.

[13] T.M. Cover and J.A. Thomas, Elements of Information Theory, John Wiley & Sons, 1991.

[14] Sether G E, Toumazou C, Taylor G, et al. Built-in self test of S 2 I switched current circuits[J]. Analog Integrated Circuits & Signal Processing, 1996, 9(1): 25-30.

[15] Renovell M, Azais F, Bodin J C, et al. BISTing switched-current circuits[C]//Proceedings of the Asian Test Symposium. 1999: 372-377.

[16] Olbrich T, Richardson A. Desing and self-test for switched-current building blocks[J]. Design & Test of Computers IEEE, 1996, 13(2): 10-17.

[17] Renovell M, Aza&#, S, F, et al. Functional and Structural Testing of Switched-Current Circuits[C]//Test

Workshop 1999. Proceedings. European. 1999: 22-27.

[18]　Wey C L. Built-in self-test design of current-mode algorithmic analog-to-digital converters[J]. IEEE Transactions on Instrumentation & Measurement, 1997, 46(3): 667-671.

[19]　Guo J, He Y, Tang S, et al. Switched-current circuits test using pseudo-random method[J]. Analog Integrated Circuits & Signal Processing, 2007, 52(1): 47-55.

[20]　Aminian F, Aminian M, Collins H W. Analog fault diagnosis of actual circuits using neural networks[J]. IEEE Transactions on Instrumentation & Measurement, 2002, 51(3): 544-550.

[21]　Guo J, He Y, Liu M. Wavelet Neural Network Approach for Testing of Switched-Current Circuits[J]. Journal of Electronic Testing, 2011, 27(27): 611-625.

第6章 基于神经网络的开关电流
电路故障诊断研究

6.1 引言

基于故障字典和信息熵预处理的开关电流电路故障诊断方法仅仅采用了一个特征参数——信息熵来做故障诊断。该方法简化了故障字典的结构，减少了计算量和故障诊断时间。然而，当电路中同时发生故障的故障晶体管数目和故障类别比较大的时候，也就是说，在对中规模及大规模开关电流电路进行诊断时，仅仅采用一个特征参数来识别所有故障是不够的，这将导致故障分类率很低。

近年来，人工神经网络作为生物控制论的一个成果，其触角几乎延伸到各个工程领域，吸引着不同专业领域的专家从事这方面的研究和开发工作。神经网络的应用已经涉及控制工程、模式识别和信号处理等各个领域中。神经网络由于其自身特点，如自学习能力强、大规模并行分布式结构等，为模拟电路故障诊断提供了一条良好的诊断途径[1-2]，但神经网络在开关电流电路故障诊断中的应用研究却很少。本章提出了一种基于神经网络的开关电流电路故障诊断方法，熵和峭度将作为两个特征参数来检测和分类故障类别。不同频率的正弦信号被输入到被测电路，导致的时域响应被取样来计算信号的峭度和熵，这对于信号来说是唯一的，代表信号的信息容量。神经网络具有大规模并行处理、并行存储、鲁棒自适应学习和在线计算的优势[17-21]，因此，对于对具有众多故障类别的开关电流电路作故障诊断来说，神经网络是最佳选择。构建一个故障字典、存储字典和定位故障的过程能通过神经网络同时完成，这样，大大减少了计算时间和精力，具有较好的实时功能。该系统不仅能定位软故障而且还能检测硬故障，因为即使在噪声环境下，神经网络也能达到鲁棒的分类。第5章的故障字典法没有用到神经网络，与之相比较，表明了开关电流电路中有大量的晶体管同时发生故障时，能获得较高的故障分类率。

6.2 峭度理论

通常情况下，主要使用二阶统计量来刻画随机变量，在线性离散时间系统中，统计信号处理中的标准方法正是基于使用这种统计信息。这个理论比较成熟，并在许多情况下可以用到，但是，它仅仅限于高斯、线性和平稳性等假设。自从20世纪80年代中期以来，在信号处理领域中人们对高阶统计量的兴趣与日俱增。同时，随着几种新的、有效的学习范式的进展，神经网络开始流行起来。对输入数据的分布式非线性处理是神经网络的一个基本思想[3]。神经网络是由相互连接的一些叫作神经元的简单计算单元构成的，每个神经元输出非线性地依赖于它的输入。这些非线性函数，比如说双曲正切函数 $\tanh(u)$，隐含地在其处理中引入了高阶统计量。例如：可以通过将非线性函数展开成泰勒级数看出

$$\tanh(u) = u - \frac{1}{3}u^3 + \frac{2}{15}u^5 - \cdots \tag{6-1}$$

式中，u 为标量。

在许多神经网络中，标量 u 是神经元的权向量 $\boldsymbol{w}$ 和输入向量 $\boldsymbol{x}$ 的内积 $u = \boldsymbol{w}^{\mathrm{T}}\boldsymbol{x}$。将它代入式（6-1），可以看出，在计算中将涉及了向量 $\boldsymbol{x}$ 分量的高阶统计量。本章将应用峭度这样的高阶统计量来对故障类别较多的开关电流电路进行故障诊断。

6.2.1　峭度的定义

假设 x 是从被测电路的输出端取样得到的信号，信号 x 的概率密度函数是 $p_x(x)$，这样 x 的第 j 阶矩 $\boldsymbol{\alpha}_j$ 定义为如下期望[22]

$$\boldsymbol{\alpha}_j = E\{x^j\} = \int_{-\infty}^{\infty} \xi^j p_x(\xi)\mathrm{d}\xi, \ j = 1, 2, \cdots \tag{6-2}$$

式中，$p_x(\xi)$ 为概率密度函数。相应地，定义 x 的第 j 阶中心矩 $\boldsymbol{\mu}_j$ 为

$$\boldsymbol{\mu}_j = E\{(x - \boldsymbol{\alpha}_1)^j\} = \int_{-\infty}^{\infty} (\xi - m_x)^j p_x(\xi)\mathrm{d}\xi, \ j = 1, 2, \cdots \tag{6-3}$$

式中，m_x 为 x 的均值；$\boldsymbol{\alpha}_1$ 为一阶矩。

从上式可看出，x 的均值 m_x 与一阶矩 $\boldsymbol{\alpha}_1$ 是相等的，而中心矩 $\boldsymbol{\mu}_j$ 是根据 m_x 而计算得到的。二阶矩 $\boldsymbol{\alpha}_2 = E\{x^2\}$ 是 x 的平方的期望。从式（6-3）还可以看到，零阶和一阶中心矩 $\boldsymbol{\mu}_0 = 1$ 和 $\boldsymbol{\mu}_1 = 0$ 并不重要，而二阶中心矩 $\boldsymbol{\mu}_2 = \sigma_x^2$ 就是 x 的方差。三阶中心矩

$$\boldsymbol{\mu}_3 = E\{(x - m_x)^3\} \tag{6-4}$$

式中，$\boldsymbol{\mu}_3$ 称为偏度，它是 pdf 非对称性的一个有用的度量。容易看出，关于均值对称的概率密度其偏度为零。现仔细考察一下四阶矩，因为在实践中很少使用高于四阶的矩和其他统计量，所以不对它们展开讨论。由于四阶矩 $\boldsymbol{\alpha}_4 = E\{x^4\}$ 的简单性，在一些算法中得到了应用。除了四阶中心矩 $\boldsymbol{\mu}_4 = E\{(x - m_x)^4\}$ 外，有一种称为峭度的四阶统计量，因它具有四阶中心矩没有的一些有用性质，使它在实际中经常得到应用。在零均值的情况下，通过如下方程可以给峭度下定义[22]

$$kurt(x) = E\{x^4\} - 3[E\{x^2\}]^2 \tag{6-5}$$

对于白化的数据，$E\{x^2\} = 1$，所以峭度的定义可总结为

$$kurt(x) = E\{x^4\} - 3 \tag{6-6}$$

这表示，对于白化数据，x 的分布可以通过四阶矩 $E\{x^4\}$ 代替峭度来刻画。它们之间只存在一个常量的差别，而这对不同的故障模式都是一样的，因而不会影响故障模式的正确识别。

峭度通常可以认为是四阶矩的一个规范化版本。对于标量参数 β，有

$$kurt(\beta x) = \beta^4 kurt(x) \tag{6-7}$$

因此，峭度关于其自变量不是线性的。峭度一个重要的特征是，从统计性能上来看，它是随机变量非高斯性的最简度量。通常，要得到零峭度 $kurt(x) = 0$ 的条件是随机变量 x 呈现

高斯分布。这样来说，峭度比四阶矩更具有"规范化"意义，对于高斯变量，四阶矩并不是零。在统计文献中，具有零峭度的分布也称为是"中间峭度"分布。一般地，具有负峭度的分布称为是次高斯的。而超高斯的分布是峭度为正的分布。将次高斯概率密度和超高斯概率密度与高斯概率密度相比较，会发现次高斯密度较平坦，而超高斯密度却具有更尖锐的峰和更长的拖尾。峭度常常用作对随机变量或随机信号非高斯性的一个定量度量，但是应当注意：超高斯信号的峭度具有很大的正值，但对于次高斯信号来说，其峭度的负值有下界。这样，超高斯信号和次高斯信号的非高斯程度，单纯使用峭度的取值来比较是不适当的。但是，如果被比较信号是同一种类型信号，或者都是超高斯的或都是次高斯的，那么来衡量其非高斯程度就可以用峭度来作为一种简单的度量。

6.2.2　用峭度来度量非高斯性

一般情况下，峭度的绝对值和峭度的平方可以用来度量非高斯性。这种度量有一个这样的特点，如果度量的是高斯随机变量，其值等于零，反之，如果度量的是非高斯随机变量，其值大于零。也存在峭度值为零的非高斯随机变量，但可以认为这样的随机变量是非常少见的。从峭度的计算公式（6-6）可看出，峭度的定义式非常简单，就是样本值的四阶矩的简单估计，所以计算上较简单。另一方面，从理论上来看，由于峭度的线性特点也很简单。因此，峭度作为非高斯性的度量被广泛用在多个研究领域中。

6.2.2.1　采用峭度的梯度算法

峭度的梯度算法的思想是：在工程实践中，按照采集到的有用的样本值 $z(1),\cdots,z(T)$，从一个向量 w 开始，找到一个使 $y = w^{T}z$ 的峭度绝对值提高最迅速的方向并且计算出来，接着再将向量 w 转到该方向上去，从而达到使峭度的绝对值极大化的目的。按照这种思路，可得到下面的梯度算法[22]

$$\Delta w \propto sign\big(kurt(w^{T}z)\big)E\big\{z(w^{T}z)^{3}\big\} \tag{6-8}$$

$$\Delta w \leftarrow w / \|w\| \tag{6-9}$$

式中，w 为向量；$z(1),\cdots,z(T)$ 为样本值。

如果省略掉公式（6-8）中第二项的数学期望，就得到了峭度的梯度算法的另一个版本，即：

$$\Delta w \propto sign\big(kurt(w^{T}z)\big)z(w^{T}z)^{3} \tag{6-10}$$

$$w \leftarrow w / \|w\| \tag{6-11}$$

这样每个观测 $z(t)$ 都可以直接在算法中使用。但要注意的是，峭度定义式中的数学期望算子并不是什么情况下都能忽略，比如说在计算公式（6-10）里的第一项 $sign\big(kurt(w^{T}z)\big)$ 时，其中的数学期望算子就不能省略。相反，要用时间均值来对峭度做正确的评测。下式给出了一种运行平均形式的峭度估计

$$\Delta\gamma \propto \big((w^{T}z)^{4} - 3\big) - \gamma \tag{6-12}$$

式中，γ 为峭度的估计。

6.2.2.2　峭度的快速不动点算法

上一小节是以峭度绝对值作为非高斯度量，导出了极大化非高斯性的一种梯度优化方法。

该梯度法与人工神经网络中的学习紧密联系在一起，其优势在于输入 $z(t)$ 可以直接用于计算，因此在非平稳的环境下能够快速达到自适应。然而，梯度算法也有其相应的缺点，主要是收敛速度太慢，并且与学习速度序列选择密切相关，必须选择一个适当的学习速度序列，这个序列如果选择不合适，就会造成较严重的后果，甚至破坏收敛性。所以，既要达到理想的学习速度，又要明显能提高可靠性，需要开辟一条新的途径，而不动点迭代算法就是这样一种选择。不动点迭代算法公式为[22]

$$w \propto \left[E\left\{ z(w^{\mathrm{T}}z)^3 \right\} - 3\|w\|^2 w \right] \tag{6-13}$$

可以首先计算右边的项，并将其赋给 w 作为新值：

$$w \leftarrow E\left\{ z(w^{\mathrm{T}}z)^3 \right\} - 3w \tag{6-14}$$

每次不动点迭代后，w 都要除以其范数以满足相应的约束（$\|w\|=1$ 恒满足，因此在式（6-13）中可以忽略该项）。不动点算法虽然简单但却是非常有效的，它能够快速且可靠地收敛。

6.3　开关电流电路故障诊断的神经网络结构确定

随着进一步深入研究开关电流电路故障诊断技术，在开关电流电路故障诊断中遇到的困难不断地暴露出来，比如说，开关电流电路中元器件的容差问题、非线性开关电流电路的存在以及开关电流电路中各种非理想因素等。以上种种因素严重制约了开关电流电路故障诊断的发展，使其成为电路测试与故障诊断领域的研究难题之一。为了克服开关电流电路故障诊断中的种种困难，将神经网络方法应用开关电流电路故障诊断上来是一个不错的选择。究其原因是因为神经网络具有解决上述种种困难的诸多优势[17-21]，举例来说，神经网络具有高度的并行分布式处理能力、非线性映射能力、极强的分类和识别能力及极强的自适应学习能力等。

6.3.1　神经网络概述

人工神经网络（Artificial Neural Networks），简记为 ANNs，又称做神经网络，简记为 NNs，是模拟生物神经网络进行信息处理的一种数学模型，是由大量简单的神经元相互连接而成的自适应非线性动态系统[5]，它能够模拟人类的大脑的部分功能，比如说学习、记忆、识别和推理等能力。

6.3.1.1　神经网络的特点

神经网络之所以在电路测试与故障诊断领域中获得越来越广泛的应用，主要是因为它具有如下特点[4]：

（1）并行分布式处理。神经网络具有高度的并行结构和并行实现能力，因而能够有较好的耐故障能力和高速寻找优化解的能力，能够发挥计算机的高速运算能力，可很快地找到优化解。

（2）非线性映射。人脑的思维是非线性的，故神经网络模拟人的思维也是非线性的。神经网络可有效地实现输入空间到输出空间的非线性映射。工程界普遍面临的问题是寻找输入到输出之间的非线性关系模型，神经网络能很好地模拟大部分模型的非线性系统，所以神经网络是电路测试与故障诊断领域中不可缺少的分析工具之一。

（3）分类和辨识。与传统分类器相比较，神经网络分类器的分类和辨识能力更强、更好。将采集到的故障样本集输入到神经网络中，经过学习和训练，神经网络按照分类要求寻找样本空间符合其分类要求的分割区域，且把属于同一类的样本放在一个区域内，以便进行分类和辨识。

（4）自适应学习能力。学习能力是神经网络具有智能的重要表现。通过对过去的历史数据的学习，可以训练出一个具有归纳全部数据的特定的神经网络，提炼出训练样本数据的典型特征，自适应学习能力非常强大。

（5）鲁棒性。神经网络具有高度的并行结构和并行实现能力以及分布式存储功能，使经过训练的神经网络具有强大的联想能力。对个别神经元和连接权值的损坏，并不会对信息特征造成太大的影响，表现了神经网络强大的鲁棒性，即受干扰时自动稳定的特性，和强大的容错能力。

从以上几点可看出，神经网络由于自身的特性，在故障模式识别领域中有着越来越广泛的应用。

6.3.1.2　神经网络的分类和学习

目前，有代表性的神经网络模型已有数十种，包括多层感知器、Hopfield 网络、Elman 神经网络、RBF 网络、小波神经网络、线性神经网络、自组织竞争神经网络、BP（Back-Propagation）神经网络等。这些网络结构不同，其应用范围也不同。用于故障诊断领域中最常见的模型有[5-7]：

（1）BP 网络：是一种多层前馈型网络，BP 神经网络主要应用于以下四个方面：函数逼近、模式识别、分类问题和数据压缩。

（2）RBF（径向基函数）网络：是一种三层前向网络，它能够以任意精度逼近任意连续函数，特别适合于解决分类问题。

（3）PNN（概率神经网络）：是一种可用于模式分类、结构简单、训练简洁、应用相当广泛的人工神经网络，其实质是基于贝叶斯最小风险准则发展而来的一种并行算法。在实际应用中，尤其在涉及分类问题的这一类应用中，该神经网络的优势更加明显，它的学习算法虽然是线性的，但其作用相当于以前非线性学习算法完成的任务，并且又兼具非线性学习算法的高精度等性能。

（4）Elman 网络：该模型在前馈网络的隐含层中增加一个承接层，作为一个延时算子，以达到记忆的目的，从而使系统具有适应时变特性的能力。

神经网络的学习也称为训练，指的是神经网络在外部环境的刺激下调整神经网络的参数，使神经网络以一种新的方式对外部环境做出反应的一个过程。神经网络的一个重要特性是，首先通过向周围环境学习得到相应的知识，然后根据自身的不足提高网络的性能，其学习方式可分为有导师学习、无导师学习和再励学习。

6.3.1.3　神经网络的故障诊断能力

电路故障诊断的关键技术是模式识别技术，而神经网络具有并行分布式处理能力、非线性映射能力、极强的自适应学习能力等诸多优点，且具有辨识故障类型的能力，那些传统模式识别方法难以圆满解决的复杂问题能通过神经网络出色的解决。和模拟电路故障诊断的本质一样，开关电流电路故障诊断也是属于模式识别和分类范畴。对电路作故障诊断，简要来说，是将电路工作情况区分为正常和异常两种，而异常工作情况又可以定义出多种故障模式，模式识别要解决的问题就是异常工作情况归属于哪种故障模式的问题。神经网络由于其自身的诸多优点使其能解决电路测试与故障诊断中所碰到的各种复杂难题，同时也为开关电流电路故障诊断开辟了一条全新的研究方向。神经网络故障诊断法之所以能引起研究者们的浓厚兴趣，归根结底在于其不需要用到电路故障模型，不需要知道被测电路的行为特征，只要将采集到的故障样本集输入到神经网络中训练即可，就可以完成故障的定位。下面列出几种故障诊断方法，目的是为了与神经网络故障诊断方法[8-14]相比较，从而可看出神经网络故障诊断法的优势所在。

（1）基于规则的故障诊断法

电路发生故障时，产生故障的原因都会出现相应的征兆，基于规则的故障诊断法就是利用该征兆来实现对故障的定位与诊断。大家都知道，规则形式是制约该诊断方法的一个关键因素，这严重限制了该方法的广泛推广和应用。然而，神经网络克服了该方法的缺点，故障因果关系在训练神经网络时就能推导出来，且不需要确定的规则形式。

（2）基于模型的故障诊断法

该故障诊断法通常需要构建电路故障模型，且对电路内部工作性能熟知程度要求高，尤其不适合针对复杂的大规模集成电路进行诊断。而神经网络故障诊断法则相应地克服了这些缺点，不需要建立故障模型，更不需要计算模型参数。

（3）基于专家系统的故障诊断法

该故障诊断法通常要求构建数学模型，还需要应对发生故障情况时的某些经验知识，而开关电流电路和模拟电路由于其具有非理想因素、非线性问题等难以建立数学模型，严重影响了专家系统故障诊断法的推广应用。而神经网络在样本训练学习时就能自动获得知识，提取到合理的故障特征，进行故障定位和识别，因此，神经网络故障诊断法克服了专家系统诊断法的不足。

（4）传统故障字典诊断法

该诊断方法只能识别预先存储在故障字典中的故障，而字典外的故障识别不出来，并且构建故障字典需要花费过多的时间和精力。而神经网络具有推理能力，该能力也可将那些在样本训练集中没有明确包含的故障识别出来，这个特点是传统故障字典法无法比拟的。

6.3.1.4　神经网络的故障诊断原理

图 6-1 描述了基于神经网络的开关电流电路故障诊断原理。从图中可看出，包括两个工作流程，第一个是学习和训练流程，如图中虚线箭头所表示，第二个是测试与诊断流程，如图中实线箭头所表示。即首先利用数据采集板对实际电路（CUT）或者利用 ASIZ 软件对无故障电路和各故障电路进行仿真，从电路的输出响应信号中提取原始数据，然后对原始数据进行预处理，在 MATLAB 软件中计算其峭度和熵，这样，提取到每种故障模式下的故障特征参数，即形成了神经网络训练样本集，然后选择一个合适的神经网络结构和学习算法，将提取到的训练样本集输入到神经网络中训练，这个过程就是学习和训练过程。当测试和诊断故障时，施加相同的激励给被测电路，在输出端采集到响应数据，从响应数据中提取到相应故障特征参数，然后再将其输入到已经训练好的神经网络中，这样神经网络将对被测电路的各种故障模式进行分类和识别。从图 6-1 中可看出，根据基于神经网络的故障字典诊断原理来对开关电流电路作诊断，需要考虑好以下几个步骤：

（1）测试激励信号

和第 5 章一样，开关电流电路的测试激励信号仍选择一个频率为 100kHz 的正弦信号。

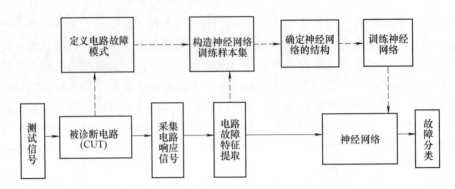

图 6-1　基于神经网络的开关电流电路故障诊断原理图

（2）电路响应信号采集

根据所选择的激励信号，可以采集电路的时域响应信号，也可以采集电路的频域响应信号。

（3）定义故障模式

故障模式的定义主要包括两种类型，一种类型是硬故障，也叫灾难性故障，电路发生硬故障时，元器件发生了开路或者短路，一般会造成电路的拓扑结构发生改变；另一类是软故障，也叫参数性故障，电路发生软故障时，元器件参数超出了其容差范围，虽然没有达到 100% 的损坏程度，但也会对电路的整体特性造成严重的影响，如果碰到较复杂的电路，势必会影响其功能的正常运作，大大降低了电路的可靠性。对以上两类故障进行诊断，各有不同的方法：硬故障诊断时，通常采用开路和短路故障模型进行诊断；而软故障具有连续性，大大增加了软故障诊断的难度，就目前来说，现已报道的文献大多是采用设置元器件故障值来对软故障进行诊断，比如说超出元器件标称值的 50%、20%等等。一般来说，硬故障诊断要比软故障诊断容易，本章提出的方法能同时实现软、硬故障诊断。

（4）提取故障特征

故障特征提取是故障诊断过程中最关键的环节，是否能提取到合理的故障特征直接关系到诊断的成败。运用 ASIZ 软件对正常状态和各故障状态下的电路进行仿真，采集到电路响应数据，找到信号的故障特征参数。

（5）建立和训练神经网络

在找到故障特征参数之后，接下来就是确定神经网络结构和选择一个合适的学习算法，然后将故障特征参数构造成样本集训练神经网络，这样就完成了从特征空间到故障空间的映射。需要说明的是，采用改进神经网络学习算法能使神经网络训练时间大大减少，使网络收敛速度大大提高。

（6）故障诊断

将故障特征参数构造成训练样本集，然后将此样本集输入到训练和测试好的神经网络中，进行故障定位和分类。

6.3.2　故障特征提取

故障特征提取直接关系到故障诊断的成败，提取到合理的故障特征可以大大提高故障诊断的效率，同时也为组建一个优良的神经网络样本集打下坚实的基础[16]。基于神经网络的开关电流电路故障诊断系统，是由两个关键步骤组成的，一个是学习（训练）步骤，该步骤是在构造好故障样本集的基础上，选择合适的神经网络结构和学习算法，将故障样本集输入到神经网络中训练；另一个是诊断（测试）步骤，该步骤是将未知故障模式和已训练好的神经网络作对比来诊断未知故障模式的类别。

在建立开关电流电路故障诊断系统之前，提取的故障特征是否合理，故障特征提取方法是否快速而有效，直接关系到开关电流电路故障诊断的成功或者失败。将现有的原始特征参数空间进行降维，保留原始特征中所特有的有用信息，删除掉多余的信息，并将这些保留的有用信息映射到少数几个特征上面，有时只剩下一个特征参数，争取获得维数尽量少的特征参数空间。

在本章中采用的是基于神经网络的特征提取方法，提取信号的两个特征参数——峭度和熵来识别电路各种故障状态。信号的峭度和熵是在 MATLAB 软件环境下计算得到的，在 MATLAB 中的信号处理的详细情况如下：从被测器件输出端获得原始时域响应数据，根据公式（5-10），当找到两个函数 G^1 和 G^2 时，能得到信号的熵。根据公式（6-5），计算出信号的峭度。

6.3.3　BP 神经网络结构确定

为了改善神经网络的性能，使其成为故障诊断中的有力工具，主要任务是设计合理的神经网络结构。由于神经元的组成和网络的学习算法息息相关，网络结构设计是否合理直接影响到网络的性能，而优良的神经网络性能是故障诊断成功的基础。因此，选择一个适当的神经网络结构方案是开关电流电路故障诊断中不可缺少的步骤。下面介绍 BP 神经网络的有关内容。

6.3.3.1　网络信息容量与训练样本基础

神经网络故障诊断法主要解决的是故障模式的分类问题，BP 神经网络是一种多层前馈网络，其模式识别和分类能力和网络信息容量有着千丝万缕的联系。如果用神经网络的权值和阈值之和 n_w 来描述网络信息容量，在训练误差 ε 事先给定的条件下，训练样本数 p 和训练误差 ε 的关系可由以下公式来描述[5]：

$$p = \frac{n_w}{\varepsilon} \qquad (6-15)$$

式中，p 为训练样本数；n_w 为网络信息容量；ε 为训练误差。

从上式可看出，网络信息容量和训练样本数有适当的匹配关系。也就是说，在网络参数与样本数的选择上必须有一个折中的方案，如果网络参数过少则无法描述样本中包含的所有特征，而网络参数过多又使样本数相对减少而不能得到充分训练。所以，在实际应用过程中，需综合考虑各种因素，在网络参数与训练样本数之间找到一个平衡点，设计恰当的网络信息容量并选择合理的训练样本数。

6.3.3.2　构造训练样本集

构造训练样本集是神经网络训练的基础，合理的样本训练数据是神经网络训练的良好准备。构造训练样本集包括输入输出量的选择、输入量的提取与表示、输出量的表示和输入数据的预处理等步骤[5-6]。

1. 输入输出量的选择

合理选择神经网络的输入输出变量是正确构造神经网络训练样本集的基础。一般情况下，输入变量的选择就是确定故障特征，它与故障特征提取方法密切相关，合理的故障特征提取方法直接关系到选择的输入变量是否合适。通常要遵循两条原则：一方面，对各输入变量之间的相关性有要求，要求互不相关或者相关性很小；另一方面，要求输入变量对输出结果有较大的影响并且很容易被检测和提取得到。而输出变量的选择相比输入量的选择来说要容易得多，它很容易确定，一般指故障诊断系统要完成的任务或者说要实现的目标。具体到开关电流电路故障诊断系统中，神经网络的输入量就是利用故障特征提取方法提取到的故障特征参数，这里有两个故障特征参数，即熵和峭度；而神经网络输出变量即定义的各种故障模式。

2. 输入量的提取与表示

从输入量的选择要遵循的两个基本原则可看出，神经网络的输入量很难直接得到，要求先选择一个合理的故障特征提取方法，从采集到的原始数据中找规律，寻找最能反映其特征的少量特征参数。电路工作特性可以通过对电路进行模拟仿真后的各类响应数据反映出来，如时域和频域响应分别从时域和频域的角度描述了电路工作性能，而电路工作性能的变化又可通过将这些原始时域或频域响应数据经过预处理后的特征参数反映出来，由此提取到的故障特征参数可满足神经网络输入量选择的两个基本要求。

在本章的神经网络开关电流电路故障诊断中，在时域响应波形上采集到有效样本点，再根据故障特征提取原理和方法，对原始响应数据进行预处理，计算出信号的故障特征参数，即熵和峭度值，再输入到神经网络中进行训练，从而达到将电路中所有故障模式进行有效识别的目的。而 BP 神经网络在开关电流电路故障诊断的应用，通常是根据特征参数值来识别对应的故障模式。

3. 输出量的表示

神经网络的输出量是指故障诊断系统要完成的任务或者说要实现的目标。一般来说，网络的输出量有很多个，获得网络输出量比输入量要容易得多，其表示方法也简单一些，且也不会影响网络的精度与训练时间。习惯上可用 0 与 1 来表示电路的正常状态与故障状态。下面介绍常用的几种方法[2,4]：

（1）"n 中取 1" 表示法

"n 中取 1" 法是输出向量的长度与故障模式数相等，如输出向量长度为 n，则有 n 种故障发生，且 n 个输出向量中只有一个 1，其余都为 0。举例来说，假设待测电路状态有：正常、Mg1↑、Mg1↓、Mf1↑、Mf1↓、Me2↑、Me2↓7 种故障模式，则可分别用 1000000、0100000、0010000、0001000、0000100、0000010 和 0000001 来表示。一般情况下，当电路中故障类别数目较少时用 "n 中取 1" 表示法较为直观。

（2）"$n–1$" 表示法

"n 中取 1" 法较为直观，但也有相应的缺点，就是向量长度太长。而 "$n–1$" 表示法减少了一个输出节点，向量长度只有 "$n–1$"，这样克服了上述方法的缺点而又能完成故障模式的表示。例如上述 7 种故障模式也可用 000000、100000、010000、001000、000100、000010 和 000001 来描述。

（3）二进制编码法

为了更大限度地缩短向量长度，还可采用二进制编码法。按照电路的故障模式进行二进制编码，也就是说，n 类故障模式的输出向量长度为 $\log_2^n$。例如以上 7 种故障模式可表示为：000、001、010、011、100、101 和 110。

（4）数值表示法

前面三种表示法都属于二值分类，向量中只有 0 和 1 两个对立的值，较适合表达两种对立的分类情况，然而，对于一些渐进式分类采用的是数值表示法。值得注意的是，数值一定要从大到小，呈渐进关系，且按照实际情况将距离增大。例如，软故障还可以分为大、小偏移软故障，分别用 0.5 和 0 来表示，而 1 又可来表示硬故障。

4．输入数据的预处理

故障诊断的关键步骤是特征选择和提取，是否能提取到合理的故障特征参数，并且是否能将其表示成神经网络所接受的训练样本数据，是故障诊断成败的关键。下面几种方法是常用的数据预处理方法。

（1）尺度变换

尺度变换又叫归一化或者标准化处理，指的是在变化处理的作用下将神经网络的样本训练数据保持在某一个区间内变化，比如区间可选择为[0,1]或者[-1,1]等。如果不作尺度变换，导致神经网络输入数据大小不一，相差的范围很大，那么实践证明，训练神经网络时的收敛性很差，并有可能不收敛。而作了尺度变换的输入数据，结果明显不一样，其训练收敛情况会得到适当改善。另外，网络的样本训练数据的物理意义和量纲不一定都相同，将这些数据归一化处理后都控制在 0—1 或-1—1 之间变化，这说明了所有的网络输入数据都在同一条起跑线上参与训练。由于 BP 神经网络的神经元选择的是 Sigmoid()函数，如果不将输入数据归一化处理，有可能导致因为净输入绝对值较大而使输出的神经元饱和，而归一化处理后可有效避免这一情况的发生。

（2）分布变换

上面的尺度变换作为一种线性变换仅仅能将训练样本数据控制在一定区间之内，而对于其分布规律却无能为力，当网络训练样本数据分布不规范时，就需采用分布变换对输入数据作处理。用得最多的分布变换有对数变换、平方根变换和立方根变换等。因为上述三种变换都是对输入数据作非线性处理，其结果不但控制了数据范围，还改善了数据分布规律。

（3）主成分分析（PCA）

一个对多维数据降维的常用预处理方法是主成分分析。主成分分析和与其紧密联系的 Hotelling 变换，是统计数据分析、特征提取和数据压缩中的经典方法。PCA 给出一组多元测量，目的是寻找变量的冗余度更小的一个子集，作为尽可能好的一个表示。特征选择是将原始数据空间映射到特征参数空间，从理论上来说他们的空间维数是相同的。为了简化神经网络的候选特征，就要压缩原始数据集的维数，使用主成分分析可将数据集由低维有效特征表示。假设原始数据集中有 M 个候选故障特征参数，经过 PCA 选择，选取其中 N 个特征参数，其中 $N<M$，那么以前 M 个特征中较关键的分量都包括于这 N 个特征参数中。

（4）高阶统计量和信息熵预处理

神经网络中的一个基本思想是对输入的原始数据的分布作非线性处理。神经网络是由互相连接的一些称为神经元的简单计算单元构成的，每个神经元的输出非线性地依赖于它的输入，这些非线性函数隐含地在其处理中引入了高阶统计量。高阶统计量度量了一个随机向量与具有相同均值向量和协方差矩阵的高斯随机向量之间的偏差。这个性质能从一个信号中抽取出其非高斯部分。另外，使用高阶统计量还能忽略混杂在非高斯信号中的加性高斯噪声。峭度是随机变量四阶统计量的另一种叫法，峭度或其绝对值在故障诊断领域被用做非高斯性的度量，这主要是因其在计算上和理论分析上都非常简单。从计算的角度，峭度可以简单地使用样本数据的四阶矩来估计（如果样本数据的方差保持不变）。理论分析也因线性特点变得简单。信息熵是非高斯性的第二个重要度量，其好处是在于它具有严格的统计理论背景，事实上，信息熵在一定程度上可以说是非高斯性的最优估计，其概念简单，计算量小，且具有良好的统计特性，特别是鲁棒性。

6.3.3.3　BP 网络结构设计

设计 BP 神经网络结构包括输入层、输出层的节点设计，隐层数设计、隐层节点数的设计、传输函数的选择等几个方面的问题。在上述几个方面的问题中，当构造成功神经网络训练样本集之后，相应地也就完成了网络输入层、输出层节点数的设计，现在要重点解决隐层数的设计、隐层节点数的设计，还有选择什么样的传输函数等问题。然而关于隐层数和隐层节点数的设计这些因素，至今还没有形成通用性理论，因此大多是依靠经验而定。

1. 隐层数设计

一般地，典型三层 BP 神经网络由一个输入层、一个隐层和一个输出层构成，关于隐层数的设计，首先考虑设一个隐层，再根据实际情况考虑是否增加隐层数。虽然适当增加隐层数能使误差进一步减少，提高网络的精度，但任何事物都有两面性，隐层数的增加也会增加网络的复杂度，并使训练时间增长。因此，在尽可能不增加隐层数的条件下，还可选择增加隐层节点数目，这样也可提高误差精度，其训练效果更佳。如果增加了隐层节点数还不能达到理想训练效果，就可以考虑增加隐层数。可以证明：如果可以任意设置隐层节点数，在此条件下，三层 BP 网络能完成任何非线性映射。

2. 输入层的节点数

神经网络输入层接受样本训练数据，其节点数由故障特征向量的维数而定。在开关电流电路故障诊断中，即提取到的特征向量个数。

3. 隐层节点数设计

隐层节点具有从训练样本数据中寻找其内在规律的功能，而每个隐层节点的权值又是提高网络映射能力的一个重要参数，所以，隐层节点的设计相当重要，要引起足够的重视。要合理选择多少个隐节点，要从训练样本数的数量、样本噪声的大小和样本数据中隐含规律的复杂性等几个因素综合考虑。举例来说，如果选择的隐层数过少，神经网络从训练样本数据中得到的信息量就少，不能寻找到样本数据中所蕴含的本质规律，导致训练不收敛，从而使网络泛化能力降低。另一方面，如果设置的隐层节点数量太多，网络又可能记住训练样本数据中无关紧要的内容，比如说噪声等，从而延长了学习训练时间，降低了泛化能力。因此，隐层节点数的合理确定，大多数依靠人的经验。实践证明，波动次数多、幅度变化大的复杂非线性函数要求神经网络的隐层节点较多，以提高网络的映射能力。

根据前人经验，得出设计最佳隐层节点数的一个常用的方法是"试凑法"。其主要思想是：在开始训练神经网络时，选择较少的隐节点数进行训练，再渐渐增加隐节点数目，采用同样的训练样本集进行训练，当网络达到最小误差时，其对应的隐节点数就是最后的隐节点数。以下公式是"试凑法"的一些经验公式

$$m = \sqrt{n+l} + a \qquad (6\text{-}16)$$

$$m = \log_2{}^n \qquad (6\text{-}17)$$

$$m = \sqrt{nl} \qquad (6\text{-}18)$$

式中，m 为隐层节点数；n 为输入层节点数；l 为输出节点数；a 为 1～10 之间的常数。

4. 输出层的节点数

当 BP 神经网络用于模式分类时，输出层反映故障类型，不同的故障模式可用二进制形

式来表示，则输出层的节点数可根据待分类模式数来确定，即故障模式类别数。

5．传输函数

BP 网络中的传输函数可采用 Sigmoid 函数和线性函数。最后一层的传输函数对网络的整个输出有决定性的影响。举例来说，假设选择的是 Sigmoid 函数，那么网络输出就在区间[−1, 1]内变化；假设选择的是线性函数，那么网络的输出值是任意的。

6.3.3.4　BP 网络诊断开关电流电路的方法

开关电流电路发生故障时，电路输出端时域或者频域响应与电路无故障响应是有差异的，电路响应能反映出电路的运行状态，然而故障与响应之间无法用一个公式准确地表示出来。最近，神经网络得到了研究界的极大关注，并已成功应用于各个领域，如模式识别、函数逼近、分类等。按照故障诊断对象确定各种训练算法，借助神经网络能大大改善诊断效果。目前，由于 BP 神经网络的诸多优点，该网络应用最为广泛，对其研究得最多。BP 神经网络的一个重要特点是其权重系数具有自适应性，神经网络的自适应性提供了一种分类机制，即使在不利的环境下仍能达到鲁棒的分类。当它应用在故障诊断和测试中，其重要特性之一就是一旦网络进行训练，其在线诊断速度非常快。另外，神经网络在解决分类问题时要求输入的故障特征参数较少，在学习训练的同时能自动提取故障特征参数。因此，基于神经网络的模式识别方法相比传统模式识别方法而言更具优势。BP 神经网络有着优良的模式识别和分类能力，而电路测试与故障诊断在本质上属于模式识别问题，因此，BP 神经网络在电路测试与故障诊断领域应用得较为广泛，研究成果也层出不穷。目前许多学者提出了大量基于神经网络的模拟电路故障诊断方法[17-21,6-14]，但几乎没有基于神经网络的开关电流电路诊断方法。因此本节研究 BP 神经网络诊断开关电流电路故障的方法。

1．BP 神经网络结构

BP 神经网络是基于 BP 算法的多层前馈型网络。其传输过程是这样的：训练样本信息从输入层作为起始点，在隐含层各层之间单向传播，按顺序经过各个隐层，最终在输出层处结束。BP 神经网络有两层或 3 层互相连接的神经元。图 6-2 是一个 3 层 BP 前馈神经网络模型。每个输入节点与一个隐层节点相连接，最后的隐层的每一个节点互相连接在一起。

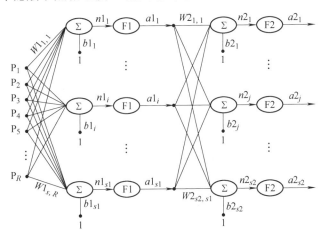

图 6-2　3 层 BP 神经网络模型

网络的数学模型为

$$a_0 = p \tag{6-19}$$

$$a(k+1) = f(k+1)\big[W(k+1)a(k) + b(k+1)\big] \quad k = 0,1,\cdots,k-1 \tag{6-20}$$

$$a = ak \tag{6-21}$$

式中，$p = [p_1, p_2, \cdots, p_R]$ 表示网络的输入；$ak = [ak_1, ak_2, \cdots, ak_{sk}]$ 表示第 k 层输出；Wk 为网络第 k 层的权值；bk 为网络第 k 层的阈值；Fk 为网络第 k 层的传输函数。

BP 神经网络的隐层传输函数通常选择为 S 函数 $f(n) = \dfrac{1}{(1+\mathrm{e}^{-n})}$ 或 $f(n) = \dfrac{2}{(1+\mathrm{e}^{-2n})} - 1$，输出层的函数常取为线性函数。$ak = [ak_1, ak_2, \cdots, ak_{sk}]$ 表示第 k 层输出，即网络最后输出值。基于以上的分析，在图 6-2 中，R 是特征参数的数目，$j = 1,2,\cdots,S2$，$S2$ 是故障类别数。当第 j 个故障类别发生时，$a2_j$ 等于 1，其他输出等于 0。

2．BP 算法及其改进[2,5-6]

BP 算法采用误差反向传播算法。该算法的学习过程包括两个过程：信息的正向传播过程和误差的反向传播过程。在信号的正向传播过程中，训练样本输入到网络输入层，依次通过各隐层并计算出每个单元的输出。在误差反向传播过程中，输出误差从输出层开始，依次经过隐层并向输入层逐层反向传播，且将误差平均分配给各层的所有神经元，使各层单元得到误差信息，即可不断调整各神经元权值。这两个过程是反复不断进行的，也就是说，不断修正权值的过程就是神经网络的学习训练过程。权值反复不断地调整，网络输出误差也不断地在减少，当输出误差减少到理想值时，学习训练才停止。

如果 BP 神经网络一共有 k 层，给定 M 个训练样本 $\left(p^m, a^m\right)$ $(m = 1,2,\cdots,M)$。现在研究第 k 层的第 j 个单元，当输入第 m 个样本时，节点 j 的输出为

$$a_{ij}^{k,m} = f^k\left(W_{ij}^k a_i^{k-1,m} + b_j^k\right) \quad k = 1,\cdots,K \tag{6-22}$$

式中，W_{ij}^k 为第 k 层的第 i 个神经元与第 k 层的第 j 个神经元之间的连接权值；b_j^k 为第 k 层的第 j 个神经元的阈值；$a_j^{k,m}$ 与 $a_i^{k-1,m}$ 分别为第 m 个训练样本下第 k 层的第 j 个神经元输出和第 $k-1$ 层第 i 个神经元输出；f^k 为第 k 层的激活函数。

网络在第 m 个样本下的误差平方和为

$$E_m = \frac{1}{2}\sum_i \left(o_i - a_i^m\right)^2 \tag{6-23}$$

式中，o_i 为输出层第 i 个神经元的期望输出值；a_i^m 为第 m 个训练样本下输出层第 i 个神经元实际输出值。

均方误差是

$$E = \frac{1}{M}\sum_{m=1}^{M} E_m \tag{6-24}$$

可以将 $\delta_j^{k,m} = \dfrac{\partial E_m}{\partial a_j^{k,m}}$ 定义为网络在训练第 m 个样本时第 k 层第 j 个节点的误差。则连接权值 W_{ij}^k 及阈值 b_j^k 的误差形式的梯度公式分别是：

$$\frac{\partial E_m}{\partial W_{ij}^k} = \frac{\partial E_m}{\partial a_j^{k,m}} \cdot \frac{\partial a_j^{k,m}}{\partial W_{ij}^k} = \frac{\partial E_m}{\partial a_j^{k,m}} \cdot \left(f^k\right)' \cdot a_i^{k-1,m} = \delta_j^{k,m} \cdot \left(f^k\right)' \cdot a_i^{k-1,m} \tag{6-25}$$

$$\frac{\partial E_m}{\partial b_j^k} = \frac{\partial E_m}{\partial a_j^{k,m}} \cdot \frac{\partial a_j^{k,m}}{\partial b_j^k} = \frac{\partial E_m}{\partial a_j^{k,m}} \cdot \left(f^k\right)' = \delta_j^{k,m} \cdot \left(f^k\right)' \qquad (6\text{-}26)$$

式中，$\left(f^k\right)'$ 为第 k 层激活函数的导数。

计算 $\delta_j^{k,m}$ 要从 $(k+1)$ 层反算回来，$(k+1)$ 层有 l 个节点时

$$\delta_j^{k,m} = \frac{\partial E_m}{\partial a_j^{k,m}} = \sum_l \frac{\partial E_m}{\partial a_l^{k+1,m}} \cdot \frac{\partial a_l^{k+1,m}}{\partial a_j^{k,m}} = \sum_l \frac{\partial E_m}{\partial a_l^{k+1,m}} \cdot \left(f^{k+1}\right)' \cdot W_{jl}^{k+1} = \sum_l \delta_l^{k+1,m} \cdot \left(f^{k+1}\right)' \cdot W_{jl}^{k+1} \quad (6\text{-}27)$$

式中，$\delta_l^{k+1,m}$ 为神经网络在训练第 m 个样本时第 k 层第 l 个节点的误差；$\left(f^{k+1}\right)'$ 为第 $k+1$ 层激活函数之导数；W_{jl}^{k+1} 为第 k 层的第 j 个神经元和第 $k+1$ 层的第 l 个神经元之间的权值。

下面两式分别为权值和阈值的修正公式

$$b_j^k = b_j^k - \mu \cdot \frac{\partial E}{\partial b_j^k} = b_j^k - \mu \cdot \frac{1}{M} \cdot \sum_{m=1}^{M} \frac{\partial E_m}{\partial b_j^k} \qquad (6\text{-}28)$$

$$b_j^k = b_j^k - \mu \cdot \frac{\partial E}{\partial b_j^k} = b_j^k - \mu \cdot \frac{1}{M} \cdot \sum_{m=1}^{M} \frac{\partial E_m}{\partial b_j^k} \qquad (6\text{-}29)$$

式中，μ 表示学习速度。

在标准 BP 算法中，调整权值的方法是最快梯度下降法。由于标准 BP 网络学习算法存在与输入样本的顺序有关、收敛速度缓慢、易陷入局部极小等缺陷，使其应用大大受到限制。为了消除算法中的各种缺陷，使神经网络在故障诊断中的应用更为广泛，近年来很多学者研究出了各种行之有效的 BP 改进算法，下面讨论两种基本的改进算法[6]。

（1）附加动量的改进算法

该算法的主要思想是：以反向传播法为基础，在每一个权值或者阈值的变化上增加一项与一次权值成比例变化的值，且会造成新的权值或者阈值的改变。带有附加动量因子的权值调节公式为

$$\Delta w(k+1) = (1 - m_c)\eta \nabla f(w(k)) + m_c (w(k) - w(k-1)) \qquad (6\text{-}30)$$

式中，w 为权值向量；k 是训练次数；$m_c (0 \leqslant m_c \leqslant 1)$ 为动量因子，一般取 0.95 左右；η 为学习速率；$\nabla f(w(k))$ 为误差函数的梯度。

（2）采用自适应调整参数的改进算法

采用自适应调整参数的改进算法的基本设想是学习速率 η 应根据误差变化而自适应调整，以使权系数调整向误差减小的方向变化，其迭代过程表示为

$$w(k+1) = w(k) - \eta \nabla f(w(k)) \qquad (6\text{-}31)$$

可以证明：在一定范围内增大学习速率 η，可大大加快学习效率，得到比标准 BP 算法更快的收敛速度。

6.4　开关电流电路诊断实例

BP 神经网络由于自身具有的诸多优势，尤其在模式识别和分类能力上更加突出，将其应

用于开关电流电路的测试与诊断，能够实现故障测试和故障定位，达到故障诊断的目的，诊断准确率高。本章仍以第 5 章的 3 个开关电流电路为例，选择与第 5 章相同的电路的目的是为便于比较结果。不同的是，本章中电路中同时发生故障的晶体管要比第 5 章的多，相应的故障类别也大大增加。现在以第 5 章的 3 个开关电流电路为例来验证该方法的有效性，仿真实验证明该方法是行之有效的。

6.4.1 诊断实例 1：6 阶切比雪夫低通滤波器

6.4.1.1 诊断电路

以截止频率为 5MHz 的 6 阶切比雪夫低通滤波器作为开关电流电路故障诊断的首个实例，如第 5 章的图 5-2 所示，运用 ASIZ 软件对该电路进行模拟仿真。该滤波器各晶体管的归一化跨导值为：$M_a=1$，$M_b=0.425\ 5$，$M_c=1.984\ 5$，$M_d=0.345\ 5$，$M_e=0.984\ 5$，$M_f=0.582\ 7$，$M_g=1.913\ 4$，$M_h=0.085$，$M_i=0.857\ 7$，$M_j=2.102\ 1$，$M_k=0.278\ 7$。

6.4.1.2 诊断思路

以图 5-2 中容差为±5%的晶体管 Mf1 发生软故障和晶体管 Mc 发生硬故障为例，来阐明本章进行故障诊断的思路。

1．软故障

（1）当 $g_m\in[0.553\ 5，0.611\ 8]$ 变化时，Mf1 是正常的容差变化范围；

（2）当 $g_m<0.553\ 5$ 时，发生 Mf1↓软故障；

（3）当 $g_m>0.611\ 8$ 时，发生 Mf1↑软故障。

从上述可知，在发生软故障时，其值变化是连续的，软故障的诊断相对来说较为复杂，一般情况下，不会对所有连续变化的点进行诊断，只对某一定点的软故障进行诊断[151]，如↓50%情况，$g_m=0.291\ 4$，或者↑50%情况，$g_m=1.165\ 4$。

2．硬故障

再考虑晶体管 Mc 的硬故障模式，参照图 3-2 的开关电流硬故障模型，有：

（1）当模型中 $R_S=R_O=0$，$C=0$，此时属于正常模式；

（2）当 Mc 栅极与源极之间的 $R_S=0.1\Omega$（小电阻），发生了 Mc-GSS 故障；

（3）当 Mc 栅极与漏极之间的 $R_S=0.1\Omega$（小电阻），发生了 Mc-GDS 故障；

（4）当 Mc 漏极端的 $R_O=1M\Omega$（大电阻），发生了 Mc-DOP 故障；

（5）当 Mc 源极端的 $R_O=1M\Omega$（大电阻），发生了 Mc-SOP 故障。

6.4.1.3 故障特征提取

使用 ASIZ 软件对上述电路进行建模和仿真，低通滤波器为正常状态时的时域响应输出波形如图 6-3 所示。假设低通滤波器的某个晶体管发生故障时，在输出端得到的波形即故障响应波形会产生相应的变化，也就是说和正常状态响应波形有区别，这种区别完全可以通过抽取正常状态和故障状态输出波形中的非高斯部分来体现，而峭度和熵是度量信号非高斯性的两个重要的度量。图 6-4 是 Mf1 为故障 g_m 值为 0.291 4、1.165 4 和标称 g_m 值为 0.582 7 时的软故障输出波形对比图。从图 6-4 可看出，当晶体管 g_m 值产生偏移时，其对应的输出波形变化相当显著。然后，这些输出波形响应数据被输出到预处理器中作特征提取，根据熵的计算公式（5-13）和峭度的计算公式（6-5），在 MATLAB 软件中计算出这些数据的熵和峭度，这样就提取到相应的故障特征值。同理，另外的故障模式也能通过 ASIZ 软件进行模拟仿真得到其对应的故障时域输出波形，再提取其故障特征，这两个特征值就作为神经网络的输入序列。

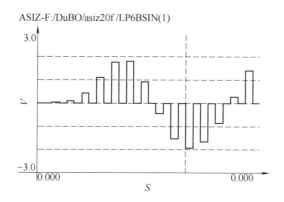

图 6-3　正常状态时的时域输出响应波形图

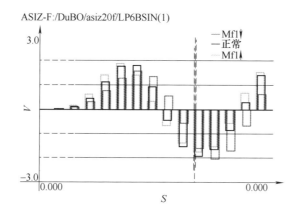

图 6-4　Mf1 软故障输出波形对比图

6.4.1.4　样本集的构造

在晶体管跨导值容差在 10%或 5%范围内变化的条件下，被测电路输出端响应为正常状态响应。假设电路中同时发生软故障的故障晶体管有 11 个，分别是：Ma1，Ma7，Ma22，Mg1，Mf1，Me2，Md1，Md2，Mj，Mi1，Mi2。根据上一节的诊断思路，故障模式可以分为三种类型：偏小故障模式，用符号↓来表示；正常状态；偏大故障模式，用符号↑来表示。因此电路故障模式为：Ma1↑，Ma1↓，Ma7↑，Ma7↓，Ma22↑，Ma22↓，Mg1↑，Mg1↓，Mf1↑，Mf1↓，Me2↑，Me2↓，Md1↑，Md1↓，Md2↑，Md2↓Mj↑，Mj↓，Mi1↑，Mi1↓Mi2↑，Mi2↓，这些故障模式就作为神经网络的输出，这样，神经网络的输出一共有 23 个状态。输出采用"N－1"表示法：0 表示正常状态，1 表示故障状态。假设输出为：10000000000000000000000表示 Ma1↓故障，其他晶体管正常。为此，可以构造该电路的样本集，如表 6-1 所示。

再考虑硬故障，假设电路中故障晶体管 Mc，Ma23 和 Mi2 同时发生硬故障，根据上一节诊断思路，电路硬故障分为如下模式：Mc-GSS、Mc-GDS、Mc-SOP、Mc-DOP、Ma23-GSS、Ma23-GDS、Ma23-SOP、Ma23-DOP、Mi2-GSS、Mi2-GDS、Mi2-SOP、Mi2-DOP 和正常状态共 13 种状态。输出状态使用"N－1"表示法，若开关电流电路故障模型中 $R_S=R_O=0$，$C=0$，那么说明该晶体管正常，反之，则发生了故障。假设输出是：1000000000000 说明发生了 Mc-GSS 故障。因此，构造该电路的样本集如表 6-2 所示。

表 6-1 软故障样本集

故障模式	输入向量		输出向量	故障类型
	熵	峭度		
Ma1↓	0.185 7	29.077 7	100000000000000000000	F1
Ma1↑	0.113 6	8.554 6	010000000000000000000	F2
Ma7↓	1.917 3	10.083 6	001000000000000000000	F3
Ma7↑	7.684 3	0.243 7	000100000000000000000	F4
Ma22↓	0.046 6	59.126	000010000000000000000	F5
Ma22↑	8.744 9	0.085 1	000001000000000000000	F6
Mg1↓	8.961 9	0.073 6	000000100000000000000	F7
Mg1↑	0.088 4	35.983	000000010000000000000	F8
Mf1↓	5.209 0	1.525 8	000000001000000000000	F9
Mf1↑	4.406 7	1.502 9	000000000100000000000	F10
Me2↓	3.439 9	3.058 2	000000000010000000000	F11
Me2↑	6.253 5	0.562 3	000000000001000000000	F12
Md1↓	8.195 1	0.117 9	000000000000100000000	F13
Md1↑	1.283 4	11.742 5	000000000000010000000	F14
Md2↓	5.452 9	0.868 2	000000000000001000000	F15
Md2↑	1.597 2	13.729 8	000000000000000100000	F16
Mj↓	0.298 5	124.66	000000000000000010000	F17
Mj↑	8.912 8	0.074	000000000000000001000	F18
Mi1↓	3.460 6	4.226 3	000000000000000000100	F19
Mi1↑	4.635 6	1.437 9	000000000000000000100	F20
Mi2↓	5.272 7	1.282 7	000000000000000000010	F21
Mi2↑	0.254 1	87.294 1	000000000000000000001	F22
正常	4.073 7	1.822 4	000000000000000000000	F23

表 6-2 硬故障样本集

故障模式	输入向量		输出向量	故障类型
	熵	峭度		
正常	4.073 7	1.822 4	000000000000	F1
Mc-GSS	12.891 9	1.700 7E-004	100000000000	F2
Mc-GDS	11.973 8	0.002 8	010000000000	F3
Mc-SOP	3.816 9	2.762 5	001000000000	F4
Mc-DOP	4.327 3	1.783 5	000100000000	F5
Ma23-GSS	14.053 4	1.469 4E-009	000010000000	F6
Ma23-GDS	11.699 4	0.002 1	000001000000	F7
Ma23-SOP	6.388 5	0.282 2	000000100000	F8
Ma23-DOP	4.493 7	0.247 0	000000010000	F9
Mi2-GSS	9.868 2	0.039 3	000000001000	F10
Mi2-GDS	4.564 2	2.409 4E-009	000000000100	F11
Mi2-SOP	7.043 3	0.461 9	000000000010	F12
Mi2-DOP	5.507 2	1.093 4	000000000001	F13

6.4.1.5 神经网络结构

采用经典的三层 BP 神经网络来进行开关电流电路的故障诊断及定位。三层神经网络结构如图 6-5 所示,隐层神经元的传输函数是 log-sigmoid 函数,输出层神经元的传输函数是线性函数。对于低通滤波器的软故障诊断来说,输入层神经元数目 2 个,即熵和峭度值,可以预先选取 7 个隐层神经元数目,输出层神经元数目与电路定义的故障模式数相同,为 23 个。对于低通滤波器的硬故障诊断来说,输入层神经元数目 2 个,即熵和峭度值,同样预先选取 5 个隐层神经元数目,输出层神经元数目也与电路故障模式数相同,为 13 个。图 6-6 是每个神经元或节点模型图,其中 w_i 为权值, p_i 为输入, θ 为阈值, $f(\cdot)$ 为传输函数。

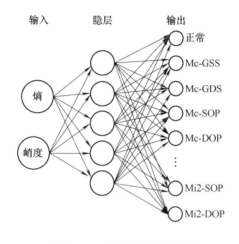

图 6-5 BP 神经网络诊断结构

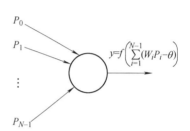

图 6-6 神经元模型图

6.4.1.6 诊断结果

为了和实际实验数据进行比较,首先,利用数据采集板从电路的输出端提取实际实验数据,计算出这些实验数据的熵和峭度。然后,通过 ASIZ 软件模拟,获得理想数据的熵和峭度。根据这两组数据,将研究出真实数据和仿真数据统计特征之间的差异。电路时域响应数据是从图 5-2 电路的输出端所取样的。表 6-3 列出了无容差的切比雪夫低通滤波器电路的实验数据,对于实际数据和 ASIZ 理想数据,都分别对应两个特征参数和所有的故障类别。从表 6-3 可看出,实际特征参数值要比理想特征参数值要小一点点。原因是实验仪器读数精度有误差和在实际中元件值发生了变化。但是,根据实际数据仍能正确构建一个故障字典来做故障诊断。

当故障晶体管在其容差范围内变化,产生 50 次时域响应,结果产生了模糊集。切比雪夫低通滤波器的软故障类别和模糊组如图 6-7 所示。从图 6-7 可以看出,23 个故障类别可以通过峭度和熵这两个特征参数值将其区分开来。图 6-7 表明:故障类 Mg1↓和 Mj↑非常靠近,交叉在一起,除了这个模糊组之外,在切比雪夫滤波器中其他故障类(包括正常状态)都落入不同的模糊组。不能区分 Mg1↓和 Mj↑故障类的原因是因为当 Mg1↓和 Mj↑发生时,输入信号相互重叠在一起。

表 6-4 列出了无容差 6 阶切比雪夫低通滤波器的硬故障类的特征值。图 6-8 是切比雪夫低通滤波器的硬故障类别和模糊组。图 6-8 表明,神经网络不能区分无故障类和 Mc-DOP 故障类,但是仍能对测试数据达到 98% 的正确分类率。而其他 11 个故障类也落入不同的模糊组,这表明,本章提出的方法不仅能对开关电流电路进行硬故障诊断,也能进行软故障诊断。

表 6-3 无容差 6 阶切比雪夫低通滤波器软故障类特征值

故障模式	故障类型	标称值	故障值	实际信息熵	理想信息熵	实际峭度值	理想峭度值
Ma1↓	F1	1	0.5	0.106 4	0.185 7	28.927 1	29.077 7
Ma1↑	F2	1	2	0.067 8	0.113 6	8.239 4	8.554 6
Ma7↓	F3	1	0.5	1.523 4	1.917 3	9.967 3	10.083 6
Ma7↑	F4	1	2	7.023 9	7.684 3	0.195 7	0.243 7
Ma22↓	F5	1	0.5	0.015 6	0.046 6	58.673	59.126
Ma22↑	F6	1	2	8.204 8	8.744 9	0.063 4	0.085 1
Mg1↓	F7	1.913 4	0.956 7	8.677 3	8.961 9	0.045 7	0.073 6
Mg1↑	F8	1.913 4	3.826 8	0.007 5	0.088 4	35.102 4	35.983
Mf1↓	F9	0.582 7	0.291 4	4.956 3	5.209 0	1.347 8	1.525 8
Mf1↑	F10	0.582 7	1.165 4	4.134 9	4.406 7	1.302 9	1.502 9
Me2↓	F11	0.984 5	0.492 3	3.278 6	3.439 9	3.001 9	3.058 2
Me2↑	F12	0.984 5	1.969	5.979 5	6.253 5	0.472 8	0.562 3
Md1↓	F13	0.345 5	0.172 8	7.879 4	8.195 1	0.099 8	0.117 9
Md1↑	F14	0.345 5	0.691	1.074 3	1.283 4	11.543 3	11.742 5
Md2↓	F15	0.345 5	0.172 8	5.234 5	5.452 9	0.713 9	0.868 2
Md2↑	F16	0.345 5	0.691	1.143 8	1.597 2	13.247 9	13.729 8
Mj↓	F17	2.102 1	1.051	0.078 5	0.298 5	122.38	124.66
Mj↑	F18	2.102 1	4.204 2	8.813 4	8.912 8	0.046 9	0.074
Mi1↓	F19	0.857 7	0.428 9	3.027 8	3.460 6	4.102 6	4.226 3
Mi1↑	F20	0.857 7	1.715 4	4.173 9	4.635 6	1.297 1	1.437 9
Mi2↓	F21	0.857 7	0.428 9	4.966 8	5.272 7	1.034 5	1.282 7
Mi2↑	F22	0.857 7	1.715 4	0.203 7	0.254 1	86.677 1	87.294 1
正常	F23	—	—	3.897 3	4.073 7	1.632 3	1.822 4

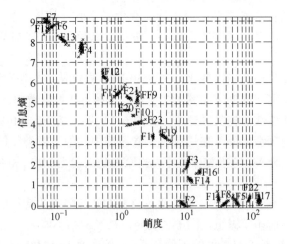

图 6-7 表 6-3 的 6 阶切比雪夫低通滤波器软故障类

表 6-4 无容差 6 阶切比雪夫低通滤波器硬故障类特征值

故障模式	故障类别	实际信息熵	理想信息熵	实际峭度值	理想峭度值
正常	F1	3.897 3	4.073 7	1.617 9	1.822 4
Mc-GSS	F2	12.439 5	12.891 9	1.129 5E-004	1.700 7E-004
Mc-GDS	F3	11.874 1	11.973 8	0.001 9	0.002 8
Mc-SOP	F4	3.767 8	3.816 9	2.637 8	2.762 5
Mc-DOP	F5	4.103 4	4.327 3	1.649 4	1.783 5
Ma23-GSS	F6	13.798 2	14.053 4	1.023 8E-009	1.469 4E-009
Ma23-GDS	F7	11.342 3	11.699 4	0.001 7	0.002 1
Ma23-SOP	F8	6.078 5	6.388 5	0.213 9	0.282 2
Ma23-DOP	F9	4.293 0	4.493 7	0.187 4	0.247 0
Mi2-GSS	F10	9.674 2	9.868 5	0.031 4	0.039 3
Mi2-GDS	F11	4.476 7	4.564 2	1.342 3E-009	2.409 4E-009
Mi2-SOP	F12	7.003 1	7.043 3	0.349 4	0.461 9
Mi2-DOP	F13	5.419 4	5.507 2	1.003 8	1.093 4

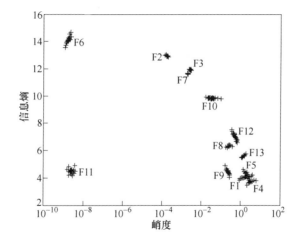

图 6-8 表 6-4 的 6 阶切比雪夫低通滤波器硬故障类

6.4.2 诊断实例 2：6 阶椭圆带通滤波器

本章研究的第二个电路是 6 阶椭圆带通滤波器，MOS 晶体管的归一化跨导值如图 5-5 所示。带通滤波器的中心频率为 1MHz。为了节省篇幅，这里仅仅讨论软故障的诊断。假设在图 5-5 中，同时发生故障的故障晶体管有 12 个，根据前述的诊断思路和方法，电路软故障分为如下模式：Mb1↓，Mb1↑，Mc2↓，Mc2↑，Me2↓，Me2↑，Mj1↓，Mj1↑，Mk2↓，Mk2↑，Mo1↓，Mo1↑，Mq1↓，Mq1↑，Md1↓，Md1↑，Mf1↓，Mf1↑，Mg1↓，Mg1↑，Mh2↓，Mh2↑，Ml2↓，Ml2↑和正常状态。BP 神经网络有 2 个输入，8 个隐层神经元，25 个输出层神经元。无容差的 6 阶椭圆带通滤波器的软故障类特征值如表 6-5 所示。与表 6-5 相应的软故障类和模糊组如图 6-9 所示。

从表 6-5 和图 6-9 可以看出，除了两组故障类（Mf1↑和 Mj1↓，Me2↑和 Mj1↑）之外，能成功分类其他所有的故障。由于有效地预处理原始响应数据，对于这个复杂的开关电流电路来说，其神经网络结构比较简单，能达到快速、有效的训练和优越的性能。由于有输入信号相互重叠在一起，尽管该方法不能区分所有的故障类别，但也能正确分类98%的测试数据。

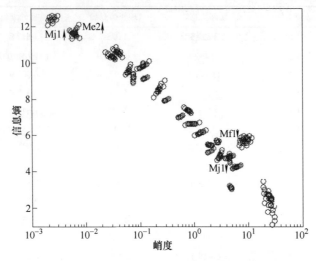

图6-9　表5-5的6阶椭圆带通滤波器硬软故障类

表6-5　无容差的6阶椭圆带通滤波器的软故障类特征值

故障模式	故障类型	标称值	故障值	信息熵	峭度
Mb1↓	F1	0.438 52	0.109 63	9.744 5	0.105 8
Mb1↑	F2	0.438 52	1.754 08	3.146 9	4.609 4
Mc2↓	F3	0.140 094	0.035 023 5	5.494 7	1.876 5
Mc2↑	F4	0.140 094	0.560 376	10.466 7	0.035 5
Me2↓	F5	1.833 237	0.458 31	7.103 0	0.593 1
Me2↑	F6	1.833 237	7.332 948	11.611 4	0.006 0
Mj1↓	F7	0.066 234 2	0.016 558 55	4.661 9	3.998 3
Mj1↑	F8	0.066 234 2	0.264 936 8	11.645 2	0.005 7
Mk2↓	F9	0.176 016	0.044 004	10.341 5	0.030 8
Mk2↑	F10	0.176 016	0.704 064	2.782 2	23.437 1
Mo1↓	F11	0.757 432	0.189 358	4.922 5	3.162
Mo1↑	F12	0.757 432	3.029 728	9.394 5	0.076 8
Mq1↓	F13	0.055 45	0.013 862 5	5.464	2.147 6
Mq1↑	F14	0.055 45	0.221 8	7.942 5	0.297 3
Md1↓	F15	0.066 234 2	0.016 558 55	5.288 3	2.300 2
Md1↑	F16	0.066 232	0.264 936 8	8.532 7	0.217 9
Mf1↓	F17	0.438 52	0.109 63	4.8	3.535 8
Mf1↑	F18	0.438 52	1.754 08	9.557 1	0.064 2
Mg1↓	F19	0.578 612 1	0.144 653	9.149 9	0.118 8
Mg1↑	F20	0.578 612 1	2.314 448 4	5.612 1	7.167 3
Mh2↓	F21	0.140 094	0.035 023 5	6.651 3	0.926 2
Mh2↑	F22	0.140 094	0.560 376	4.572 8	4.465
Ml2↓	F23	0.055 45	0.013 862 5	7.183	0.640 1
Ml2↑	F24	0.055 45	0.221 8	12.344 3	0.002 3
正常	F25	—	—	6.1575	1.288 8

6.4.3　诊断实例 3：时钟馈通补偿电路（CKFT）

现在考虑图 5-7 的时钟馈通补偿电路。电路中每一个元件的参数归一化值为：$C_1 - C_4 = 0.1F$，$M_1 - M_5 = 1ms$。可以通过第三个电路实例来证明本章所提出的方法的有效性。在该电路中考虑的故障类别有：由电容 C_3 开路和短路和晶体管 M_1 所引起的硬故障和由晶体管 M_1、M_3 跨导值 g_m 改变和 C_1、C_3 参数改变所引起的软故障。在做 ASIZ 模拟时，所选择的时钟频率是 1MHz，输入激励是一个频率为 100kHz 的正弦信号。按照前面所描述的诊断方法，能获得 CKFT 电路的实验数据，导致的故障字典如表 6-6 所示。

表 6-6　时钟馈通补偿电路故障特征值

故障模式	故障类型	标称值	故障值	信息熵	峭度
M1↓	Soft fault	1	0.25	10.493 6	0.010 3
M1↑	Soft fault	1	2	8.406 4	0.077 6
M3↓	Soft fault	1	0.25	6.550 5	0.294 4
M3↑	Soft fault	1	2	5.413 9	0.598 4
C1↓	Soft fault	0.1	0.025	7.093 9	0.204 8
C1↑	Soft fault	0.1	0.4	0.066 6	36.781 7
C3↓	Soft fault	0.1	0.025	6.692	0.268 3
C3↑	Soft fault	0.1	0.4	0.373	14.018 1
C3 短路	Hard fault	—	—	7.399 8	0.189 9
C3 开路	Hard fault	—	—	2.691 7	0.379 6
Mi2-GSS	Hard fault	—	—	5.085 9	0.727 4
Mi2-GDS	Hard fault	—	—	10.609 9	0.009
Mi2-SOP	Hard fault	—	—	14.125	4.967 7E-005
Mi2-DOP	Hard fault	—	—	13.592 1	3.740 1E-006
正常	—	—	—	13.592 1	3.704 0E-006

6.4.4　故障诊断结果分析

图 6-10 和图 6-11 是切比雪夫低通滤波器电路的神经网络分类器的性能分析。如图 6-10 所示，经过 224 次训练后，当训练总体误差小于 0.01 时，BP 神经网络完成了训练。为了测量神经网络模式识别系统的可靠性，输入加入噪声信号来进行测试，这样，就得到网络的识别误差与噪声水平的映射曲线，如图 6-11 所示。加到网络输入向量中的噪声均值为 0，标准偏差范围为 0～0.3，在每个噪声水平，20 种不同的噪声信号用于测试，噪声信号被添加到两个特征参数上。然后，通过网络输出模拟和传递函数的比较，确保 23 个故障类别输出向量有 1 个值为 1，其余的为 0。图 6-11 表明，当噪声低于 0.35 时，误诊断的百分比低于 3.6%。由于输入数据的归一化，这意味着，有时噪声也许会比输入数据大，但是网络仍然可以达到至少 96.4% 的准确诊断。

网络性能测试是检测经过训练的 BP 神经网络的故障诊断能力以及联想和推理能力。检测方法如下，对应每一种故障模式各选取 50 个测试数据进行测试，表 6-7 表明了在对 6 阶切比雪夫低通滤波器的 13 个硬故障类作诊断时的详细的性能。从表中可看出，每一行测试次数之和为 50，每一行对应一种故障模式，一共是 13 种故障模式，假设每一行和每一列相交点的数相同，说明故障诊断正确，反之，如果不相同，就为误诊断的模式。例如，在表 6-7 中，第二行表明对于 F2（Mc-GSS）故障类，所有的 50 次测试数据都被正确地分类，同样地，第一行读数说明，对于 F1（NF）无故障类，50 次测试数据有 38 次被正确分类，12 次被误诊断为 F5（Mc-DOP）。通过表 6-7 的所有行表明，我们的系统仅仅对 F1（NF）和 F5（Mc-DOP）故障类别有误诊断。

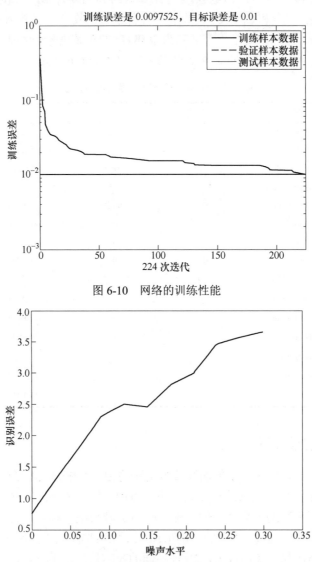

图 6-10　网络的训练性能

图 6-11　识别误差与噪声指标的关系

第 5 章提出了信息熵预处理的开关电流电路故障字典诊断法，考虑到峭度这个特征参数的缺点，它仅仅需要一个特征参数熵来对电路作故障诊断。该方法简化了故障字典的结构，减少了计算量和故障诊断时间。然而，它仅仅应用于对中小规模开关电流电路作诊断，或者说，它是适应于开关电流电路中故障类别不是特别多的情况。因为开关电流电路的复杂性，具有大量的故障类别的大规模 SI 电路的诊断还是一个难题。然而，本章采用峭度和熵两个特征参数来对 SI 电路进行故障诊断，这对 SI 电路中同时发生故障晶体管较多的情况是非常有效的，它能达到较高的故障分类率。例如：将本章的表 6-3 与第 5 章的表 5-3 相比较，表明了在切比雪夫低通滤波器中，第 5 章仅仅 5 个晶体管同时被诊断，而在本章有 10 个晶体管同时发生故障时，能够分类出所有故障。同样地，对于椭圆带通滤波器，第 5 章的表 5-5 表明了仅仅 15 个故障类别被同时分类，很明显，本章中的表 6-5 表明有 25 个故障类别被同时分类出来。

表 6-7　6 阶切比雪夫低通滤波器的硬故障诊断性能

	F1	F2	F3	F4	F5	F6	F7	F8	F9	F10	F11	F12	F13
F1	38				12								
F2		50											
F3			50										
F4				50									
F5	8				42								
F6						50							
F7							50						
F8								50					
F9									50				
F10										50			
F11											50		
F12												50	
F13													50

6.5　本章小结

本章首先介绍了信号的高阶统计量——峭度，峭度是对随机变量或随机信号非高斯性的一个定量度量，它和信息熵一样，可以作为信号的故障特征参数实现故障诊断。接着对人工神经网络的特点、分类、算法和故障诊断能力和原理作了深入的研究。研究表明：应用 BP 神经网络方法进行开关电流电路故障诊断是有效的。最后，对所提出的基于神经网络的开关电流电路故障诊断方法作了详细的介绍。该方法利用一个数据采集板从被测器件的输出端提取到神经网络的原始训练数据，这些原始数据通过特征选择后，找出信号的峭度和熵，因此能大大减少神经网络分类器输入端数目，简化神经网络的结构，减少训练和处理时间，并改善了网络的性能。通过分析电路输出端信号，该系统能够高精度地检测和定位开关电流电路中的故障晶体管，达到 98% 的故障分类精度。研究表明：利用 ASIZ 仿真能够提取适当的特征参数来训练神经网络。而且，因为神经网络在噪声环境下能达到鲁棒的分类，该技术不仅能检测和定位硬故障而且能分类软故障。一个低通和带通开关电流滤波器和一个时钟馈通补偿电路被用作测试电路来验证了所提出方法的有效性。与上一章所提出的方法相比较，表明了当上述三个 SI 电路所发生的故障类别较多的情况下，该方法能达到较高的故障分类率。

参考文献

[1] 梁戈超, 何怡刚, 朱彦卿. 基于模糊神经网络融合遗传算法的模拟电路故障诊断法[J]. 电路与系统学报, 2004, 9(2): 54-57.

[2] 王承. 基于神经网络的模拟电路故障诊断方法研究[D]. 成都: 电子科技大学, 2005.

[3] D Zhang. Theory and Method of Neural Networks[M]. Beijing, China: Tsinghua Univ. Press, 2006.

[4] 袁海英. 基于时频分析和神经网络的模拟电路故障诊断及可测性研究[D]. 成都: 电子科技大学, 2006.

[5] 张德丰. MATLAB 神经网络应用设计[M]. 北京: 机械工业出版社, 2009.

[6] 金瑜. 基于小波神经网络的模拟电路故障诊断方法研究[D]. 成都: 电子科技大学,2008.

[7] 刘美容. 基于遗传算法、小波与神经网络的模拟电路故障诊断方法[D]. 长沙: 湖南大学, 2009.

[8] Tong D W, Walther E, Zalondek K C. Diagnosing an analog feedback system using model-based reasoning[C]//AI Systems in Government Conference, 1989. Proceedings of the Annual. 1989: 290-295.

[9] Fanni A, Giua A, Sandoli E. Neural networks for multiple fault diagnosis analog circuits[C]//The IEEE International Workshop on Defect and Fault Tolerance in VLSI Systems, 1993: 303-310.

[10] Ahmed S, Cheung P Y K. Analog Fault Diagnosis-A Practical Approach[C]//Circuits and Systems, 1994. ISCAS '94., 1994 IEEE International Symposium on. 1994: 351-354.

[11] Buntine W. A Guide to the Literature on Learning Probabilistic Networks from Data[J]. IEEE Transactions on Knowledge & Data Engineering, 1996, 8(2): 195-210.

[12] Kirkland L V, Wright R G. Using neural networks to solve testing problems[J]. IEEE Aerospace & Electronic Systems Magazine, 1997, 12(8): 36-40.

[13] Catelani M, Giraldi S. Fault diagnosis of analog circuits with model-based technique[C]//Instrumentation and Measurement Technology Conference, 1998. IMTC/98. Conference Proceedings. IEEE. 1998: 501-504 vol.1.

[14] Shojaei M, Sharif-Bakhtiar M. Automatic design of analog circuits based on a behavioral model[J]. Canadian Conference on Electrical & Computer Engineering, 1998, 1: 399-402 vol.3.

[15] Contu S, Fanni A, Marchesi M, et al. Wavelet analysis for diagnostic problems[C]//Electrotechnical Conference, 1996. Melecon '96., Mediterranean. 1996: 1571-1574 vol.3.

[16] Simon Haykin. Neural network: a comprehensive foundation[M]. 2nd edition. Beijing: machine press.2004.

[17] Aminian M, Aminian F. Neural-network based analog-circuit fault diagnosis using wavelet transform as preprocessor[J]. IEEE Transactions on Circuits & Systems II Analog & Digital Signal Processing, 2000, 47(2): 151-156.

[18] Aminian F, Aminian M, Collins H W. Analog fault diagnosis of actual circuits using neural networks[J]. IEEE Transactions on Instrumentation & Measurement, 2002, 51(3): 544-550.

[19] Yuan L, He Y, Huang J, et al. A New Neural-Network-Based Fault Diagnosis Approach for Analog Circuits by Using Kurtosis and Entropy as a Preprocessor[J]. IEEE Transactions on Instrumentation & Measurement, 2010, 59(3): 586-595.

[20] He Y, Sun Y. Neural network-based L1-norm optimisation approach for fault diagnosis of nonlinear circuits with tolerance[J]. IEE Proceedings-Circuits, Devices and Systems, 2001, 148(4): 223-228.

[21] Sun Y, He Y. Neural-network-based approaches for analogue circuit fault diagnosis[M]//Test and Diagnosis of Analogue, Mixed-Signal and RF Integrated Circuits: the system on chip approach. IET Digital Library, 2008: 83-112.

[22] Hyvärinen A, Karhunen J, Oja E. Independent Component Analysis[M]//Independent Component Analysis. John Wiley & Sons, Inc., 2002.

第7章　基于故障特征预处理技术的
开关电流电路小波变换故障诊断

7.1　引言

电路故障诊断一直是现代电路理论的研究热点和难点。随着电子技术设计和制作工艺的飞速发展，电子电路的集成化程度和制版工艺日益提高，而相对应的故障检测与诊断却进展缓慢，混合信号电路中的模拟部分的测试与故障诊断问题成了困扰集成电路工业生产和发展的技术瓶颈。虽然近年来在模拟电路故障诊断方面取得重要的进展，开关电流电路作为模拟电路的一部分，在近十几年也得到迅速的发展，然而，在开关电流电路故障诊断方面一直进展缓慢，极大地限制了数字工艺的模拟技术——开关电流技术的发展。而且开关电流电路中 MOS 晶体管的非理想性、非零输出电导、有限带宽和开关电荷注入等原因决定了开关电流电路的故障特征提取是一个相当困难的课题，一直没有取得系统性和突破性的进展。

近年来，在开关电流电路测试和故障诊断方法研究领域的研究成果也不多。黄俊[1]等人借鉴模拟电路故障诊断的方法对开关电流基本存储单元作了故障诊断的初步探讨，对无 MOS 开关的基本存储单元电路进行了硬故障测试。由于测量的是电流参数，导致可用于测试的有关故障信息量不充分，造成故障定位的不唯一性和模糊性，甚至根本不可诊断。郭杰荣等人提出了开关电流电路的伪随机测试方法[2,10]，但该方法的误判率较高。文献[3]提出的基于故障标识的伪随机隐式功能测试方法克服了文献[2，10]的缺点，减少了误判率。张镇[4]等人提出了基于支持向量机的信息熵和峭度预处理的开关电流电路故障诊断方法。但是由于峭度对野值较敏感导致故障诊断率不高。文献[3]首次将故障特征预处理概念引入到开关电流电路故障诊断中，提出了信息熵预处理的开关电流电路故障字典诊断方法[3]，但该方法仅适应于中小规模开关电流电路诊断。文献[10]提出了开关电流电路小波神经网络诊断方法，该方法能正确无误地诊断出所有硬故障，但对于低灵敏度晶体管的软故障却达不到好的诊断效果。

针对以上问题，本章提出了一种基于故障特征预处理技术的开关电流电路小波变换故障诊断新方法。采用线性反馈移位寄存器（LFSR）生成周期性伪随机序列，合理选择伪随机序列长度，获得带限白噪声测试激励。利用 Haar 小波正交滤波器分解，得到原始响应数据的低频近似信息和高频细节信息。计算相应的信息熵及其模糊集，提取最优故障特征，构建故障字典，完成各故障模式的故障分类。并通过 6 阶切比雪夫低通滤波器电路加以仿真验证，与其他方法进行比较的实验结果验证了该方法的有效性。

7.2　小波变换理论

7.2.1　小波变换的产生

信号分析通俗地理解就是找到一种有效的变换，将信号中所蕴含的关键特征表现在变换域中。众所周知，傅里叶变换（FT）可以称得上是信号分析中最完美、应用最为广泛的数学工具，物理学家 Maxwell 将它比作是"一首伟大的数学史诗"。信号通过傅里叶变换实现了从时域到频域的变换，通过信号的频域特性来对信号时域特性进行分析与表示，所以，傅里叶分析在平稳信号的分析和处理中起了关键的作用。但是，实际工程应用中存在许多非平稳信号，还有诸如语音信号、音乐信号等这些在某些时间点有突变的信号，傅里叶变换对上述信号无能为力，因为无法了解它们在某个时间段内的时域信号所对应的局部频域特性。傅里叶变换表现的是信号在整个时间段上的频域特征，无法提供任何局部时间段上的频率信息。为了有效说明信号在局部时间段的频率信息，研究者们开始对时间和频率分辨率的分析方法进行研究。

为了克服傅里叶变换的缺点，人们开始研究信号的时频局部特征，对傅里叶分析技术提出了许多改进措施。例如：1946 年 DenniSGabor 提出了著名的短时傅里叶变换（STFT）。短时傅里叶变换采用窗函数对非平稳信号进行处理，该处理能使非平稳信号在非常短的时间段内将其看作平稳的或者说伪平稳的。与傅里叶变换技术相比，短时傅里叶变换在时频局部化分析上有了显著的进步和本质上的飞跃。但短时傅里叶变换从某种意义上来说仍是一种单一分辨率的信号分析方法。然而，短时傅里叶变换的时频分辨率是由窗函数的时频窗口大小所决定，窗函数一旦选择好那么就确定了它的时频分辨率。所以，窗函数的选择在短时傅里叶变换中起了非常关键的作用。一般情况下为了使时频域分辨率增加，要求窗口的时宽和频宽要非常小，但是海森堡测不准原则说明了时宽和频宽很难同时达到极小值。这说明了尽管短时傅里叶变换在局部分析能力上优于傅里叶变换，但是自身还存在很大的缺陷。事实上，短时傅里叶变换仅仅是一种具有单一分辨率的分析方法，如果对分辨率进行修改，那么一定要重新选取窗函数。除此之外，Gabor 基离散时不能构成一组正交基，给数值计算带来很大的困难。所以，用短时傅里叶变换来对非平稳信号进行局部化分析不是一个理想的选择。

在上述背景之下，人们开始了小波变换的研究，近年来获得了快速的发展。为了构建一种灵活、可调的新型窗口函数，Morlet 等人于 20 世纪 80 年代提出了小波变换这一思想，将窗口函数用速降的振荡函数的平移和伸缩形式来替换。后来，Meye: Y、DanbechieSI 和 MallatS 等专家学者又相继对小波变换进行了系统的研究，发表了许多关于小波变换分析技术的研究论文，获得丰硕的研究成果，使小波变换理论得到了不断完善和发展，小波分析技术逐步走向实用化[5]。

7.2.2   小波变换的定义

简单来说，小波变换的基本思想就是用一族函数去表示或者逼近一个信号，这一族函数即为小波函数系。小波变换就是对这些基本小波函数作不同尺度的平移与展缩。如果 $\psi(t) \in L^2(R)$，且满足下面的容许性条件

$$c_\psi = \int_{-\infty}^{+\infty} \frac{1}{|w|} |\psi(w)|^2 \, \mathrm{d}w < +\infty \tag{7-1}$$

式中，$\psi(w)$ 为 $\psi(t)$ 的傅里叶变换；$\psi(t)$ 为基本小波或者母小波（mother wavelet）。

将基本小波 $\psi(t)$ 进行展缩与平移之后获得函数族，函数族表示如下

$$\psi_{a,b}(t) = \frac{1}{\sqrt{|a|}} \psi\left(\frac{x-b}{a}\right) \quad a,b \in R, a \neq 0 \tag{7-2}$$

式中，a 为度因子；b 为平移因子，R 为实数。

小波变换的定义即将基本小波的函数 $\psi(t)$ 进行位移 b 之后，然后在不同尺度 a 下与待分析的信号 $x(t)$ 作内积，小波变换的定义式如式（7-3）所示

$$WT_x(a,b) = \frac{1}{\sqrt{|a|}} \int_{-\infty}^{+\infty} x(t)\psi^*\left(\frac{t-b}{a}\right)dt \quad a > 0 \qquad (7\text{-}3)$$

与小波变换等效的频域表达式是

$$WT_x(a,b) = \frac{\sqrt{a}}{2\pi} \int_{-\infty}^{+\infty} X(\omega)\psi^*(a\omega)e^{+j\omega b}d\omega \qquad (7\text{-}4)$$

式中，$X(\omega)$ 为 $x(t)$ 的傅里叶变换；$\psi(\omega)$ 为 $\psi(t)$ 的傅里叶变换。

通过上述分析，可以理解小波变换表达式的意义：比方说，用镜头观察目标 $x(t)$，也就是说观察待分析信号，$\psi(t)$ 表示镜头所起的作用。b 的作用就像使镜头相对于目标进行平移，a 的作用就像镜头向目标推进或者无底。因此，小波变换的特点有以下几点：

（1）小波变换具有多分辨率（multi-resolution），也称为多尺度（multi-scale）的特点，能够由粗到细地对信号逐步观察。

（2）可将小波变换看成通过具有基本频率特性 $\psi(\omega)$ 的带通滤波器在不同尺度下对信号进行滤波。从傅里叶变换的尺度特性可以看出，这组滤波器的特点是品质因数恒定，也就是说相对带宽（带宽与中心频率之比）恒定。值得注意的是，a 值越大等同于频率越低。

（3）选取合适的基小波，使 $\psi(t)$ 在时域上成为有限支撑，$\psi(\omega)$ 在频域上非常集中，能使 WT 在时、频域的表征信号局部特征的能力都比较强，因而便于检测信号的瞬态或者奇异点。

归纳起来，小波分析最重要的优点就是可以对信号的局部特征进行分析。例如，如果在一个很规范的正弦信号上叠加一个很小的畸变信号，可以通过小波分析发现其出现的时间，又能对信号在什么时刻发生畸变做出非常准确的判断。还有，小波分析能够检测出很多被其他分析方法忽略的信号特征，还可以用很小的失真度完成对信号的压缩和消噪，它在图像数据压缩方面的潜力已经越来越得到认可。总而言之，小波变换是一种优秀的数学理论和方法，其在科学技术界和工程界的成功应用引起了越来越多的关注和重视。

7.2.3　常用小波函数

小波函数有非常严格的条件限制，如果要成为优秀的小波变换函数必须满足一定的条件，所以很难找到实用的小波函数，通常情况下小波函数甚至没有解析表达式。下面归纳几种常用的小波函数。

1. Haar 小波

（1）Haar 尺度函数

Haar 小波是所有小波中最简单的一种小波函数。它有一个有限的紧支撑，计算相对比较简单，Haar 尺度函数的定义表达式如下

$$\phi(x) = \begin{cases} 1 & 0 \leq x < 1 \\ 0 & 其他 \end{cases} \qquad (7\text{-}5)$$

令 V_0 是空间

$$\sum_{K \in Z} a_k \phi(x - k) , \quad a_k \in R \tag{7-6}$$

式中，函数 $\phi(x-k)$ 为函数 ϕ 向右移 k 个单位（假设 k 是正数）。

因为 k 为有限集，在有限集之外，V_0 的每个元素都为 0。可将该函数叫作有限或紧支撑的。有如下定义：若 j 是任意的非负整数，阶梯函数第 j 级的空间记做 V_j，在实整数上由集 $\left\{\cdots\phi(2^j x+1), \phi(2^j x), \phi(2^j x-1), \phi(2^j x-2), \cdots\right\}$ 组成的空间。V_j 为有限支撑的分段常量函数空间，其不连续点集是：$\left\{\cdots -1/2^j, 0, 1/2^j, 2/2^j, 3/2^j \cdots\right\}$。那么存在

$$V_0 \subset V_1 \subset \cdots \subset V_{j-1} \subset V_j \subset V_{j+1} \subset \cdots \tag{7-7}$$

因此，V_j 含有直至分辨尺度 2^{-j} 的全部相关的信息，如果 j 越大，分辨率就越好。根据上述定义，可获得以下的 Haar 小波函数的基本特性：

1）函数 $f(x) \in V_0$，当且仅当 $f(2^j x) \in V_j$。

2）函数 $f(x) \in V_j$，当且仅当 $f(2^j x) \in V_0$。

3）函数集 $\left\{2^{j/2}\phi(2^j x-k), k \in z\right\}$ 为 V_j 的一正交基。

（2）HAAR 小波函数

所有尺度函数与小波函数一定要满足如式（7-8）所示的二尺度方程

$$\phi(x) = \sum_{K \in Z} c_k \phi(2x - k) \tag{7-8}$$

式中，c_k 为小波系数；$\phi(x)$ 为尺度函数；k 为位移参数；x 为小波函数的自变量，一般情况下为时间。

如果令 $\psi(x) = \sum_{K \in Z}(-1)^k c_k \phi(2x-k)$，那么 $\psi(x)$ 叫做小波。若在仅有两个小波系数：$c_0 = 1$，$c_1 = -1$ 的条件下，方程中的小波系数 c_k 能够由 Daubechies 给出，该小波函数就是 HAAR 小波函数。

HAAR 小波函数的定义式如下式所示

$$\psi(x) = \phi(2x) - \phi(2x - 1) \tag{7-9}$$

HAAR 小波函数 $\psi(x)$ 的波形图如图 7-1 所示。

2. Morlet 小波（高斯包络下的单频率复正弦函数）

$$\psi(x) = \pi^{-1/4}\left(e^{i\omega_0 x} - e^{-\omega_0^2/2}\right)e^{-x^2/2} \tag{7-10}$$

$$\psi^*(x) = (4\pi)^{1/4}\left(e^{-(\omega-\omega_0)^2} - e^{-\omega_0^2/2}e^{-\omega^2/2}\right) \tag{7-11}$$

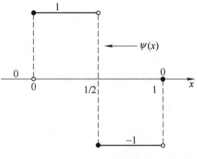

图 7-1　Haar 小波函数波形图

Morlet 小波在时域和频域都具有良好的局部性，因而它是一个用得比较多的小波。除此之外，由于 $\psi^*(0) \neq 0$，因此不满足其容许条件，但是当 $\omega_0 \geq 5$ 时，有点接近其容许条件，还有它的一阶与二阶导数在 $\omega = 0$ 处大约为零。图 7-2 是 Morlet 小波函数的波形图。

3. Marr 小波（墨西哥小帽）

$$\psi(x) = \frac{2}{\sqrt{3}}\pi^{-1/4}(1-x)^2 e^{-x^2/2} \tag{7-12}$$

$$\psi*(x) = \frac{2\sqrt{2\pi}}{\sqrt{3}}\pi^{1/4}\omega^2 e^{-\omega^2/2} \tag{7-13}$$

Marr 小波函数在 $\omega = 0$ 处有二阶零点，因此可以满足容许条件，且小波系数随 $|\omega| \to \infty$ 衰减相当快。该小波与人眼视觉的空间响应特性较为接近。图 7-3 是 Marr 小波函数的波形图。

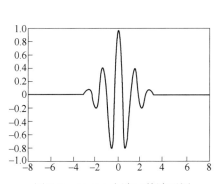
图 7-2　Morlet 小波函数波形图

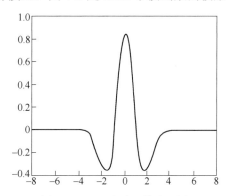
图 7-3　Marr 小波函数波形图

4. Daubechies 紧支集正交小波

尺度函数是正交多分辨分析中最关键的环节。在某些多分辨分析实例中其尺度函数相对来说较简单，但通常尺度函数的构造仍然比较困难。所以，比利时数学家 I.Daubechies 于 1988 年提出了尺度函数的一般迭代算法，特别提出了紧支尺度函数的构造方法，因此以其名字而命名的 Daubechies 系列小波产生了。Daubechies 系列小波函数是 Daubechies 提出的一系列二进制小波的总称。该系列小波函数都是基于下述的基本定理[6]。

基本定理：假设 $H(\omega) = \dfrac{1}{\sqrt{2}}\sum_{n \in Z} h_n e^{-in\omega}$ 为共轭滤波器，也就是说

$$|H(\omega)|^2 + |H(\omega + \pi)|^2 = 1 \tag{7-14}$$

且 $H(0) = 1$，若它有以下的分解形式 $H(\omega) = \left(\dfrac{1 + e^{-i\omega}}{2}\right)^N B(\omega)$，其中：$B(\omega) = \sum_{k \in Z} b_k e^{-i\omega k}$

满足下列条件：

有 $\varepsilon > 0$，使 $\sum_{k \in Z} |b_k||k|^\varepsilon < +\infty$；

$$Sup\{|B(\omega)|; 0 \leqslant \omega \leqslant 2\pi\} < 2^{N-1} \tag{7-15}$$

那么以下的函数 $\{\lambda_n(t); n \in N\}$

$$\begin{cases} \lambda_0(t) = x_{(-0.5, +0.5)}(t) \\ \lambda_{n+1}(t) = \sqrt{2}\sum_{k \in Z} h_k \lambda_n(2t - k) \end{cases} \tag{7-16}$$

根据 L^2 – 范数逐点地收敛于 $\varphi(t) \in L^2(R)$，且 $\varphi(t)$ 的傅里叶变换 $\phi(\omega)$ 是

$$\phi(\omega) = \prod_{j=1}^{+\infty} H(2^{-j}\omega) \tag{7-17}$$

然后对于任何整数 j ，引入记号

$$V_j = Closespan\left\{\varphi_{j,n}(x) = 2^{\frac{j}{2}}\varphi(2^j x - n); n \in Z\right\} \tag{7-18}$$

那么 $\{V_j; j \in Z\}$ ， $\varphi(t)$ 为空间 $L^2(R)$ 上的正交多分辨分析，且尺度方程是

$$\varphi(t) = \sqrt{2}\sum_{k \in Z} h_k \varphi(2t - k) \tag{7-19}$$

同时可以定义子空间序列 $\{W_j; j \in Z\}$

$W_j \perp V_j$ ，且 $V_{j+1} = V_j \oplus W_j$

以及小波函数是

$$\psi(t) = \sqrt{2}\sum_{k \in Z}\left(-1^{1-k}\right)\overline{h}_{1-k}\varphi(2t - k) \tag{7-20}$$

那么

$$W_j = Closespan\left\{\psi_{j,k}(t) = 2^{\frac{j}{2}}\psi(2^j t - k); k \in Z\right\} \tag{7-21}$$

且

$$L^2(R) = Closespan\left\{\psi_{j,k}(t) = 2^{\frac{j}{2}}\psi(2^j t - k); (j,k) \in Z \times Z\right\} \tag{7-22}$$

在以上条件下，尺度函数 $\varphi(t)$ 紧支撑（也就是说有 $T > 0$ ，当 $|t| > T$ 时， $\varphi(t) = 0$ ）的充分必要条件如下：滤波器 $H(\omega)$ 的系数 $\{h_n; n \in Z\}$ 为有限长度，也就是说有 N ，当 $|n| > N$ 的时候， $h_n = 0$ 。

在 MATLAB 中 Daubechies 小波系数记做 dbN， N 是小波的序号， N 值取为 2，3，…，10。但该小波函数没有明确的表达式，小波函数 ψ 和尺度函数 φ 的有效支撑长度是 $2N - 1$ ，小波函数 ψ 的消失矩阵是 N 。

7.2.4　小波基的特性与选择

小波分析在实际工程应用过程中所面临的一个非常重要的问题是最优小波基的选择。如果对同一个问题进行分析，采用的小波基不同那么产生的结果也不同，小波基的选择将直接对算法的能力和计算的复杂性产生影响。经验证明，小波函数不同其性质也不同，许多实用的小波函数有的具有较高的光滑性，有的具有良好的对称性，有的有好的正交性。例如，在数据压缩、信号去噪、分析处理和快速计算的许多小波应用中，小波基具有以非常小的非零系数有效地逼近实际函数类的能力。因此应该对小波基做出最优选择，选择那些大量产生接近于零的小波系数的小波函数作为期望的最优小波基。事实上，需要按照小波基所体现出来的特性做出合理的选择，其主要的数学特性表现如下[7]。

（1）消失矩

假设存在小波函数 $\psi(t)$ ，有如下算式

$$\int_R t^k \psi(t) \mathrm{d}t = 0, 0 \leqslant k \leqslant m \tag{7-23}$$

那么定义 $\psi(t)$ 有 m 阶消失矩阵。小波函数的消失矩阵特性反映了小波逼近光滑函数的有效能力。消失矩阵的大小反映了小波逼近光滑函数的收敛率。小波函数的消失矩阵越高说明了对函数的逼近性能越好。举例来说，在图像压缩应用上当图像越光滑，滤波器的消失矩阵越大，获得的小波变换系数越小，也就是说小波变换后的能量越集中在低频分量上，则对图像的压缩更加有利。

（2）正则性（光滑性）

函数的正则性一般可以实现其光滑程度的度量，正则性越高，那么越光滑。也就是说如果某函数 $s(x)$ 在 $x = x_0$ 处 m 次连续可导，那么该函数的正则性是 m。就数学理论来说，通常情况下可用 lipschitz 指数 α 来衡量某个函数的正则性。Lipschitz 指数的定义式可表示如下：

1. 函数 $s(x)$ 在点 t_0 具有局部 lipschitz 指数 $\alpha (\alpha \geqslant 0)$，若有一个 $k > 0$ 与一个 n 阶的多项式 $P_n(t), n = |\alpha|$ 使

$$\forall t \in R, |f(t) - P_n(t)| \leqslant K |t - t_0|^{\alpha} \tag{7-24}$$

2. 函数 $f(t)$ 在区间 $[a,b]$ 上有相同的 lipschitz 指数 $\alpha (\alpha \geqslant 0)$，若对任意 $t_0 \in [a,b]$，都存在局部 lipschitz 指数 α，而且常数 k 和 t_0 不相关。

小波函数 $\psi(t)$ 的正则性指数可以用来度量小波函数逼近的光滑性，随着光滑性的增加，收敛速度也会加快。小波系数在重构时的稳定性将会受到小波函数 $\psi(t)$ 的正则性的影响。所以，为了获得更加精确的重构信号，在选择小波函数时，选择具有一定正则性的小波函数 $\psi(t)$ 是最佳选择。

（3）紧支性

紧支性的含义是：若某函数在区间 $[a,b]$ 之外恒为零，那么该函数被认为在该区间上紧支。另一方面，若小波函数 $\psi(t)$ 在其有界区间之外恒等于零，那么该小波被称为紧支小波。举例来说，如果从滤波器的角度来对小波进行研究时，尺度函数 $\varphi(t)$ 被认为是紧支的，即相应的滤波器只能选择有限个，那么双尺度方程是：$\varphi(t) = \sum\limits_{k=0}^{N} h_k \varphi(2t - k)$，也就是说 $\varphi(t)$ 的支集是 $[0, n]$，记做 $\sup p\varphi(t) = [0, n]$，支集的长度就是非零滤波器的个数，即为 $N + 1$。如果滤波器选择为 $g_k = (-1)^k h_{1-k}$，那么因此构造的小波支集长度也是 $N + 1$，但是支集的范围是 $\sup p\psi(t) = [1 - N, 1]$。支撑集明显对小波函数的局部化能力有影响，支撑集越小，小波函数的局部化能力就越强，即非紧支的小波进行时频局部化分析也不能达到良好的效果。在实际应用过程中，不仅要求小波是紧支的，而且要求其支集长度尽可能的短。这是因为紧支小波一方面使小波的局部化分析能够尽可能的精确，另一方面能大大提高小波运算的计算速度。小波函数的紧支性与消失矩阵之间密切相关，也就是说当消失矩阵增加时，将使支集长度有相应的增加。因此在实际应用过程中采用一个折中的办法，如果函数 $f(t)$ 的正则性高，就选择高消失矩阵的小波函数，如果函数 $f(t)$ 的奇异点多，那么就要选择短支集的小波函数。

（4）对称性

若 $\psi(t) \in L^2(R)$ 的傅里叶变换 $\psi(\omega)$ 满足以下条件

$$\psi(\omega) = \pm |\psi(\omega)| \mathrm{e}^{-ia\omega} \tag{7-25}$$

式中，a 为常数。$\pm$ 号与 ω 不相关，那么 $\psi(t)$ 有线性相位。

若有下列表达式

$$\psi(\omega) = \psi(\omega)e^{-i(a\omega+b)} \tag{7-26}$$

式中，$\psi(\omega)$ 为一实值函数，a,b 为实常数，那么 $\psi(t)$ 有广义线性相位。

举例来说，在图像重建中采用对称滤波器组将会带来更多的好处。这是因为有两点理由：1）采用具有相同的线性相位的对称的小波函数，进行图像处理时将会更加便利。在被处理的图像边沿处，用线性相位的小波函数做变换将会更加平滑，保留的信息比较多；2）有研究证明，生物体的视觉系统在感知图像边缘时，容易对对称的扭曲或差别产生忽略的现象。

（5）正交性

如果 $\{\psi_{j,k}\}$ 是一个 Riesz 基而且满足以下条件：$\langle \psi_{j,k}, \psi_{l,m} \rangle = \delta_{j,l}, \delta_{k,m} \ (j,k,l,m \in Z)$，那么小波函数簇具有正交性。正交小波可看作一个包含高通和低通滤波器的组合系统。胡昌华[8]其文献中已经指出，除 Harr 小波之外，一切具有紧支集的规范正交小波基以及与之相关的尺度函数都不可能以实轴上的任何点为对称轴或者反对称轴。即仅仅只有 Harr 小波基能够同时满足紧支性、正交性和对称性 3 个条件。所以，要得到对称性就要放宽正交性的限制条件，因此可以得到更大的设计自由度。和单正交小波不一样的是，双正交小波基具有线性相位，该小波由两个尺度函数与两个小波函数构建而成，如果降低对正交性的要求，可以使双正交小波获得单正交小波没有的性能。

7.2.5　小波分解与重构

本小节以 Haar 小波为例来阐述小波的分解和重构算法[9]。

7.2.5.1　Haar 小波分解算法

从信号分析的意义上来说，小波分解是将待测信号分别经过高通滤波器和低通滤波器，获得待分析信号的高频信号与低频信号；再对信号的低频部分作进一步分解，因此获得下一尺度函数上的低频和高频信号，这时低频和高频信号的长度都为原信号长度的一半，即采用高通滤波器和低通滤波器进行滤波时对待分析信号进行了采样。图 7-4 是信号的分解过程。

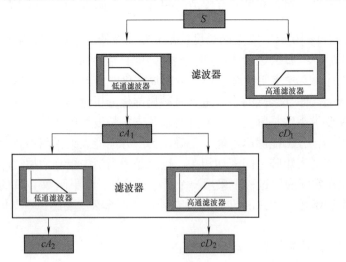

图 7-4　信号的分解过程

如图 7-4 所示，s 是待分析的信号；$cA1$ 和 $cD1$ 分别指的是第一层分解的低频系数和高频系数；$cA2$ 和 $cD2$ 分别指的是第二层分解的低频系数和高频系数。

在对信号进行处理时，如果要对某信号 f 进行去噪处理，也就是滤波处理，人们首先会采用一个阶梯函数 $f_j \in V_j$（j 取适当大的正整数）去逼近原信号。

对 Haar 小波进行分解：设　　$f_j(x) = \sum_{k \in Z} c_k^j \phi(2^j x - k) \in V_j$，则 f_j 可分解为以下表达式

$$f_j = w_{j-1} + f_{j-1} \tag{7-27}$$

上式中

$$W_{j-1} = \sum_{k \in Z} d_k^{j-1} \psi(2^{j-1} x - k) \in W_{j-1}, \quad f_{j-1} = \sum_{k \in Z} c_k^{j-1} \phi(2^{j-1} x - k) \in V_{j-1} \tag{7-28}$$

而且

$$d_k^{j-1} = \frac{c_{2k}^j - c_{2k+1}^j}{2}, \quad c_k^{j-1} = \frac{c_{2k}^j + c_{2k+1}^j}{2} \tag{7-29}$$

对信号 f 进行离散化处理获得近似信号 $f_j \in V_j$，再采用分解算法，将 f_j 进行分解获得不同频率成分：$f_j = w_{j-1} + w_{j-1} + \cdots + w_0 + f_0$

适当选择 j，可以获得在精度要求内的近似的 f。通常，Haar 小波分解的原则是：若 $0 \leqslant x \leqslant 1$，对信号 f 进行离散处理成为 2^J 个点，使 $1/2^J$ 宽度的网格的大小能够得到原始信号的基本特征。

在小波分解中对两个离散滤波器（也称为卷积算子）H 和 L 作出如下定义

$$h = \left(\cdots 0 \cdots \underbrace{-1/2 \quad 1/2}_{k=-1.0} \cdots 0 \cdots \right) \tag{7-30}$$

$$l = \left(\cdots 0 \cdots \underbrace{1/2 \quad 1/2}_{k=-1.0} \cdots 0 \cdots \right) \tag{7-31}$$

若 $\{x_k\} \in l^2$，那么 $H(x) := h * x$，$L(x) := l * x$。

结果序列是

$$H(x)_k = (h * x)_k = \frac{1}{2} x_k - \frac{1}{2} x_{k+1} \tag{7-32}$$

$$L(x)_k = (l * x)_k = \frac{1}{2} x_k - \frac{1}{2} x_{k+1} \tag{7-33}$$

如果仅仅保留偶下标，也就是说

$$H(x)_{2k} = (h * x)_{2k} = \frac{1}{2} x_{2k} - \frac{1}{2} x_{2k+1} \tag{7-34}$$

上式被称作向下抽样（downsampling）。如果定义算子 D，即可以从 j 级尺度系数 a_k^j 得到 $j-1$ 级尺度与小波系数（如图 7-5 所示，图中的 $2 \downarrow$ 指的是算子 D）。

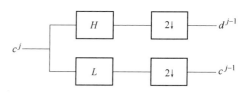

图 7-5　Haar 分解图

对信号 f 作小波变换首先是将信号分解成不同级的小波分量 $\psi\left(2^j x - k\right)$。每一级与不同宽度的时窗相对应。然后窗沿着 x 轴逐渐移动来进行分析。同时，每一级也与不同宽度的频窗相对应。不断地进行分级分析即可完成所需精度的时—频局部分析。

小波分解的主要目的是找到信号的特征。其原理是将原信号分解成包含局部特性的多个小波函数之和，且各小波的尺度都不相同，小波距离小波中心比较远时，将快速衰减为零。与此同时，小波的窗随着尺度的变化而变化，将随着尺度的变小而变窄或者随着尺度的增大而变宽。小波变换能将任意一个非稳态信号用不同的尺度和位移的小波函数来表示出来，由此可以辨别出此信号的特征。

7.2.5.2 Haar 小波重构算法

根据上一节介绍的小波分解算法，能够将信号 f 分解为 V_0 与 $W_l (0 \leqslant l < j)$ 中的成分。如果对信号进行去噪处理，则应消除原信号 f 中噪声对应的 W_l 中的成分。如果对信号进行数据压缩处理，则应该消除 W_l 中取值小的部分，而将其中取值大的（即绝对值大的 d_k^j）部分保留下来。总而言之，对信号 f 进行去噪处理和数据压缩处理都会改变 f 分解式中的小波系数（d_k^j）。所以，迫切需要提出一种算法，使得去噪或压缩后的信号 $\tilde{f}$ 可能通过 V_j 中的基底表示出来，即 $\tilde{f}(x) = \sum\limits_{l \in Z} c_l^j \varphi\left(2^j x - l\right)$。

信号 $f(x)$ 的图形是一个阶梯函数的图形，其在区间 $\left[l / 2^j, (l+1) / 2^j\right]$ 上的值是 c_l^j。在 Haar 小波重构定理中，假设

$$f_j = w_{j-1} + w_{j-2} + \cdots + w_0 + f_0 \tag{7-35}$$

$$f_0(x) = \sum_{k \in Z} c_k^0 \phi(x - k) \in V_0, \quad w_n(x) = \sum_{k \in Z} d_k^n \psi\left(2^n x - k\right) \in W_n, \quad 0 \leqslant n < j \tag{7-36}$$

那么有

$$f(x) = \sum_{l \in Z} c_k^j \phi\left(2^j x - l\right) \in V_j \tag{7-37}$$

上式中，c_l^n 由递归算式来确定

$$c_l^n = \begin{cases} c_k^{n-1} + d_k^{n-1}, l = 2k \\ c_k^{n-1} - d_k^{n-1}, l = 2k+1 \end{cases} (n = 1, 2, \cdots, j) \tag{7-38}$$

与小波分解一样，在小波重构中对两个离散滤波器（卷积算子）$\tilde{H}$ 和 $\tilde{L}$ 作出如下定义

$$\tilde{h} = \left(\cdots 0 \cdots \underbrace{1 \quad -1}_{k=1.0} \cdots 0 \cdots\right) \tag{7-39}$$

$$\tilde{l} = \left(\cdots 0 \cdots \underbrace{1 \quad 1}_{k=1.0} \cdots 0 \cdots\right) \tag{7-40}$$

对序列 $\{x_k\}$ 来说，那么

$$\left(\tilde{h} * x\right)_k = x_k - x_{k-1}, \quad \left(\tilde{l} * x\right)_k = x_k + x_{k-1} \tag{7-41}$$

设 x_{2k+1} 与 y_{2k+1} 是零，x_{2k} 与 y_{2k} 因为要选择保留的，那么令：$x_{2k} = d_k^{j-1}$，$y_{2k} = c_k^{j-1}$ 有

$$x = \begin{pmatrix} \cdots 0 & d_{-1}^{j-1} & 0 & \underset{k=0}{d_0^{j-1}} & 0 & d_1^{j-1} & 0 & d_2^{j-1} & 0\cdots \end{pmatrix} \text{（对 } y \text{ 同理）} \tag{7-42}$$

序列 x 与 y 称做序列 d^{j-1} 与 c^{j-1} 的向上抽样（upsamples）。假设 U 是向上抽样算子，用 $2\uparrow$ 来表示。那么：$x = Ud^{j-1}$，$y = Uc^{j-1}$。图 7-6 表示 Haar 的重构图，公式可以简单用下式来表示

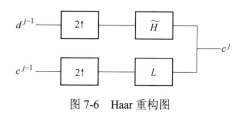

$$c^j = \tilde{L}Uc^{j-1} + \tilde{H}Ud^{j-1} \tag{7-43}$$

图 7-6　Haar 重构图

7.2.6　基于小波的故障特征提取

当电路产生故障时，其元件参数的变化一定会使电路的输出响应发生变化，其表现是幅值与频率成分的变化，其中包含了电路故障特征的重要信息，这些电路故障信息的提取和分析对故障诊断起着关键的作用。小波分解从某种意义上来说可看作一种带通滤波器，将其用在电路故障诊断中，可将电路故障响应信号分解成不同频率范围内的信号之和，而且在不同频率范围互相不重叠，使信号在各个不同的频段范围上有所体现。所以，在对电路进行测试与故障诊断时，合理选择小波函数，采用多分辨分析方法对采集到的电路时域输出信号进行分析，分别获得信号的低频信息 $A_j f(t)$（即信号的近似信息）与高频信息 $D_j f(t)$（即信号的细节信息），合理选择小波分解的近似系数与细节系数，这样能够构建被测电路的特征向量。为了对被测电路进行故障诊断，可对比测试信号和正常信号的分解系数，即可得到故障诊断信息。故障诊断的具体方法如下：

（1）对被测电路的故障响应信号进行 N 尺度小波分解，分别获得各个低频段和各个高频段的小波系数。

（2）对各尺度的小波系数进行分析重构，分别得到各频带范围的信号，N 层高频分解系数构成的信号记做 $d_1, d_2, \cdots, d_N$，第 N 层的低频重构信号是 a_N。

（3）观察并对被测信号和正常信号各个层次信号的变化情况进行对比，即可判别出是否发生故障，完成故障诊断。

小波分析是一种高效的模拟电路故障诊断方法，电路故障响应信号的小波分解系数能良好地反映电路的时频信息，将电路在不同运行状态中的差异有效地体现出来。但是，小波分解系数的重构波形只能得到电路正常或者故障状态的大概信息，要正确识别电路的故障类型，还需要对小波系数进行数学分析与计算，选择一个最能识别不同故障类型的最优小波基函数。本节提出以故障类型的类间距离测度为准则，合理选择最优小波基函数，同时对提取模拟电路的故障特征进行优化，并有效地结合模式识别方法，完成故障类型的正确分类和故障诊断。

7.2.6.1　小波故障特征提取

通过小波变换来获取模拟电路故障特征，其实质是对模拟电路故障信号进行多尺度分解，得到不同频率段的信号成分，再将可以表示故障信号特征的频率成分提取出来，作为模拟电路故障特征。一般地，小波变换的模拟电路故障特征提取方法包括以下几个步骤：

（1）对各种故障模式下的故障采样信号作 N 尺度分解。

（2）将各层的低频系数与高频系数提取出来，获得由 N 层低频分解系数构成的序列 $\{ca_1, ca_2, \cdots, ca_N\}$ 与 N 层高频分解系数构建的序列 $\{cd_1, cd_2, \cdots, cd_N\}$。

（3）采用小波变换的低频系数和高频系数提取其故障特征，按照不同的特征构造方式，能获得如下四种小波故障特征：

① 第一种故障特征是低频系数特征。提取每一层的低频系数 $ca_j(j=1,2,\cdots,N)$ 的首个系数 ca^1_j，构造成 N 维特征向量 $[A_1,A_2,\cdots,A_N]$。

② 第二种故障特征是高频系数特征。对 N 层高频小波分解系数序列进行绝对值求和，修定 D_j 是第 j 层高频小波分解系数序列 cd_j 中各个分量的绝对值之和，按照 $cd_1,cd_2,\cdots,cd_N$ 的顺序进行排列，那么即可构成 N 维高频故障特征 $[D_1,D_2,\cdots,D_N]$。

③ 第三种故障特征是小波系数均值特征。对第 N 层的低频近似系数与 N 层高频细节系数的均值进行统计，小波系数均值特征用式（7-44）表示如下

$$X_j=\sum_{k=1}^{m}\frac{|x_{j,k}|}{m} \tag{7-44}$$

式中，$x_{j,k}$ 为每个频带信号的小波系数值。

按照 $ca_N,cd_N,cd_{N-1},\cdots,cd_1$ 的顺序进行排列，把全部频带的系数均值构成 $N+1$ 维的特征向量 $[X_1,X_2,\cdots,X_{N+1}]$。

④ 第四种故障特征是小波系数能量特征。将第 N 层的低频系数与 $N+1$ 层高频系数序列的采样点能量计算出来

$$E_j=\sum_{k=1}^{m}\left|x_{j,k}\right|^2 \tag{7-45}$$

按照 $ca_N,cd_N,cd_{N-1},\cdots,cd_1$ 的顺序进行排列，将全部频带的系数能量构成 $N+1$ 维的特征向量 $[E_1,E_2,\cdots,E_{N+1}]$。

在实际模拟电路故障诊断过程中，不同电路的响应输出特性不同，选择小波系数的组合方式来生成的故障特征也会有所不同。

7.2.6.2　小波故障特征算法

1. 基于绝对值最大值的故障特征提取方法

将信号进行分解之后获得的小波系数的大小代表了所分析的信号逼近小波函数的程度，如果精度要求不高，将小波系数中数值较小的值清零将不会造成影响，但是大大减小了计算量。所以，采用小波系数各分量绝对值的最大值来对模拟电路进行故障特征的提取非常有效，本节对该方法作一个简单的介绍。该方法首先对电路各种故障响应信号作小波分解，将分解之后的高频系数清零，然后对清零后的信号进行小波重构处理，获得消噪后的信号。然后计算低频系数各分量的绝对值，采用绝对值最大值作为故障候选特征，最后进行 PCA 与归一化处理获得最终故障特征向量，提取故障特征。

如果将电路响应信号 out 经 L 层小波分解，设分解后的低频信号的第 j 个小波系数的第 i 个分量是 $c_i^j(j=1,2,\cdots,N)$，则与该小波系数相对应的候选故障特征 c_i^j 是

$$x_j=\max\left(\left|c_i^j\right|\right),i=1,2,\cdots,M \tag{7-46}$$

式中，M 是小波系数的维数。

第 f 类故障的候选特征是：$\boldsymbol{X}_f=\left[x_1,x_2,\cdots,x_j,\cdots,x_N\right]^{\mathrm{T}}$

式中，$f=1,2,\cdots,F$ 是故障类型的数目。

将以上候选特征 X_f 进行主元分析以及归一化处理，最终获得第 f 类的故障特征向量。

2. 基于平方和的故障特征提取方法

在实际作故障特征提取时，如果故障分辨率精度要求比较高，就必须考虑到小波系数其他分量的影响。因此，近年来提出了一种基于小波系数各分量平方和的故障特征提取方法，该方法与基于绝对值最大值故障特征提取方法不同，它是把小波系数各分量平方和计算出来，将计算结果作为故障候选特征向量。

与前面一样，将电路响应信号 *out* 经 L 层小波分解，假设分解后的低频信号的第 j 个小波系数的第 i 个分量是 $c_i^j\,(j=1,2,\cdots,N)$，则与该小波系数相对应的候选故障特征 c_i^j 是

$$x_j = \sum_{i=1}^{M} \left(c_i^j\right)^2 \qquad (7\text{-}47)$$

式中，M 为小波系数的维数。

第 f 类故障的候选特征是：$X_f = \left[x_1, x_2, \cdots, x_j, \cdots, x_N\right]^{\mathrm{T}}$

式中，$f=1,2,\cdots,F$ 是故障类型的数目。

对 X_f 进行主元分析以及归一化处理，可以构建第 f 类的故障特征向量。

7.2.6.3　基于距离准则的小波故障特征优化

小波变换具有多尺度分解的时频局部特性，该特征使小波变换在表征电路的故障特征时有显著的优势。但是需要提取含有各尺度的故障信号特征的时候，小波基函数选择不同，体现各故障局部信息的性能也不一样。类间的可分性测度用来对故障特征空间中不同故障模式的可分性进行度量，一般情况下，随着不同的故障模式特征样本平均的类间距离的增加，平均的类内距离将会降低，区分故障类别将越容易。在对模拟电路进行故障诊断时，本小节根据类别可分性准则，合理选择最优小波函数，将其对应的具有最大可分性的部分小波系数看作故障特征向量，最终获得最优小波故障特征。

可以将模拟电路的故障特征向量看成是故障特征空间的一个点，特征样本集构成了该故障特征空间的一个点集。假设对 c 种故障模式 $\omega_1, \omega_2, \cdots, \omega_c$ 的模拟电路进行分析，对其进行故障特征提取获得特征向量集 $\left\{x_i^{(j)}, i=1,2,\cdots,c, j=1,2,\cdots,n_i\right\}$，$n_i$ 是 ω_i 故障类中的特征向量数。假设 ω_i 类中全部特征向量的平均距离是

$$d_i = \frac{1}{2n_i} \sum_{j=1}^{n_i} \frac{1}{n_i} \sum_{k=1}^{n_i} \left\| x_i^{(j)} - x_i^{(k)} \right\| \qquad (7\text{-}48)$$

式中，$x_i^{(j)}$ 为特征向量集；n_i 为特征向量数。

对 $d_i\,(i=1,2,\cdots,c)$ 求均值，获得平均类内距离是

$$d_\omega = \frac{1}{c} \sum_{i=1}^{c} d_i \qquad (7\text{-}49)$$

将式（7-49）展开，经过推导获得类内平均距离

$$d_\omega = \frac{1}{c} \sum_{i=1}^{c} \frac{1}{n_i} \sum_{k=1}^{n_i} \left(x_i^{(k)} - \mu_i\right)^2 \qquad (7\text{-}50)$$

式中，μ_i 为故障类 ω_i 样本特征向量的均值。计算如下

$$\mu_i = \frac{1}{n_i}\sum_{i=1}^{n_i} x_i \tag{7-51}$$

将 c 个故障类样本的总体均值向量计算出来，是

$$\mu = \frac{1}{c}\sum_{i=1}^{c}\mu_i \tag{7-52}$$

那么可将 c 个类别平均类间距离定义成以下表达式

$$d_b = \frac{1}{c}\sum_{i=1}^{c}\frac{1}{n_i}\sum_{k=1}^{n_i}\|\mu_i - \mu\|^2 \tag{7-53}$$

距离准则定义为平均类间距离与平均类内距离之比，即

$$J = \frac{d_b}{d_\omega} = \frac{\frac{1}{c}\sum_{i=1}^{c}\|\mu_i - \mu\|^2}{\frac{1}{c}\sum_{i=1}^{c}\frac{1}{n_i}\sum_{k=1}^{n_i}\left(x_i^{(k)} - \mu_i\right)^2} \tag{7-54}$$

用小波分析对故障电路和非故障电路进行特征提取，即可获得故障电路和非故障电路的特征向量，根据式（7-54）可将样本的可分性计算出来，再选择出 J 值大的小波函数对应的故障特征作为故障诊断特征。

7.3 故障特征预处理技术

7.3.1 信息熵预处理

根据 5.2 节中的信息熵理论，本节对信息熵作进一步阐述。

估计理论给出了一种刻画随机变量的方法。一种方法是由信息论给出的，熵是信息论中的基本概念。对于一个离散取值的随机变量 X，它的熵 H 定义为

$$H(x) = -\sum_i p(x = a_i)\log p(x = a_i) \tag{7-55}$$

式中，a_i 为 X 的可能取值；$P(X = a_i)$ 为 $X = a_i$ 的概率密度函数。

对数取不同的基底，将得到熵的不同单位。通常使用 2 作为基底，这种情况下单位称为比特。定义函数 f 为

$$f(p) = -p\log p \quad 适合于 0 \leqslant p \leqslant 1 \tag{7-56}$$

利用这个函数，可以把熵写成

$$H(x) = \sum_i f(p(x = a_i)) \tag{7-57}$$

事实上，随机变量的熵，可以解释成对该变量做观测给出的信息度数。该随机变量越"随机"，即越是难以预测和非结构化，它的熵就越大。

极大熵方法在很多领域中都有应用，该方法将熵的概念用于正则化任务。假设关于信号

的随机变量 x 的密度 $p_x(\xi)$ 的可用信息形如下

$$\int p_x(\xi)F^i(\xi)d\xi = c_i \qquad 适合于 i = 1, \cdots, n \tag{7-58}$$

实践中，它的意思是，我们已经估计出信号 x 的 n 个不同函数的期望 $E\{F^i(x)\}$（注意，在此处 i 是指标而不是指数）。一般来说，函数 F^i 未必是多项式。极大熵方法的基本结果告诉我们，在适当的规则性条件下，满足约束式（7-58），并且在所有这种密度中具有极大熵的密度 $p_o(\xi)$，形如

$$p_o(\xi) = A\exp(\sum_i a_i F^i(\xi)) \tag{7-59}$$

式中，A 和 a_i 为利用式（7-58）中的约束，即将式（7-59）右边替换式（7-58）中的 p，以及约束 $\int p_o(\xi)d\xi = 1$，从 c_i 确定出的常数。

将基于近似极大熵方法引入熵的逼近。一个简单的解决方案是极大熵方法。这意味着，计算的是极大熵，它与约束式（7-58）或者观测可比较，而这是一个适定的问题。极大熵的再进一步逼近，对随机变量来说，是一个有意义的逼近。将在若干给定的约束下，首先推导出一个连续的、一维的随机变量的极大熵密度的一阶逼近。接近高斯性假设意味着，式（7-59）中所有其他的 a_i 与 $a_{n+2} \approx -1/2$ 相比都很小，因为式（7-59）中的指数和 $\exp(-\xi^2/2)$ 相去不远，这样，可以取指数函数的一阶逼近。由此可以得到式（7-59）中常数的简单解，而且，得到了近似极大熵密度，我们把它记为 $\bar{p}(\xi)$

$$\bar{p}(\xi) = \varphi(\xi)(1 + \sum_{i=1}^{n} c_i F^i(\xi)) \tag{7-60}$$

式中，$c_i = E\{F^i(\xi)\}$。

利用密度的这个近似，可以导出微分熵的一个逼近，经过一些代数运算，得到

$$J(x) \approx \frac{1}{2}\sum_{i=1}^{n} E\{F^i(x)\}^2 \tag{7-61}$$

现在，只剩下选择定义式（7-58）中的信息的"度量"函数 F^i 了。实际上可以选取任何一组线性独立的函数，比方说 $G^i, i = 1, \cdots, m$，然后再对包含这些函数以及单项式 $\xi^k, k = 0,1,2$ 的集合应用 Gram-Schmidt 正交归一化，使得到的函数集 F^i 满足正交性假设。实际上，当选择函数 G^i 时，应该强调 3 个准则。如果我们使用两个函数 G^1 与 G^2，它们的选择使得 G^1 为奇函数而 G^2 为偶函数，就得到式（7-60）的一种特殊情形。这种两个函数的系统，可以度量非高斯的一维分布的两个最重要的特征。奇函数度量了反对称性，而偶函数度量了零处双模态相对峰值的大小，这和次高斯性相对超高斯性的比较密切相关。在此特殊情况下，式（7-61）中的信号的近似最大熵近似简化为

$$J(x) \approx k_1(E\{G^1(x)\})^2 + k_2(E\{G^2(x)\} - E\{G^2(v)\})^2 \tag{7-62}$$

式中，k_1 与 k_2 为正常数；v 为标准化的高斯变量。

在上述中所有的假设都只是简单的计算，而且基本上不会对信号的统计特性产生影响。

在本章中，将提取被测器件输出端响应 x 作为原始信号，被测器件响应在不同的故障模

式下有不同的特征参数。根据公式（7-62）可以得到提取信号的熵 $J(x)$，将作为候选的特征参数构建故障字典。

7.3.2 Haar 小波正交滤波器预处理

下面讨论如何设计一组合适的正交滤波器组，使得信号通过该滤波器组处理之后，各输出信号之间不相关，并且经过分析经过滤波器组之后的信号，可以再次通过合适的综合滤波器组进行重建。

这里的正交滤波器组要求各滤波器之间是相互正交的，在设计具体的滤波器组时，通常的做法是先选择一合适的低通滤波器，然后再按照一定的映射关系设计出其他通带滤波器。假设滤波器组由 M 个滤波器组成，则每个滤波器组都包含有低通、带通和高通滤波器。图 7-7 为一 M 通道滤波器组，其中 $H_i(z)$ 为分析滤波器，$G_i(z)$ 为综合滤波器，并且每个滤波器的输出都进行了 M 倍抽样。$Y_i(z)$，$i = 0,1,\cdots,M-1$ 是单路信号通过分析滤波器组之后的输出信号，$\hat{X}(z)$ 是 $Y_i(z)$，$i = 0,1,\cdots,M-1$ 经过综合滤波器之后对 $X(z)$ 的重构信号。在本章研究中，主要用到分析滤波器组进行单路信号的处理。

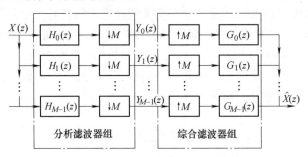

图 7-7 M 通道分析与综合滤波器组

Haar 正交小波变换可以等效为一组镜像滤波的过程，即信号通过一个分解高通滤波器和分解低通滤波器，高通滤波器输出对应信号的高频分量部分，即细节信息，低通滤波器输出原始信号的相对较低的频率分量部分，即近似信息。小波分解的方框图如图 7-8 所示。该滤波分解算法利用降采样的方法即在输出的两点中只取一个数据点，产生两个为原信号数据长度一半的序列，记为 CA 和 CD。

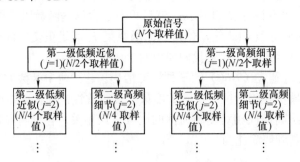

图 7-8 小波（小波包）分解示意图

下面以二通道正交滤波器为例，介绍二通道标准正交滤波器组（QMF：Quadrature Mirror Filter Banks）的设计过程。二通道分析与综合滤波器组的一般框图如图 7-9 所示，图中 $H_0(z)$ 为低通滤波器，$H_1(z)$ 为高通滤波器。

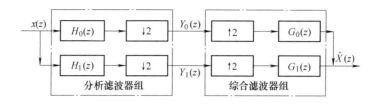

图 7-9　二通道分析与综合滤波器组框图

图 7-9 中的正交滤波器采用 Haar 小滤滤波器组。由图 7-9 可知，二通道分析与综合滤波器组的输入输出之间的关系可描述为

$$\begin{bmatrix} Y_0(z) \\ Y(z)_1 \end{bmatrix} = \frac{1}{2} \begin{bmatrix} H_0(z^{\frac{1}{2}}) & H_0(-z^{\frac{1}{2}}) \\ H_1(z^{\frac{1}{2}}) & H_1(z^{\frac{1}{2}}) \end{bmatrix} \begin{bmatrix} X(z^{\frac{1}{2}}) \\ X(-z^{\frac{1}{2}}) \end{bmatrix} \tag{7-63}$$

$$\hat{X}(z) = \begin{bmatrix} G_0(z) & G_1(z) \end{bmatrix} \begin{bmatrix} Y_0(z^2) \\ Y_1(z^2) \end{bmatrix}$$

$$= \begin{bmatrix} G_0(z) & G_1(z) \end{bmatrix} \frac{1}{2} \begin{bmatrix} H_0(z^{\frac{1}{2}}) & H_0(-z^{\frac{1}{2}}) \\ H_1(z^{\frac{1}{2}}) & H_1(z^{\frac{1}{2}}) \end{bmatrix} \begin{bmatrix} X(z) \\ X(-z) \end{bmatrix}$$

$$= \frac{1}{2} \big[G_0(z)H_0(z) + G_1(z)H_1(z) \big] X(z) \tag{7-64}$$

$$+ \frac{1}{2} \big[G_0(z)H_0(-z) + G_1(z)H_1(-z) \big] X(-z)$$

$$= T(z)X(z) + \hat{T}(z)X(-z)$$

其中

$$\begin{cases} T(z) = \dfrac{1}{2} \big[G_0(z)H_0(z) + G_1(z)H_1(z) \big] \\ \hat{T}(z) = \dfrac{1}{2} \big[G_0(z)H_0(-z) + G_1(z)H_1(-z) \big] \end{cases} \tag{7-65}$$

由滤波器理论可知，对于需要重构的信号 $X(z)$ 而言，$T(z)$ 可能带来相位和幅度失真，而 $\hat{T}(z)$ 可能带来混叠失真。要保证系统完全重构，即不存在幅度相位失真与混叠失真，则需满足下面条件

$$\begin{cases} T(z) = z^{-k} \\ \hat{T}(z) = 0 \end{cases} \tag{7-66}$$

式中，k 为整数。

k 为整数可保证原始信号经过系统之后，只会产生延迟，而不会失真。而对于需要完全重构的 FIR 滤波器组而言，经过推导，可得出存在下面关系式

$$
\begin{cases}
\Delta = \det \begin{bmatrix} H_0(z) & H_1(z) \\ H_0(-z) & H_1(-z) \end{bmatrix} = cz^{-1} \\
G_0(z) = \dfrac{2z^{-k}}{\Delta} H_1(-z) \\
G_1(z) = \dfrac{2z^{-k}}{\Delta} H_0(-z)
\end{cases} \tag{7-67}
$$

式中，c 为不等于 0 的实数；l 为一整数；k 为奇数。

假设已经选定某一低通滤波器 $H(z)$，滤波器组为可重构的，且 $k=l$，$c=1$，在频域中，滤波器组中的高通滤波器与低通滤波器是关于 $\pi/2$ 对称的，即

$$
\left| H_1\left(e^{jw}\right) \right| = \left| H_0\left(e^{j(n-w)}\right) \right| \tag{7-68}
$$

则标准正交映像滤波器组的高通与低通滤波器选择按如下原则进行

$$
H_0(z) = H(z) \tag{7-69}
$$

$$
H_1(z) = H(-z) \tag{7-70}
$$

$$
G_0(z) = 2H(z) \tag{7-71}
$$

$$
G_1(z) = -2H(-z) \tag{7-72}
$$

代入式（7-68），可得

$$
\begin{cases}
T(z) = H^2(z) - H^2(-z) = z^{-k} \\
\hat{T}(z) = 0
\end{cases} \tag{7-73}
$$

式（7-73）满足式（7-66）中所要求的信号不失真的条件，所以按以上方法设计的标准正交映像滤波器组为一组无混叠失真的滤波器。若选择滤波器点数 N 为偶数时的线性相位 FIR 作为基本低通滤波器，即

$$
H(z) = A(z)z^{-(N-1)/2} \tag{7-74}
$$

这里 $A(z)$ 为零相位的幅度频率响应。如果 $k = N-1$，则有

$$
A^2(z) + A^2(-z) = 1 \tag{7-75}
$$

所以在理想情况之下，也就是不考虑滤波器具有过渡带的情况下，其频率域的形式可表示为

$$
\begin{cases}
A^2\left(e^{jw}\right) + A^2\left(e^{j(w-\pi)}\right) = 1 \\
\left| H\left(e^{jw}\right) \right|^2 + \left| H\left(e^{j(w-\pi)}\right) \right|^2 = 1
\end{cases} \tag{7-76}
$$

上式说明，按以上原则设计的二通道标准正交映像滤波器组中的分析滤波器组中的高通滤波器与低通滤波器的能量是互补的。对于实际应用系统而言，任何滤波器都是有过渡带的，意味着式（7-76）在实际中通常难以得到满足，所以在具体的应用设计时，只能想办法尽可

能的逼近。具体的逼近方法通常采用最小化以下目标函数的方式进行

$$E = \alpha E_r + (1-\alpha)E_s \tag{7-77}$$

式中，E_r 为重构误差；E_s 为阻带误差。

　　且

$$\begin{cases} E_r = \int_0^\pi \left(\left| H\left(e^{jw}\right) \right|^2 + \left| H\left(e^{j(w-\pi)}\right) \right|^2 - 1 \right) dw \\ E_s = \int_{w_s}^\pi \left(\left| H\left(e^{jw}\right) \right|^2 \right) dw \end{cases} \tag{7-78}$$

式中，w_s 为阻带截止频率，其应该尽可能的靠近 $\pi/2$。

　　假设滤波器的过渡带宽度为 δ，则 w_s 与 δ 之间的关系满足

$$w_s = \left(\frac{1}{4} + \delta \right) 2\pi \tag{7-79}$$

　　在具体的应用正交滤波器组对单路模拟电信号进行滤波时，可以以系统标称情况下的中心频率为参照频率点，进行具体滤波器的设计。

7.4　基于信息熵和 Haar 小波变换故障诊断方法

　　基于信息熵和 Haar 小波变换的开关电流电路故障诊断方法为，首先采用线性反馈移位寄存器（LFSR）生成周期性伪随机序列，合理选择伪随机序列长度，获得带限白噪声测试激励。然后定义故障模式，采集电路原始响应数据，利用 Haar 小波正交滤波器作为采集序列的预处理系统，实现一路输入两路输出，得到观测信号的低频近似信息和高频细节信息。最后计算相应的信息熵及其模糊集，提取最优故障特征，构建故障字典，完成各故障模式的故障分类。其故障诊断流程图如图 7-10 所示，该方法的具体实现步骤如下：

　　步骤 1．产生伪随机测试激励。要使故障易于检测，应该考虑增大无故障电路与故障电路的距离，伪随机序列激励能加大正常状态响应与故障状态响应之间的区别，以便故障定位与识别。合理选择伪随机序列长度，以尽可能短的伪随机测试序列获得尽可能大的故障覆盖率。

　　步骤 2．定义故障模式。对电路进行灵敏度分析，得到元件参数的改变对电网络系统特征的一阶改变，来定位电路中最有可能发生故障的故障元件。当故障元件定位后，就可以正确地来划分故障模式。

　　步骤 3．采集电路原始响应数据。将伪随机信号激励开关电流被测电路，用数据采集板在实际电路输出端提取原始信号或用 ASIZ 软件对电路的各种故障状态进行仿真，采集到原始响应数据。

　　步骤 4．Haar 小波正交滤波器预处理。利用 Haar 小波正交滤波器作为采集序列的预处理系统，实现一路输入两路输出，得到观测信号的低频近似信息和高频细节信息。

　　步骤 5．故障特征提取。提取故障特征是开关电流电路故障诊断的关键环节，也是建立故障字典的基础。提取信号的特征参数—信息熵来识别电路各故障模式，在 MATLAB 软件环境下计算信号的信息熵，方法如下：

从被测器件输出端得到时域响应数据，根据公式（7-62），当找到两个函数 $G1$ 和 $G2$ 时，能得到信号的信息熵，为了度量双模态/稀疏性，选用拉普拉斯分布的对数函数密度

$$G^2(x) = |x| \qquad\qquad (7\text{-}80)$$

为了度量反对称性，使用下面的函数 G^1

$$G^1(x) = x\exp(-x^2/2) \qquad\qquad (7\text{-}81)$$

根据公式（7-62），得到信息熵

$$J(x) = k_1(E\{x\exp(-x^2/2)\})^2 + k_2(E\{|x|\} - \sqrt{2/\pi})^2 \qquad (7\text{-}82)$$

式中，$k_1 = 36/(8\sqrt{3} - 9)$ 和 $k_2 = 1/(2 - 6/\pi)$。

步骤 6. 计算信息熵模糊集，构建故障字典，进行故障分类。把上面所述的故障模式、故障代码和故障特征值以及故障特征模糊集作为一组数据列成一个表，如故障特征模糊集足以隔离出所有故障，即可用现有信息建立故障字典，进行故障分类。

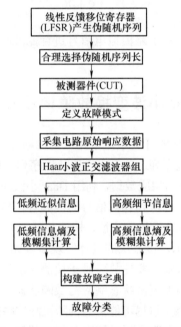

图 7-10　信息熵和 Haar 小波变换故障诊断流程图

7.5　诊断实例与分析

为了验证本章所提出方法的有效性，本节仍以第 5 章中的 3 个开关电流电路作为故障诊断对象进行对比分析。电路结构及晶体管跨导值分别如图 5-2，图 5-5 和图 5-7 所示。

7.5.1　诊断实例 1：6 阶切比雪夫低通滤波器

1. 软故障诊断

利用 ASIZ 开关电流电路专业仿真软件对该电路进行灵敏度分析，灵敏度分析结果如表 7-1 所示。表 7-1 结果显示 Mg1，Mf1，Mi1，Mb，Mh 和 Mk 取值的变化对电路输出响应影

响较大，因此选择这 6 个晶体管进行故障诊断分析。设跨导 g_m 的容差范围分别是 5%或 10%，发生软故障时，跨导 g_m 值偏离其标称值的±50%。共有 12 类故障模式，加上电路正常状态（故障代码为 F13），共有 13 种电路状态，分别为 Mg1↑，Mg1↓，Mfl↑，Mfl↓，Mi1↑，Mi1↓，Mb↑，Mb↓，Mh↑，Mh↓，Mk↑，Mk↓和 NF。这里↑和↓意味着明显高于或低于标称 g_m 值，相应的故障类及故障代码如表 7-2 所示。对电路的正常状态和故障状态分别进行 ASIZ 仿真，实验中电路某一时刻只设置一个晶体管发生故障，电路发生软故障时其故障晶体管 g_m 值偏移了标称值 50%，当其中一个晶体管高于或低于它的标称值 50%，而其他五个 MOS 管在其容差范围内变化，这时所得到的时域响应为故障状态，而正常状态（NF）时所有晶体管跨导值在各自的容差范围内变化。

表 7-1 6 阶切比雪夫低通滤波器的灵敏度分析结果

晶体管	跨导值	灵敏度
Ma	1	−0.000 524−0.067 687j
Mb	0.4255	−0.000 025+0.000 000j
Mc	1.9845	1.000 025−0.000 000j
Md	0.3455	0.000 444+0.029 397j
Me	0.9845	0.000 197+0.019 242j
Mf	0.5827	0.000 014+0.008 970j
Mg	1.9134	−0.000 032+0.003 743j
Mh	0.085	−0.000 025+0.000 000j
Mi	0.8577	0.000 002+0.005 547j
Mj	2.1021	−1.000 051+0.000 789j
Mk	0.2787	—0.000 025−0.000 000j

测试激励信号采用一个由 7 阶线性反馈移位寄存器（LFSR）产生的 255 位伪随机序列信号，与正弦信号相比，伪随机信号测试有很多优点：1）能使正常电路和故障电路的时域和频域响应差别增大，便于故障定位；2）易产生高质量测试标识信号，降低了测试成本。对各种故障模式和正常状态进行时域分析和 30 次蒙特卡罗（Monte-Carla）分析，同时在电路的输出端以 100kHz 的采样频率对故障响应信号进行采样，获得 158 个采样点，即每种故障模式采集到 30 个具有 158 个采样点的时域故障信号样本。接下来，对采集到的这 30 个时域样本信号进行 Haar 小波正交滤波器预处理，实现一路输入两路输出，得到观测信号的低频近似信息和高频细节信息。最终得到每种故障模式具有 30 个样本，每个样本有 2 个属性的时域响应特征，13 种故障模式一共构成了 780 个时域响应样本。最后，在 MATLAB 环境下计算每种故障模式的低频近似信息熵和高频细节信息熵，提取其故障特征。对应这 13 种故障模式的 780 个时域响应样本，获得每种故障模式的低频近似信息熵模糊集和高频细节信息熵模糊集。

根据以上分析，可得到 6 阶切比雪夫低通滤波器低灵敏度晶体管软故障类故障字典，如表 7-2 所示。根据表 7-2 首先给出了 13 种故障模式的高频细节信息熵特征聚类图，如图 7-11 所示，可以看出 13 个故障模式中有些故障划分得不是很清晰，如 Mk↑故障、Mi1↑故障与 Mb↓故障这组故障和 Mi1↓故障、Mfl↑故障与正常状态这组故障的信息熵模糊集很接近。这两组故障状态需要进一步通过低频近似信息熵来区分，图 7-12 是以上两组故障状态的低频近似信息熵特征聚类图。在图 7-12 中可以看出，各故障特征划分比较清晰，除 Mfl↑故障和正常状态的故障信息熵模糊集之有重叠之外，其他故障模式得到了很好的分离。

表 7-2　6 阶切比雪夫低通滤波器中低灵敏度晶体管软故障类故障字典

故障模式	故障代码	标称值	故障值	低频近似信息熵	低频近似信息熵模糊集	高频细节信息熵	高频细节信息熵模糊集
Mg1↓	F1	1.913 4	0.956 7	5.126 9	5.534 4～4.735 3	12.508 0	12.621 8～12.353 1
Mg1↑	F2	1.913 4	3.826 8	9.327 8	7.283 6～11.634 9	2.329 0	2.770 3～1.925 9
Mf1↓	F3	0.582 7	0.291 4	0.644 2	0.652 0～0.638 5	11.229 9	11.273 9～11.162 9
Mf1↑	F4	0.582 7	1.165 4	0.219 7	0.207 5～0.230 9	8.818 3	8.530 3～8.997 3
Mi1↓	F5	0.857 7	0.428 9	0.387 6	0.477 5～0.286 6	8.265 0	9.044 4～7.394 1
Mi1↑	F6	0.857 7	1.715 4	0.506 8	0.497 5～0.521 5	10.600 8	10.561 0～10.738 6
Mb↓	F7	0.425 5	0.212 8	1.833 9	1.827 9～1.839 9	10.655 3	10.632 2～10.678 5
Mb↑	F8	0.425 5	0.851	2.202 8	2.177 3～2.228 5	11.922 5	11.856 4～11.980 6
Mh↓	F9	0.085	0.042 5	0.161 0	0.156 0～0.165 5	6.982 0	6.911 7～7.052 8
Mh↑	F10	0.085	0.17	0.605 2	0.564 8～0.647 2	10.988 9	10.844 3～11.055 0
Mk↓	F11	0.278 7	0.139 4	1.866 2	1.842 8～1.889 9	6.610 4	6.608 2～6.752 9
Mk↑	F12	0.278 7	0.557 4	3.141 8	3.097 6～3.186 2	10.634 5	10.423 5～10.832 2
正常	F13	—	—	0.272 7	0.164 8～0.336 8	8.429 6	8.400 8～8.597 3

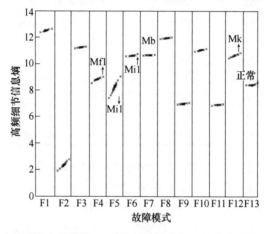

图 7-11　低灵敏度晶体管 13 种软故障的高频细节信息熵特征聚类图

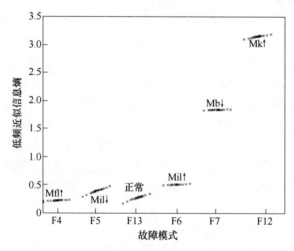

图 7-12　六种软故障状态的低频近似信息熵特征聚类图

　　为了与第 5 章诊断结果[3]进行比较，本章采用了 6 阶切比雪夫低通滤波器作为诊断实例和同样的故障类，均假设发生故障时晶体管跨导值偏移了 50%，共有 Mg1↑，Mg1↓，Mfl↑，Mfl↓，Me2↑，Me2↓，Md1↑，Md1↓，Mj↑，Mj↓和正常状态 11 种故障状态。对每种故障模式分别运行 30 次蒙特卡罗分析，获得 30 个时域响应样本。按照第 7-4 节的诊断步骤，得到 6 阶切比雪夫低通滤波器软故障类故障字典，如表 7-3 所示。图 7-13 和图 7-14 分别是 11 种故障模式的低频近似信息熵特征聚类图和 4 种故障模式的高频细节信息熵特征聚类图。这里首先用低频近似信息熵来区分，从图 7-13 可以看出 11 个故障模式中仅仅有正常状态和 Mfl↑故障、Mg1↓故障和 Mj↑故障这 4 种故障状态信息熵模糊集比较接近，需要进一步通过高频细节信息熵来区分，而在图 7-14 中 4 种故障特征划分比较清晰，各故障信息熵模糊集之间基本上没有重叠。此时正常状态和 Mfl↑故障、Mg1↓故障和 Mj↑故障可以成功地完成故障分类。

表 7-3　6 阶切比雪夫低通滤波器软故障类故障字典

故障模式	故障代码	标称值	故障值	低频近似信息熵	低频近似信息熵模糊集	高频细节信息熵	高频细节信息熵模糊集
正常	F1	—	—	0.272 7	0.198 7～0.312 3	8.429 6	8.317 8～8.497 3
Mg1↓	F2	1.913 4	0.956 7	5.126 9	5.534 4～4.735 3	12.508 0	12.621 8～12.353 1
Mg1↑	F3	1.913 4	3.826 8	9.327 8	7.283 6～11.634 9	2.329 0	2.770 3～1.925 9
Mfl↓	F4	0.582 7	0.291 4	0.644 2	0.652 0～0.638 5	11.229 9	11.273 9～11.162 9
Mfl↑	F5	0.582 7	1.165 4	0.219 7	0.207 5～0.230 9	8.818 3	8.530 3～8.997 3
Me2↓	F6	0.984 5	0.492 3	2.251 1	2.380 1～1.735 1	8.795 3	8.799 7～8.788 3
Me2↑	F7	0.984 5	1.969	2.622 4	2.461 3～2.784 5	7.367 2	7.484 2～7.263 8
Md1↓	F8	0.345 5	0.172 8	1.552 4	1.642 8～1.454 3	12.432 6	12.549 4～12.304 3
Md1↑	F9	0.345 5	0.691	1.212 4	0.886 6～1.267 6	0.958 8	1.454 4～0.565 7
Mj↓	F10	2.102 1	1.051	12.421 8	12.685 4～11.906 3	1.382 3	1.921 8～0.902 8
Mj↑	F11	2.102 1	4.204 2	5.152 9	4.785 4～4.807 7	11.481 9	11.497 3～10.561 0

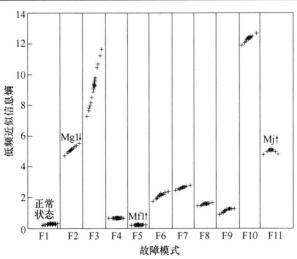

图 7-13　11 种软故障模式的低频近似信息熵特征聚类图

　　为了体现伪随机测试激励相比正弦信号激励的优势，本节还给出了 255 位伪随机信号激励与正弦信号激励下的软故障类故障字典，如表 7-4 所示。仍采用表 7-3 中相同的故障类，可以看出，与正弦信号激励相比，伪随机信号测试能达到一个高的故障分类率。例如：表 7-3 伪随机信号激励能对所有的故障模式正确分类，而表 7-4 中正弦信号激励不能正确分离正常状态和 Me2↓故障、Mg1↓故障，Mj↑故障和 Md1↓故障。

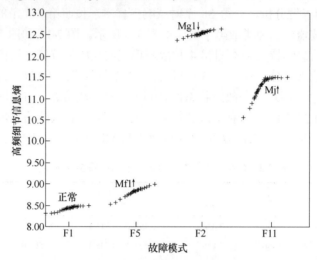

图 7-14　Mf1↑，Mg1↓，Mj↑和正常状态高频细节信息熵特征聚类图

表 7-4　255 位伪随机信号激励与正弦信号激励下的软故障类故障字典

故障模式	故障代码	标称值	故障值	正弦信号激励下的低频近似信息熵	正弦信号激励下的高频细节信息熵	伪随机信号激励下的低频近似信息熵	伪随机信号激励下的高频细节信息熵
正常	F1	—	—	2.684 1	4.143 0	0.272 7	8.429 6
Mg1↓	F2	1.913 4	0.956 7	1.809 6	8.943 2	5.126 9	12.508 0
Mg1↑	F3	1.913 4	3.826 8	57.366 3	0.038 7	9.327 8	2.329 0
Mf1↓	F4	0.582 7	0.291 4	3.215 0	3.832 0	0.644 2	11.229 9
Mf1↑	F5	0.582 7	1.165 4	1.067 3	4.666 1	0.219 7	8.818 3
Me2↓	F6	0.984 5	0.492 3	2.710 4	4.097 5	2.251 1	8.795 3
Me2↑	F7	0.984 5	1.969	0.025 8	6.531 3	2.622 4	7.367 2
Md1↓	F8	0.345 5	0.172 8	1.767 1	8.897 9	1.552 4	12.432 6
Md1↑	F9	0.345 5	0.691	16.520 6	1.485 4	1.212 4	0.958 8
Mj↓	F10	2.102 1	1.051	105.881 8	0.376 1	12.421 8	1.382 3
Mj↑	F11	2.102 1	4.204 2	1.855 6	8.934 2	5.152 9	11.481 9

2. 硬故障诊断

除了软故障类外，短路或开路硬故障将对电路性能产生巨大的影响。该方法不仅可以识别软故障而且可以识别硬故障。在这项工作中考虑的 6 种灾难性故障是栅源短路（GSS）、栅漏短路（GDS）、漏源短路（DSS）、漏极开路（DOP）、源极开路（SOP）和栅极开路（GOP）。仿真时短路通常使用小电阻，开路通常是一个大电阻。例如：仿真时一个小电阻加到栅极和源极之间，获得 GSS 故障响应；一个大电阻加到源极端，获得 SOP 故障响应等等。当图 5-2（6 阶切比雪夫低通滤波器）中 Mb 和 Mk 发生了硬故障，这些故障时域响应被输入到预处理器中作特征选择，构成 Mb-GSS、Mb-GDS、Mb-DSS、Mb-SOP、Mb-DOP、Mb-GOP、Mk-GSS、Mk-GDS、Mk-DSS、Mk-SOP、Mk-DOP、Mk-GOP 和正常状态共 13 种故障模式，如表 7-5 所示。

　　与软故障诊断过程一样，对电路的正常状态和 12 种故障状态分别进行 30 次蒙特卡罗分析，获得 30 个时域故障信号样本，经过 Haar 小波正交滤波器预处理后计算其低频近似信息熵和高频细节信息熵，最后获得每种故障模式的低频近似信息熵模糊集和高频细节信息熵模糊集。将这些信息都加入到故障字典中去建立硬故障字典如表 7-5 所示。图 7-15 是 13 种硬故障模式的低频近似信息熵故障聚类图。从图 7-15 可以看出，仅由低频近似信息熵就可以完全区分这 13 个硬故障模式。

表 7-5　6 阶切比雪夫低通滤波器硬故障类故障字典

故障模式	故障代码	低频近似信息熵	低频近似信息熵模糊集	高频细节信息熵	高频细节信息熵模糊集
正常	F0	0.387 7	0.267 4～0.413 7	8.873 4	8.675 3～8.989 7
Mb-GSS	F1	11.912 6	11.908 2～11.916 6	13.418 2	13.416 5～13.419 8
Mb-GDS	F2	10.693 5	10.702 5～10.687 6	12.419 9	12.410 3～12.426 9
Mb-DSS	F3	10.192 5	10.172 7～10.212 3	13.906 1	13.909 8～13.902 5
Mb-SOP	F4	1.471 8	1.471 8～1.471 8	9.499 1	9.499 1～9.499 1
Mb-DOP	F5	1.755 2	1.740 7～1.769 7	10.718 7	10.655 9～10.781 7
Mb-GOP	F6	0.157 6	0.152 3～0.162 5	7.348 5	7.335 1～7.361 8
Mk-GSS	F7	2.596 5	2.596 4～2.596 5	13.122 8	13.122 6～13.122 9
Mk-GDS	F8	1.980 5	1.969 9～1.991 8	11.908 0	11.900 5～11.915 4
Mk-DSS	F9	10.950 7	10.934 7～10.966 7	13.966 0	13.971 0～13.960 4
Mk-SOP	F10	8.021 4	8.021 4～8.021 4	11.581 7	11.581 7～11.581 7
Mk-DOP	F11	8.521 2	8.502 5～8.539 9	12.396 1	12.354 8～12.437 4
Mk-GOP	F12	0.727 4	0.725 4～0.729 4	10.808 5	10.794 0～10.823 0

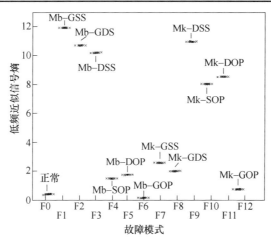

图 7-15　13 种硬故障模式的低频近似信息熵故障聚类图

7.5.2　诊断实例 2：6 阶椭圆带通滤波器

　　本节研究的第二个电路是 6 阶椭圆带通滤波器，MOS 晶体管的规一化跨导值如图 5-5（6 阶椭圆带通滤波器）所示。跨导的容差为±5%或±10%，带通滤波器的中心频率为 1MHz。本节也只对电路发生软故障时的故障情况进行诊断，应用 ASIZ 软件对该电路进行灵敏度分析，可选取 14 种故障模式来进行研究，它们分别为 Mb1↑，Mb1↓，Mc2↑，Mc2↓，Me2↑，

Me2↓，Mj2↑，Mj2↓，Mk2↑，Mk2↓，Mo1↑，Mo1↓，Mq1↑，Mq1↓，都是偏差标称值±50%
的软故障，加上无故障模式（即正常模式）共 15 种模式。

　　1．伪随机测试激励和序列参数选择

　　在考虑减少专用硬件以降低测试成本的各种混合电路测试方法中，采用伪随机序列作为
激励信号的方法对于内建自测试（Built-in-self-test（BIST））更为适合。特别是如果一个高斯
白噪声加到一个被测系统上，理想情况下输入输出互相关函数与其脉冲响应一致，这可以对
被测系统的功能充分地验证，因此提供了一个思路进行故障识别。在没有发生任何故障的情
况下，分别采用 255 位伪随机序列和正弦信号对 6 阶椭圆带通滤波器电路进行时域仿真。伪
随机序列激励无故障时域响应如图 7-16 所示，正弦信号激励无故障时域响应如图 7-17 所示。

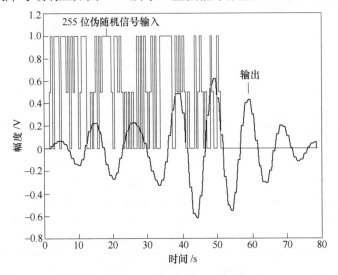

图 7-16　6 阶椭圆带通滤波器的 255 位伪随机激励无故障时域响应

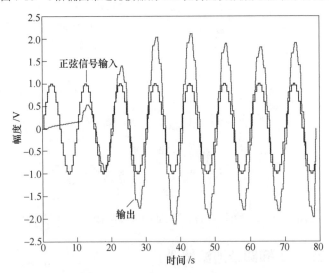

图 7-17　6 阶椭圆带通滤波器的正弦信号激励无故障时域响应

　　传统伪随机测试结构中，$x[n]$ 是一个有限长度含 N 个宽度为 Δt 矩形脉冲、正负值均等的
序列，这对于二元随机过程遍历性假设的平均值和自相关估计非常重要。对于小的 Δt 和大的
N 值，这个信号的功率谱接近一个白噪声。理想情况下

$$R_{xx}(t) = \lim_{N \to \infty} \frac{1}{2N+1} \sum_{n=-N}^{N} \frac{1}{\Delta t} \int_{n\Delta t}^{(n+1)\Delta t} x(\tau) x(t+\tau) \mathrm{d}\tau \tag{7-83}$$

$R_{xx}(t)$ 的频谱表明第一个 0 值在 $f_0 = 1/\Delta t$。因此测试一个截止频率为 f_c 的电路，f_0 应远大于 f_c，经验值取 $f_c = f_0/5$。例如，$f_c = 100\,\mathrm{MHz}$，则 $\Delta t \leqslant 2\mathrm{ns}$。为确保信号的功率谱接近"白噪声"，$N$ 可以设置得更大，对于本章实验，N 设置为 255。因此，选择一个 8 位的 LFSR，这个 8 位 LFSR 能产生 255 个向量的伪随机序列，选定的值可以实现在 DUT 的脉冲响应和互相关函数 R_{xy} 之间达到一个良好的对应关系。在 255 位伪随机序列激励信号下，图 7-18 和图 7-19 是 6 阶椭圆带通滤波器的 15 种故障时域响应。

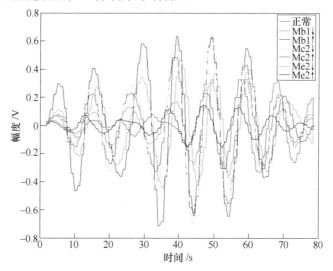

图 7-18　6 阶椭圆带通滤波器的 7 种故障时域响应

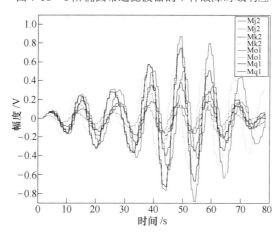

图 7-19　6 阶椭圆带通滤波器的 8 种故障时域响应

2. 测试结果

对 6 阶椭圆带通滤波器 15 种故障模式分别运行 30 次蒙特卡罗分析，获得 30 个时域响应样本。按照第 7-4 节的诊断步骤，得到 6 阶椭圆带通滤波器软故障类故障字典，如表 7-6 所示。图 7-20 和图 7-21 分别是 15 种故障模式的低频近似信息熵特征聚类图和 4 种故障模式的高频细节信息熵特征聚类图。这里首先用低频近似信息熵来区分，从图 7-20 可以看出 15 个故障模式中仅仅有 Mc2↑，Mb1↓，Me2↑，Mj2↑这 4 种故障状态信息熵模糊集比较接近，需要进一步通过高频细节信息熵来区分，而在图 7.21 中 4 种故障特征划分比较清晰，各故障信息熵模糊集之间基本上没有重叠。此时 Mc2↑，Mb1↓，Me2↑，Mj2↑可以成功地完成故障分类。

表 7-6　6 阶椭圆带通滤波器的软故障类故障字典

故障模式	故障代码	标称值	故障值	低频近似信息熵实际值	低频近似信息熵理想值	低频近似信息熵模糊集	高频细节信息熵实际值	高频细节信息熵理想值	高频细节信息熵模糊集
Mb1↓	F1	0.438 52	0.109 63	10.318 7	10.389 0	10.479 8～10.298 0	12.892 4	12.909 0	12.936 5～12.881 4
Mb1↑	F2	0.438 52	1.754 08	6.001 7	6.066 1	5.899 5～6.110 4	11.304 9	11.311 5	11.302 7～11.318 6
Mc2↓	F3	0.140 094	0.035 023 5	7.397 5	7.467 8	7.450 9～7.484 5	11.845 7	11.905 3	12.314 8～12.253 3
Mc2↑	F4	0.140 094	0.560 376	10.578 1	10.666 7	10.582 4～10.371 3	11.105 2	11.173 5	11.514 9～11.051 1
Me2↓	F5	1.833 237	0.458 31	8.207 6	8.254 0	8.396 0～8.131 9	12.207 3	12.281 3	11.898 9～11.911 6
Me2↑	F6	1.833 237	7.332 948	12.397 5	12.464 8	12.259 6～12.630 3	13.487 3	13.590 5	13.957 6～13.429 4
Mj2↓	F7	0.066 234	0.016 558 55	9.384 6	8.456 4	8.492 5～8.425 0	12.197 4	12.241 1	12.260 6～12.222 9
Mj2↑	F8	0.066 234	0.264 936 8	12.304 1	12.392 4	12.241 7～12.587 3	10.504 9	10.571 1	10.544 8～10.658 8
Mk2↓	F9	0.176 016	0.044 004	11.204 1	11.274 2	11.389 0～11.157 0	13.187 2	13.215 4	13.251 3～13.178 9
Mk2↑	F10	0.176 016	0.704 064	7.684 5	7.749 4	7.694 7～7.803 8	12.000 7	12.011 5	11.981 7～12.017 7
Mo1↓	F11	0.757 432	0.189 358	5.678 2	5.706 4	5.594 0～5.817 3	11.187 6	11.262 8	11.220 4～11.304 3
Mo1↑	F12	0.757 432	3.029 728	10.894 5	10.910 9	10.692 9～11.117 6	13.001 8	13.095 2	13.014 9～13.167 0
Mq1↓	F13	0.055 45	0.013 862 5	7.204 6	7.284 8	7.258 1～7.311 4	11.748 2	11.821 8	11.811 0～11.832 6
Mq1↑	F14	0.055 45	0.221 8	9.817 6	9.910 8	9.751 1～10.037 0	12.645 7	12.718 8	12.670 2～12.757 6
正常	F15	—	—	7.984 6	8.008 4	7.967 8～8.235 6	12.008 3	12.111 9	12.013 8～12.524 9

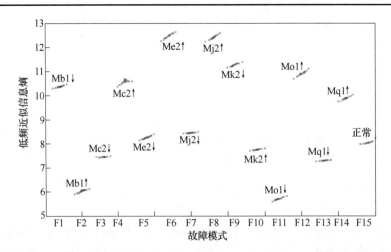

图 7-20　6 阶椭圆带通滤波器 15 种软故障模式的低频近似信息熵特征聚类图

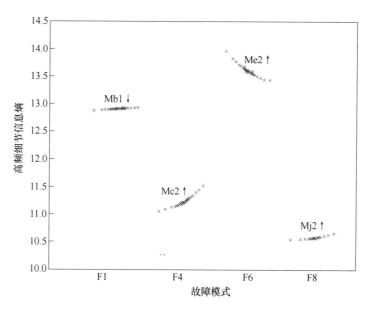

图 7-21　故障 Mc2↑，Mb1↓，Me2↑，Mj2↑的高频细节信息熵特征聚类图

7.5.3　诊断实例 3：时钟馈通补偿电路（CKFT）

现在考虑图 5-7 的时钟馈通补偿电路。电路中每一个元件的参数归一化值为：$C_1 - C_4 = 0.1F$，$M_1 - M_5 = 1ms$。在该电路中考虑的故障类别有：由电容 C_1、C_2 开路和短路所引起的硬故障和由晶体管 M_1、M_3 跨导值 g_m 改变所引起的软故障。在做 ASIZ 模拟时，所选择的时钟频率是 1MHz，输入激励是一个频率为 100kHz 的正弦信号。按照前面所描述的诊断方法，能获得 CKFT 电路的实验数据，导致的故障字典如表 7-7 所示。

表 7-7　时钟馈通补偿电路故障字典

故障模式	故障类型	标称值	故障值	低频近似信息熵实际值	低频近似信息熵理想值	高频细节信息熵实际值	高频细节信息熵理想值
M1↓	软故障	1	0.25	12.501 9	12.594 3	8.356 7	8.452 9
M1↑	软故障	1	2	0.325 3	0.384 6	12.672 9	12.741 9
M3↓	软故障	1	0.25	3.418 7	3.497 3	6.684 3	6.751 4
M3↑	软故障	1	2	4.618 9	4.728 6	6.594 6	6.642 9
C1 短路	硬故障	—	—	8.657 3	8.729 1	7.059 4	7.163 8
C1 开路	硬故障	—	—	25.087 6	26.748 1	16.602 7	16.742 3
C2 短路	硬故障	—	—	0.395 7	0.472 9	2.501 6	2.567 8
C2 开路	硬故障	—	—	15.325 6	15.427 6	14.412 7	14.523 7
正常	—	—	—	9.401 6	9.472 6	6.603 7	6.719 5

7.5.4　诊断结果分析

将本章方法与其他文献方法做个比较分析，以更直观的形式体现本章方法的优越性能，比较结果如表 7-8 所示。

表 7-8   各种故障诊断方法比较

采用方法		故障模式	诊断率（%）
对低灵敏度晶体进行测试	文献[10]方法	13	80
	本章方法	13	99
	文献[11]方法	11	95
	本章方法	11	100
	正弦信号激励	11	96
	伪随机信号激励	11	100

文献[10]方法采用小波神经网络对图 5-2 所示 6 阶切比雪夫低通开关电流电路进行了故障诊断。对于 GSS、GDS、DSS、DOP、SOP 和 GOP 6 种硬故障模式，该方法诊断效率高，能正确无误的诊断出所有硬故障。但是当灵敏度较低的 6 个晶体管 Mg1，Mf1，Mi1，Mb，Mh 和 Mk 发生故障时，由于灵敏度低，其故障响应大多与正常状态接近，导致故障被屏蔽而不能对软故障却达到好的诊断效果。综合软故障和硬故障来说，文献[10]方法的故障诊断率仅为 80%。而本章方法不仅能正确区分所有的硬故障模式（见表 7-5 和图 7-15），对低灵敏度晶体管发生故障时诊断效率也很高。从表 7-2 和图 7-11、图 7-12 可看出，除了 Mf1↑故障和正常状态有个别重叠之外，其他软故障模式全部是诊断正确，故障诊断率达到了 99%。

文献[11]（第 5 章方法）的故障晶体管和产生的故障模式和本章一样，有 5 个晶体管发生故障产生 11 种故障模式，文献[11]中 Mg1↓故障类下 50 个数据 38 个诊断正确，12 个被误诊断为 Mi↑，另外对于 Mi↑，Mg1↑和 Mi↓故障也有误分类。所以该方法故障诊断率较低，只有 95%。而本文方法的故障诊断效率达到了 100%。与文献[11]比较可以得出，运用本章方法可得到比文献[11]中更高的诊断正确率，并且可以成功诊断区分 Mg1↓、Mi↑、Mg1↑和 Mi↓故障状态，这是在文献[11]中无法成功区分的。

7.6   本章小结

本章提出的基于故障特征预处理技术的开关电流电路小波变换故障诊断方法能有效地实现开关电流电路软故障和硬故障的精确诊断，并将本章方法和其他文献采用的方法进行了比较，一致说明本章方法的优越性。利用 Haar 小波正交滤波器作为采集序列的预处理系统，实现一路输入两路输出，得到观测信号的低频近似信息和高频细节信息。计算相应的信息熵作为故障特征，蒙特卡罗分析获取信息熵模糊集进一步提取特征值，使故障特征达到很好的区分度，最后构建故障字典，完成故障模式的故障分类。通过对 6 阶切比雪夫低通滤波器、6 阶椭圆带通滤波器和时钟馈通补偿电路 3 个开关电流电路进行软故障和硬故障仿真实验、证明了该方法的高效性，是一种高诊断效率的开关电流电路故障诊断新方法。

参考文献

[1]   黄俊，何怡刚. 开关电流电路故障诊断技术的初步研究[J]. 现代电子技术, 2007, 30(9): 76-78.

[2]   Guo J, Yigang H, Cai X. PRBS Test Signature Analysis of Switched Current Circuit[C]//Information Science and Engineering, International Conference on. IEEE Computer Society, 2009: 627-630.

[3]　Long Y, He Y, Liu L, et al. Implicit functional testing of switched current filter based on fault signatures[J]. Analog Integrated Circuits & Signal Processing, 2012, 71(2): 293-301.

[4]　Zhang Z, Duan Z, Long Y, et al. A new swarm-SVM-based fault diagnosis approach for switched current circuit by using kurtosis and entropy as a preprocessor[J]. Analog Integrated Circuits & Signal Processing, 2014, 81(1): 289-297.

[5]　Mallat5. A wavelett our of signal Proeessing[M]. NewYork: AeademiePress, 1999

[6]　Gielen G, Sansen W. Symbolic Analysis for Automated Design of Analog Integrated Circuits[M]. Kluwer Academic Publishers, 1991.

[7]　唐远炎. 小波分析与文本文字识别[M]. 北京: 科学出版社, 2004.

[8]　胡昌华. 基于 MATLAB6.x 的系统分析与设计—小波分析[M]. 西安: 西安电子科技大学出版社, 2004.

[9]　方葛丰. 模拟电路故障诊断优化理论与方法的研究[D]. 长沙: 湖南大学, 2013.

[10]　Guo J, He Y, Liu M. Wavelet Neural Network Approach for Testing of Switched-Current Circuits[J]. Journal of Electronic Testing, 2011, 27(27): 611-625.

[11]　Long, Y, He Y G, Yuan L F. Fault dictionary based switched current circuit fault diagnosis using entropy as a preprocessor[J]. Analog Integrated Circuits and Signal Processing, 2011, 66(1): 93-102.

第8章 基于独立成分分析的
开关电流电路故障诊断

8.1 引言

独立成分分析技术（Independent Component Analysis，ICA）是二十世纪九十年代发展起来的一种新的数据处理技术，它是从多维统计数据中找出隐含因子或分量的方法，是主成分分析与因子分析的扩展，当经典方法完全失效时，仍然能够找出支撑观测数据的内在因子。该技术的主要目的是利用统计数据将信号中独立因子挖掘出来，是归属于数理统计和信号处理等一些相关的交叉学科范畴。ICA技术是在1982年基于一个神经生理学的背景下提出来的。ICA的研究起步很晚，但从二十世纪九十年代以来，每年都会召开专门的ICA研究会议，涌现出了非常多的有关ICA技术的发展报道以及项目研究应用方面的研究成果[1-4]，提出了很多先进的ICA算法，其中由芬兰Hyvirinen等人提出的FastICA算法是最有名的[4]。独立成分分析技术与实际工程应用联系非常紧密，针对性也比较强，所以ICA技术具有非常广泛的工程应用前景，并取得了一些较为成功的结果，比如神经仿生学、心脑电图研究、计量经济学、无线通信、齿轮故障识别、语音信号处理、图像处理与除噪等。尽管目前还没有人明确提出将ICA技术应用到开关电流电路故障诊断领域中，但从某种意义上来说，上述的这些应用领域都能够归类于模式识别或特征提取的应用范畴，信息熵和峭度都是ICA技术应用过程中进行独立性度量的相关参数，ICA本质上来说是寻找信号的最大非高斯性方向，即最能显示信号结构特征的方向，通过这个特征，可以反映出电路工作在不同故障模式下的结构特征。从这个意义上来看，开关电流电路故障诊断和其他某些学科之间具有相通的地方，通过寻找各类交叉学科之间的共性，研究将ICA技术应用到其他各类学科领域中的成功案例，采用ICA技术将开关电流电路中所包含的潜在特质因子挖掘出来，具有非常广阔的研究前景。

8.2 独立成分分析基本理论

8.2.1 ICA 技术概述

8.2.1.1 ICA 发展历史

J.Herault，C.Jutten 和 B.Ans[5-6]在二十世纪八十年代早期就已经引入了 ICA 技术，问题是 1982 年首先在一个神经生理学的背景下提出的。在肌肉收缩运动编码的一个简化模型中，输出 $x_1(t)$ 和 $x_2(t)$ 是度量肌肉收缩的两类敏感信号，信号 $s_1(t)$ 和 $s_2(t)$ 分别表示肌肉运动点的角位置和角速度，神经系统以某种方式通过测量响应 $x_1(t)$ 和 $x_2(t)$ 而推断出角位置 $s_1(t)$ 和角速度 $s_2(t)$。一种可能的方法是采用简单的神经网络，并利用非线性去相关原理，学习其逆模型。这里面采用了独立和不相关的假设，尽管之前不认为是 ICA 技术，但后来这一过程被看作是 ICA 技术的起源。在二十世纪八十年代中期，对 ICA 最熟悉的主要是法国的研究者，但其国际影响有限。二十世纪九十年代，相关的专门研究小组针对"鸡尾酒"问题利用 ICA 技术对其进行了专门的研究，问题的提出是在非常嘈杂的鸡尾酒会上的背景下进行的，在酒会上许多人同时讲话，并且增加了很多背景噪声的情况下，怎样顺利的实现对不同个体语音的分离。专门研究小组提出了许多成功的语音分离算法，并针对类似于"鸡尾酒"会的问题进行了一些相关的演示，这一过程给研究人员留下了非常深刻印象。这个时期，出现很多很有价值的 ICA 技术相关的研究成果，其中包括目前较为流行的一些 ICA 算法，但它的影响范围是非常有限的，工程领域方面的应用也很少。

目前，ICA 经过几十年的发展，已经获得了国内外学术界和专家学者的广泛关注。ICA 应用领域越来越广，包括特征提取、图像处理、语音处理、通信系统以及其他工程应用。有关 ICA 方面的论文集和专著也越来越多，相关的 ICA 技术专门研讨会也不时地举办。

8.2.1.2　ICA 的定义

为了给出 ICA 的严格定义，可以使用统计上的"隐变量"模型。假设观察到 n 个随机变量 $x_1,\cdots,x_n$，而这些变量是由另外 n 个随机变量 $s_1,\cdots,s_n$ 线性组合得到的

$$x_i = a_{i1}s_1 + a_{i2}s_2 + \cdots + a_{in}s_n, \quad 对所有 i = 1,\cdots,n$$

式中，$a_{i1},\cdots,a_{in}$ 为实系数。

在这个模型中，假定 s_i 在统计上彼此独立。

这就是基本的 ICA 模型。可以说 ICA 模型是一种生成模型，因为该模型描述了观察变量是如何由 s_j 成分的混合过程得到的。独立成分 s_j（Independent Component，经常缩写为 IC）被称为隐变量，是因为它们不能被直接观测到。另外在模型中，混合系数 a_{ij} 也假定是未知的，唯一能观测到的是随机变量 x_i。因此，必须仅用 x_i 就能把混合系数 a_{ij} 和独立成分 s_i 同时估计出来，这个工作还必须在尽可能一般性的假设下进行。

在 ICA 模型中，省略时间 t，假定混合变量 x_i、独立成分 s_j 是随机变量。以鸡尾酒会为例，麦克风信号 $x_i(t)$ 作为观测值就是该随机变量的一个样本。另外，忽略在混合过程中所有可能出现的时间延迟，因此该基本模型经常被称为瞬态（instantaneous）混合模型。ICA 与被称为盲源分离或盲信号分离的方法具有非常密切的关系。"源"在此处的意思是指原始信号，即独立成分，如鸡尾酒会中的说者；而"盲"表示对于混合矩阵所知甚少，仅仅对源信号做非常弱的假定。ICA 是实现盲源分离的其中一种，但也许是被最广泛使用的方法。

用向量—矩阵符号方式表示通常比上面的求和表达式更为方便。用随机变量 x 来表示混合向量，其元素分别为 $x_1,\cdots,x_n$，同样地，用 s 来表示元素 $s_1,\cdots,s_n$。用矩阵 A 表示那些混合系数 a_{ij}。所有的向量都理解为列向量；这样 x^{T} 或称 x 的转置就是一个行向量。利用向量和矩阵符号表示，混合模型可以写为

$$x = As \tag{8-1}$$

式中，A 为混合系数 a_{ij}；s 为元素 $s_1,\cdots,s_n$。

有时需要使用矩阵 A 中的列向量，如果将其表示为 a_j，则模型也可写为

$$x = \sum_{i=1}^{n} a_i s_i \tag{8-2}$$

假设混合矩阵是未知的，不能直接观测到独立分量即本征变量，只能观测到随机矢量 x。A 和 s 只能用 x 来估计。它的假设条件是：分量 s_i 是统计独立的，并且是非高斯分布

（NongaussianDistributions）。在基本模型中，并没有假定这些分量的分布是已知的（如果已知，问题就变得非常简单），为了简单一点，假定未知混合矩阵是方阵。将矩阵 A 估计出来后，可将它的逆矩阵 W 计算出来，因此得到独立分量

$$s = Wx \tag{8-3}$$

8.2.1.3　ICA 估计中的几个问题

1.　不能确定独立分量的方差（能量）

该问题的原因是 s 与 A 是未知的。如果要将源 s_i 中任意标量乘积系数消除，可以通过将 A 中列矢量 a_j 除以相同的标量系数（如式（8-2）所示）。因而可假定每个独立分量具有单位方差：$E\{s_i^2\}=1$。特别针对 ICA 求解方法，对矩阵 A 有这样的限制。值得注意的是，如果考虑符号的含糊性时可把独立分量乘以 –1，因而对原模型不造成影响，但这种含糊性在许多应用场合中并不太重要。即在尺度上分离出来的信号即有可能是原始信号的比例缩放。

2.　不能确定独立分量的顺序

任意改变式（8-2）中求和各项的顺序，可将其中任何一个独立分量当作第 1 个独立分量。从数学上来说，一个置换矩阵 P 及其逆替换到模型中可得到 $x = AP^{-1}Ps$ ，Ps 中元素即是原始独立分量 s_j ，只是它们顺序有差别。根据 ICA 算法可将未知矩阵 AP^{-1} 求解出来。

3.　高斯分量的限制

ICA 对高斯分量是有限制的，其基本限制是独立分量最多只能有一个高斯信号或者所有信号必须都是非高斯的（原因是很多情况下，噪声都是高斯信号，而 ICA 是将噪声当作一个源信号来处理的）。Herault 和 Junen 在 1986 年所提到的假设中最初只有统计独立这一条假设，在后来的研究中又加上非高斯性要求这一条假设。原因是许多算法的准则函数都把非高斯性作为了独立性的等价条件。

8.2.1.4　ICA 估计

估计 ICA 模型的关键因素是非高斯性。从某种意义上来说，如果没有非高斯性就不可能存在估计。这就是 ICA 研究出现比较晚才得到"复活"的主要原因。在许多经典的统计理论中，一般都将随机变量都假设是高斯分布的，这样排斥了和 ICA 相关的任何方法。

从概率论中经典的中心极限定理可以看出来，一般情况下独立随机变量的和的分布在某些特定条件下都是趋向于高斯分布的。因而两个独立随机变量的和一般具有的分布相比两个源随机变量中任一个来说将更加接近高斯分布。

现在做一个假设，数据矢量 x 是按照式（8-1）中的 ICA 数据模型进行分布的。即该数据矢量是独立分量的混合。简单地，下面做一个全部独立分量都具有统一分布的假设，为了对其中一个独立分量进行估计，考虑式（8-2）中 x_i 的线性组合，如 $y = w^T x = \sum w_i x_i$ 所示，其中 w 即为要确定的矢量，在 w 是矩阵 A 的逆阵的其中一行的情况下，该线性组合相当于其中一个独立分量。值得注意的是，要使用中心极限定理将 w 确定下来，使它与 A^{-1} 的其中一行相等。实际情况是，由于缺少矩阵 A 的知识，从而不能将这样的 w 进行精确的确定，但对它进行良好的估计是可以的。接着再进行变量替换，定义 $z = A^T w$ ，那么 $y = w^T x = w^T As = z^T s$ 。y 为 s_i 的线性组合，具有由 z_i 给定的加权值。由于相对原始变量来说两独立随机变量的和更加接近高斯分布，所以 $z^T s$ 比 s_i 中任一个更加接近高斯分布，当它与 s_i 中任一个相等时就不会那么接近高斯分布。这时很明显的是，z 中仅仅有一个元素非零（特别注意的是该处的 s_i 假设具有相同的分布）。

因此，将 w 作为一个矢量使 $w^T x$ 的非高斯性最大化，在变换坐标系中该矢量必须与一个

仅有一个非零分量的 z 相对应。这表示 $w^T x = z^T s$ 与其中一个独立分量相等。将 $w^T x$ 的非高斯性最大化能够给出一个独立分量，实际上，在矢量 w 的 n 维空间中的非高斯性优化情景中具有 $2n$ 个局部极大值，其中两个与一个独立分量相对应，对应于 s_i 与 $-s_i$。在发现全部局部极大值情况下就能够发现 n 个独立分量。这种发现并不太困难，这是由于不同的独立分量是互不相关的。可以得到这样的约束，在一个空间中使给出的估计和前一个是互不相关的，这个过程与适当变换（如白化）空间中的正交变换相对应。

8.2.2　独立成分分析的预处理

8.2.2.1　中心化

通常情况下，在利用 ICA 技术分析观测数据之前，首先要对数据进行中心化处理，因为独立成分分析应用的前提是在源信号是零均值的随机变量这一假设条件下进行的。假定随机变量 $x(k)$ 的数学期望是 $E\big[x(k)\big]$，那么可得到如下中心化处理方法

$$\tilde{x}(k) = x(k) - E\big[x(k)\big] \tag{8-4}$$

式中，$E\big[x(k)\big]$ 为数学期望。

因为在实际测量时，传感器测得的信号长度 L 是有限的，所以可用样本的平均值来代替该样本的数学期望，E 是数学期望，那么式（8-4）可简单表示为

$$\tilde{x}(k) = x(k) - \frac{1}{L}\sum_{k=1}^{L}x(k) \tag{8-5}$$

8.2.2.2　白化

在对数据进行中心化处理完后，再进一步对数据进行白化处理，这样 ICA 问题可以大大简化。一个零均值向量 $z = [z_1,\cdots,z_n]^T$ 称为是白的，如果它的元素 z_i 是不相关的且具有单位方差

$$E\{z_i z_j\} = \delta_{ij} \tag{8-6}$$

用协方差矩阵的形式，这显然意味差 $E\{zz^T\} = I$，I 为单位矩阵。最为熟知的例子是白噪声。元素 z_i 可以是一个时间序列在相继时间点 $i = 1,2,\cdots$ 的值，且在噪声序列中没有时间上的相关性。术语"白"来自于白噪声的能谱在所有频率上是一个常数这一事实，就像含有各种颜色的白光谱一样。白的一个近意词是球面的。如果向量 z 的密度是径向对称的且经过合适的绽放，则它是球面的。一个例子是零均值和具有单位协方差矩阵的多元高斯密度。反之不成立：球面向量的密度不一定是径向对称的。一个例子是旋转正方形形状的二维均匀密度。容易看出在这种情况下坐标轴上的变量 z_1 和 z_2 具有单位方差（如果正方形区域的边长为 $2\sqrt{3}$），且是不相关的，与旋转角度独立。这样，向量 z 是球面的，即使它的密度是高度不对称的。注意球面随机向量的元素 z_i 的密度不必相同。

因为白化本质上是去相关加上缩放，所以可以使用 PCA 技术。这意味着白化可以通过线性操作完成。白化的问题现在是这样的：给定 n 维随机向量 x，寻找线性变换 V，使得变换后的向量 z

$$z = Vx \tag{8-7}$$

是白的（球面的）。

这个问题以 PCA 展开的形式给出了一个直接的解。令 $E = (e_1,\cdots,e_n)$ 以协方差矩阵

$C_x = E\left\{zz^{\mathrm{T}}\right\}$ 的单位范数特征向量为列的矩阵。这些可以通过向量 x 的样本直接地,或用某个在线学习规划计算出来。令 $D = diag(d_1, \cdots, d_n)$ 是以 C_x 的特征值为对角元素的对角矩阵。则线性白化变换可以由下式给出

$$V = D^{-1/2} E^{\mathrm{T}} \tag{8-8}$$

这个矩阵总是存在的,只要特征值 d_i 是正的。在实际中,这并不是个限制。记得矩阵 C_x 是半正定的,在实际中,对几乎所有的自然数据都是正定的,所以其特征值都是正的。

易于证明,式(8-7)的矩阵 V 确实是一个白化变换。回忆一下,C_x 可以用特征向量和特征值矩阵 E 和 D 写成 $C_x = EDE^{\mathrm{T}}$,E 为正交矩阵,满足 $E^{\mathrm{T}}E = EE^{\mathrm{T}} = I$,则下式成立

$$E\left\{zz^{\mathrm{T}}\right\} = VE\left\{xx^{\mathrm{T}}\right\}V^{\mathrm{T}} = D^{-1/2}E^{\mathrm{T}}EDE^{\mathrm{T}}ED^{-1/2} = I \tag{8-9}$$

z 的协方差为单位矩阵,所以 z 是白的。

式(8-7)的线性算子 V 肯定不是唯一的白化矩阵。容易看到,任何矩阵 UV(U 为正交矩阵)也是白化矩阵。这是因为对 $z = UVx$,下式成立

$$E\left\{zz^{\mathrm{T}}\right\} = UVE\left\{xx^{\mathrm{T}}\right\}V^{\mathrm{T}}U^{\mathrm{T}} = UIU^{\mathrm{T}} = I \tag{8-10}$$

一个重要的例子是矩阵 $ED^{-1/2}E^{\mathrm{T}}$。这是一个白化矩阵,因为它是用正交矩阵 W 左乘式(8-7)的 V 得到的。这个矩阵称为 C_x 的逆均方根,并用 $C_x^{-1/2}$ 表示,因为它来自于均方根概念向矩阵的标准推广。

也可以用在线学习规则进行白化,类似于前面讨论的 PCA 学习规则。一个这种直接的规则是

$$\Delta V = \gamma\left(I - Vxx^{\mathrm{T}}V^{\mathrm{T}}\right)V = \gamma\left(I - zz^{\mathrm{T}}\right)V \tag{8-11}$$

可以看到,在平衡点处,当 V 的值的变化平均为零时,下式成立

$$\left(I - E\left\{zz^{\mathrm{T}}\right\}\right)V = 0 \tag{8-12}$$

则白化的 $z = Vx$ 是一个解。可以证明此算法确实收敛到某个白化变换 V。

8.2.2.3　正交化

正交分解或正交变换是信号分析的基本技术之一,该分解和变换可以将信号分解成若干相互正交分量的加权和。通常情况下,随机信号处理最有意义的事情是,一个随机信号向量通过正交变换后能够将各分量之间的相关性消除掉。在运用 PCA 算法时,从理论上来说,所获得的基应该是正交基,但实际上在进行具体的数值计算时,因为一般采用的是不断迭代的运算方法,使得最后得到的新基不会自动正交,所以在进行迭代运算时,必须将向量作正交化处理。如果要判断两个向量是否正交,通常的方法是采用欧式空间中的内积进行,如果内积是 0,那么这两个向量是正交的。如果欧式空间中对于某一组非零向量组来说,并且在这个向量组内,任意两个向量的内积都为 0,那么被称为正交向量组。由线性代数可以看出,对于欧式空间 R^n 中的任意一组基 $x_1, x_2, \cdots, x_n$,都能找到一个标准正交基 $y_1, y_2, \cdots, y_n$,其中 $y_1, y_2, \cdots, y_n$ 为 $x_1, x_2, \cdots, x_n$ 的某种线性组合,并与 $x_1, x_2, \cdots, x_n$ 张成相同的子空间。Gram-Schmidt 方法是常用的一种正交化方法。该方法具体的实现步骤如下:

$$y_1 = x_1 \tag{8-13}$$

$$y_j = x_j - \sum_{i=1}^{j-1} \frac{y_i^T x_j}{y_i^T y_i} y_i \qquad (8\text{-}14)$$

最后得 $i \neq j$ 时，$(y_i, y_j) = 0$。

在进行以上正交化处理时，每次都执行 $y_j \leftarrow \dfrac{y_j}{|y_j|}$ 这个操作，那么得到的是标准正交基。

在数值计算过程中，因为用这个方法用的是串行正交化方法，将会造成正交化时的数值不是很稳定，串行计算中累计的舍入误差将会使最终结果的正交性变差。

由于串行正交化方法会带来误差积累效应，为了避免这种现象，可采用对称正交化方法，该方法将全部的原始向量 x_i 都一视同仁，并做并行处理。如果对新的向量来说，不对其进行其他约束，那么在原始向量张成的子空间中能够找到任何基，只有一个问题是没有唯一解。但在这所有的解中，有一个特定的矩阵与矩阵 X 最为接近，那么该矩阵就为 X 向正交矩阵集合上的正交投影。这和一个向量 x 的标准正交化有些相似，向量 $x / \|x\|$ 是 x 向单位范数向量集合上的正交投影。对矩阵来说，能证明的是 $Y = X\left(X^T X\right)^{-1/2}$ 就是 X 向这个集合上的唯一正交投影。文献[4]提供了一种非线性标准正交化的迭代算法，其具体过程如下所示：

$$Y(1) = X(0) / \|X(0)\| \qquad (8\text{-}15)$$

$$Y(t+1) = \frac{3}{2}Y(t) - \frac{1}{2}Y(t)Y(t)^T Y(t) \qquad (8\text{-}16)$$

迭代直到 $Y(t)^T Y(t) \approx I$ 为止。

以上可以证明，如果 $p_1(t), p_2(t), \cdots, p_n(t)$，是某个归一化的正交函数系，那么它是线性独立的，并且通过施密特正交化方法，任何一组线性独立函数系都可以实现正交。

8.2.2.4　降维

在某些应用场合，降维也算是一个非常有用的预处理，在 ICA 技术中，降维通常是通过主分量分析（prineipal Component Analysis：PCA）来进行的，PCA 的基本思想是将待处理的数据 x 投影到低维子空间上

$$\hat{x} = E_n x \qquad (8\text{-}17)$$

投影后的数据 $\hat{x}$ 维数与原数据 x 的维数相比变小了，且在最小二乘意义上将原数据的信息最大程度保留下来了。对数据进行降维有很多好处，具体体现在以下两个方面：

1）在对待盲源分离这个问题上，当源信号的个数少于观测信号的个数时，必须首先确定好源信号的个数。通过降维预处理，先假设源信号的个数与预处理后的数据维数相同，因而使预处理后的数据满足了盲源分离基本模型这个条件。

2）可以将噪声降低和阻止过学习问题。在主分量分析中，去除的子空间中通常情况下都被认为是充满了噪声，通过降维预处理，能够将噪声的影响减少到最低。对于一个统计模型来说，过学习表示模型中待估计参数的个数远远超过了样本点的个数。在独立分量分析中，如果发生了过学习，所估计的源信号可能会出现尖峰脉冲信号（spike）或者是低频噪声（bump）这些现象。

实际上降维一般与白化同时进行。而且，从数学意义上来说，也说明了 PCA 与 SVD 的一致性。

8.2.3 ICA 估计原理

ICA 多维信号处理技术是信号估计理论、最优化理论、矩阵理论、信息论和随机信号理论等数学知识的综合运用；该技术涉及统计信号处理、自适应信号处理、人工神经网络、非平衡信号处理等信号处理技术和信号处理领域。它应用到了语音信号处理、图像信号处理、通信信号处理、生物医学信号处理、水声信号处理等多个领域。本章仅仅对其中一部分稍做一个简单的介绍。

8.2.3.1 最大非高斯性估计原理

在很多经典的统计理论中，随机变量通常被假设是高斯分布。但在 ICA 算法中，对一个变量的非高斯性的判别尤其重要。如果没有非高斯性，ICA 估计几乎不可能实现，它是由中心极限定理起源的[7]。从中心极限定理可以看出，一组具有有限均值和方差的相互独立的随机变量的总体分布趋向于高斯分布，并且与原随机变量中的任何一个相比，它们更接近于高斯分布。在 ICA 估计中，有 3 种对随机变量的非高斯性的衡量方法，它们分别是：峭度、负熵以及由负熵衍生出来的近似负熵。

1. 峭度（kurtosis）

峭度（kurtosis）是一种传统的衡量随机变量非高斯性的方法，也称为四阶累积量[8]。峭度也是对随机变量 x 概率密度分布函数特性进行描述的一个非常重要的参数。它统计学中上的定义如下式所示：

$$kurt(x) = E\{x^4\} - 3\left(E\{x^2\}\right)^2 \tag{8-18}$$

在 x 符合标准分布的情况下，也就是说 x 为 0 均值并且其方差是 1，则上式可以简单表示如下：

$$kurt(x) = E\{x^4\} - 3 \tag{8-19}$$

由于一个高斯分布变量 x 的四阶矩是 $3\left(E\{x^2\}\right)^2$，因此它的峭度值是零；但是对于许多非高斯随机变量来说，其峭度值是非零的。峭度值有时为正有时为负。当随机变量 x 的峭度值为正时，其概率密度函数分布是超高斯分布，比如说自然界的语音信号具有超高斯分布。拉普拉斯（Laplacian）分布就是典型的超高斯分布。如果随机变量 x 的峭度值为负时，那么其概率密度函数的分布是亚高斯分布，比如说图像信号、通信信号等信号都是亚高斯分布，均匀分布就是典型的亚高斯分布。

峭度（Kurtosis）的平方或绝对值已在 ICA 的非高斯性的度量及相关领域得到了广泛的应用[9]。

2. 负熵（Negentropy）

负熵是第二个实现非高斯性度量的重要方法，它是信息论上微熵的概念引出来的。一个随机变量的熵和它给出的信息息息相关，越随机，熵就越大。对于 n 个可取值的离散随机变量 X 来说，如果与之对应的概率是 $p_1, p_2, \cdots, p_n$，那么随机变量 X 的熵 H 可定义如下：

$$\begin{aligned} H(X) &= H_n(p_1, p_2, \cdots, p_n) \\ &= -\sum_i P(X = a_i)\lg P(X = a_i) \end{aligned} \tag{8-20}$$

上式中 a_i 指的是 X 可能的取值。如果是连续的随机变量，熵的表达式可表达为

$$H(X) = -\int p_x(\xi)\lg p_x(\xi)\mathrm{d}\xi \tag{8-21}$$

如果是离散随机变量，那么当为等概率分布的时候它的熵值是极大值。但如果是连续随机变量则需要增加一些约束，比如说峰值与功率约束。根据以下信息最大原则（其中包括峰值受限定理与平均功率受限定理）可得到如下结论：在全部具有相同方差的随机变量中，高斯变量的熵是最大的：

（1）峰值受限定理

如果 X 取值仅仅限于 $(-M, M)$，那么 $\int_{-M}^{M} p(x)\mathrm{d}x = 1$，则微熵 $H(X) \le \ln 2M$，在 X 的概率分布是均匀分布的时候取等号。

（2）平均功率受限定理

如果方差 σ^2 一定，则当 X 的分布呈正态分布的时候，其微分熵极大。

$$H(X) \le \ln\left(\sqrt{2\pi e}\sigma\right) \tag{8-22}$$

从以上信息最大原则可以看出，熵可以作为衡量非高斯性的标准，事实上，这表示高斯分布是最随机的分布。假设某种分布朝某一确定点越集中，那么表示它的熵越小。按照上述性质可得到负熵的定义表达式如下[9]

$$J(x) = H(x_{\mathrm{gauss}}) - H(x) \tag{8-23}$$

式中，x_{gauss} 为一个高斯随机变量，该变量与 x 的协方差相同。

因为上面提到的特性，负熵的取值大于等于零，当且仅当 x_{gauss} 是高斯分布时，负熵是零。因为采用负熵，计算起来有一定的困难，因此通常采用近似负熵的方法。

（3）近似负熵

采用高阶累积量就是对负熵进行近似的传统方法，其形式如下式所示

$$J(x) \approx \frac{1}{12}E\{x^3\}^2 + \frac{1}{48}kurt(x)^2 \tag{8-24}$$

假设随机变量 x 的均值（即期望）是零并且它的方差是1。但这种近似的有效性是很有限的，特别是它对非鲁棒性很敏感。为了不要造成这种问题的出现，通常采用基于最大熵原理的另一种近似，其近似式可表示为

$$J(x) \approx k_i\left[E\{G_i(x)\} - E\{G_i(v)\}\right]^2 \tag{8-25}$$

式中，k_i 为正常数；v 为高斯变量，其均值是零并且其方差是1。

假定 x 是均值为零，方差为1的随机变量，函数 G_i 为非二次函数。当仅仅只采用相同一个非二次函数 G 时，该近似可表达为以下的形式

$$J(x) \propto \left[E\{G_i(x)\} - E\{G_i(v)\}\right]^2 \tag{8-26}$$

怎样选择一个合适的函数 G，使获得的近似负熵比式（8-24）更加优越。将 G 的下述三种有用形式证明出来

$$G_1(x) = \frac{1}{a_1}\lg\cosh a_1 x \tag{8-27}$$

$$G_2(x) = -\exp\left(-x^2/2\right) \tag{8-28}$$

$$G_3(x) = \frac{1}{4}x^4 \tag{8-29}$$

式（8-27）中：$1 \leqslant a_1 \leqslant 2$。

上述这种近似负熵法的优点就是：概念上非常简单，有非常快的计算速度，并且统计特性很好，特别是鲁棒性（robust）。所以，在 ICA 中采用这种比较函数的频率非常高。

8.2.3.2 互信息最小化估计原理

最小化互信息估计原理是 ICA 估计的另外一种方法。利用熵的概念可得到 m 个随机变量 $x_i(i=1,\cdots,m)$ 的互信息 I 的定义如下式所示

$$I(x_1,x_2,\cdots,x_m) = \sum_{i=1}^{m}H(x_i) - H(x) \tag{8-30}$$

式中，$\sum_{i=1}^{m}H(x_i)$ 为 m 个随机变量 $x_i(i=1,\cdots,m)$ 的熵的总和；$H(x)$ 为随机变量 x 的总体熵。

式（8-30）中所定义的互信息的意思是指各个随机变量的信息总和与随机变量总体信息之间的信息冗余。互信息可以检测他们之间的相关性，它的值总是非负的，只有在变量是统计独立的时候它的值才为 0。所以，互信息与 PCA 相比，PCA 仅仅考虑了协方差，而互信息考虑到了变量的整个相关性结构。

互信息可以对线性变换 $y=Wx$ 作如下转换，这是它的一个非常重要的特性。

$$I(y_1,y_2,\cdots,y_n) = \sum_{i}H(y_i) - H(x) - \log|\det W| \tag{8-31}$$

式中，随机变量 x 均值为零；方差为 1；$H(y_i)$ 为 y_i 的熵；$H(x)$ 为 x 的熵；$\det W$ 为 W 的行列式。

假设 y_i 是相互不相关的，而且其方差为 1，那么

$$E\{yy^{\mathrm{T}}\} = WE\{xx^{\mathrm{T}}\}W^{\mathrm{T}} = I \tag{8-32}$$

这样可以得到

$$\det W = 1 = \det\left(WE\{xx^{\mathrm{T}}\}W^{\mathrm{T}}\right) = (\det W)\left(\det E\{xx^{\mathrm{T}}\}\right)(\det W^{\mathrm{T}}) \tag{8-33}$$

上式说明了 $\det W$ 是一个常数，因为 y_i 的方差是 1，而且熵和负熵之间仅仅相差一个常数和一个符号，这样可以推导出

$$I(y_1,y_2,\cdots,y_n) = Const - \sum_{i}J(y_i) \tag{8-34}$$

从上式可以看出负熵和互信息之间存在的基本关系。很显然的是，互信息极小相当于负熵极大。

8.2.3.3 最大似然函数估计原理

假设 X 是一个 n 维随机变量，X 的概率密度函数是 $p_X(X)$，将其进行线性变换得到

$Y = WX$ ，W 是满秩 $n \times n$ 维矩阵。经过线性变换之后的 Y 也是 n 维随机变量，Y 的概率密度函数是 $p_Y(Y)$ 。因此，随机变量 X 与 Y 概率密度函数之间的关系是

$$p_X(X) = |\det W| p_Y(Y) \tag{8-35}$$

或

$$p_Y(Y) = \frac{p_X(X)}{|\det W|} \tag{8-36}$$

式中，$\det W$ 为 W 的行列式。

ICA 估计要解决的问题是：若能够将 W 的逆求出来，使得 $WA = I$ ，那么可求得 $Y(t) = S(t)$ ，这样可以将源信号分离开来。因而可以得到 $A = W^{-1}$ ，即求出 W 的逆相当于求 A 。因此，能够将 $S(t)$ 到 $X(t)$ 的变换方程 $X(t) = AS(t)$ 变更成以下表达式

$$X(t) = W^{-1}S(t) \tag{8-37}$$

将上式等式两边同时左乘 W 得到

$$S(t) = WX(t) \tag{8-38}$$

按照（8-35）式，得到 $X(t)$ 的似然概率密度函数 $\tilde{p}_X(X)$ 如下式所示

$$\tilde{p}_X(X) = |\det W| p_s(S) \tag{8-39}$$

由于 $S(t)$ 的各元素之间是相互独立的，因而 $S(t)$ 的概率密度函数满足

$$p_S(S) = \prod_{i=1}^{n} p_i(S_i)$$

所以式（8-39）又等于

$$\tilde{p}_X(X) = |\det W| \prod_{i=1}^{n} p_i(S_i) \tag{8-40}$$

式中，W 未知；$\tilde{p}_X(X)$ 为 W 的函数。

所以能够用 $\tilde{p}_X(X, W)$ 来表示，其自然对数可以表示成 $l(X, W)$ ，也被叫做随机变量 X 的似然值，如下式所示：

$$l(X, W) = \log \tilde{p}_X(X) = \log|\det W| = \sum_{i=1}^{n} \lg p_i(S_i) \tag{8-41}$$

最大似然（Maxmium Likelihood，ML）原理可以表述如下：若能得到一个 $\tilde{W}$ ，使 $l(X, W)$ 相对于 X 的总体均值达到最大，那么 $\tilde{W}$ 就是所求解。$E[l(X, W)]$ 是 ICA 的目标函数，记为 $L_{ML}(W)$ ，也就是说可用下式表示

$$L_{ML}(W) = E[l(X, W)] = \int_X p_X(X) \lg \tilde{p}_X(X, W) \mathrm{d}X \tag{8-42}$$

如果有一个 $\tilde{W}$ 使得 $L_{ML}(W)$ 最大，那么 $\tilde{W}$ 就是 ICA 的解。

如果观察的变量个数是有限的，也就是说 $X(1), X(2), \cdots, X(T)$ ，那么式（8-42）的总体均值就只能用有限多个平均来近似取代，这样目标函数可记为 $\tilde{L}_{ML}(W)$ ，用下式来表示

$$\tilde{L}_{ML}(W) = \frac{1}{T} \sum_{t=1}^{T} l(X(t), W) = \frac{1}{T} \sum_{t=1}^{T} \lg \tilde{p}_X(X(t), W) \tag{8-43}$$

当 $T=1$ 时，根据上式进行 W 学习的算法是随机梯度算法；当 $T>1$ ，根据上式进行 W 学习的算法是批处理算法。

8.2.3.4 信息最大化估计原理

一个随机变量 X 通过混合矩阵 $\boldsymbol{W}$ 与 n 个非线性函数 g_i ，获得的输出变量 Y 定义如下：

$$y_i = g_i(u_i) \quad i=1,2,\cdots,n \tag{8-44}$$

$$U = WX \tag{8-45}$$

若每个非线性函数 g_i 是可微且其导数 g_i' 满足以下关系式

$$\int_{-\infty}^{\infty} g_i' \mathrm{d}u_i = 1 \quad i=1,2,\cdots,n \tag{8-46}$$

那么信息最大化问题可表示为最大化熵，其定义如下

$$H(Y) = -\int p_Y(Y) \lg(p_Y(Y)) \mathrm{d}Y \tag{8-47}$$

则信息最大化的目标函数可由下式表示

$$L_H(W) = H(Y) = -E\{\lg p_Y(Y)\} = -\int p_Y(Y) \lg(p_Y(Y)) \mathrm{d}Y \tag{8-48}$$

式中， $p_Y(Y)$ 为 Y 的概率密度函数。

如果仅仅只有 T 个观察变量 $X(t)$ ，那么目标函数可表示为

$$\tilde{L}_H(W) = -\frac{1}{T} \sum_{t=1}^{T} \lg p_Y(Y) \tag{8-49}$$

当进行非线性变换时，两个概率密度函数之间的关系满足以下表达式

$$p_Y(Y) = \frac{p_X(X)}{|\det \boldsymbol{J}(g)|} \tag{8-50}$$

式中， $\boldsymbol{J}(g)$ 为 g 的雅克比（Jacobian）矩阵。它等于

$$\boldsymbol{J}(g) = \begin{bmatrix} \dfrac{\partial g_1}{\partial x_1}, & \dfrac{\partial g_2}{\partial x_1}, & \cdots, & \dfrac{\partial g_n}{\partial x_1} \\[2mm] \dfrac{\partial g_1}{\partial x_2}, & \dfrac{\partial g_2}{\partial x_2}, & \cdots, & \dfrac{\partial g_n}{\partial x_2} \\ & & \vdots & \\ \dfrac{\partial g_1}{\partial x_n}, & \dfrac{\partial g_2}{\partial x_n}, & \cdots, & \dfrac{\partial g_n}{\partial x_n} \end{bmatrix} = \det W \prod_{i=1}^{n} g_i' \tag{8-51}$$

将式（8-51）代入式（8-50）后再代入式（8-49）可得到

$$\tilde{L}_H(W) = \lg|\det W| + \frac{1}{T} \sum_{t=1}^{T} \sum_{i=1}^{n} \lg g_i'(t) - \frac{1}{T} \sum_{i=1}^{T} \lg p_X(X(t)) \tag{8-52}$$

上式中

$$g_i'(t) = p_i(y_i(t)) = p_i(s_i(t)) \tag{8-53}$$

这样可得到式（8-52），可表示为

$$\tilde{L}_H(W) = \lg|\det W| + \frac{1}{T}\sum_{t=1}^{T}\sum_{i=1}^{n}\lg p_i(s_i(t)) - \frac{1}{T}\sum_{i=1}^{T}\lg p_X(X(t)) \qquad (8\text{-}54)$$

将式（8-54）和式（8-43）进行比较，可以得到以下关系式

$$\tilde{L}_H(W) = \tilde{L}_{ML}(W) + H(X) \qquad (8\text{-}55)$$

式中，$\tilde{L}_H(W)$ 为以信息最大化为判据的目标函数；$\tilde{L}_{ML}(W)$ 为以似然估计为判据的目标函数；$H(X)$ 为 X 的嫡。

因为它与 W 无关，可将 $H(X)$ 看做是常数。从上式（8-55）可以看出，信息最大化相当于最大似然估计。

8.3　基于 ICA 的开关电流电路故障特征提取

在 ICA 特征提取中，有两种用于独立成分估计的度量参数，比如说信息熵和峭度，他们都是基于高阶统计量而进行的独立成分度量参数。因为 ICA 技术主要是针对多路观测数据，如果电路系统仅仅只有一个可测节点，就不能直接应用 ICA 技术，因此当电路系统中存在多个可及节点或者仅仅存一个可及节点，应用 ICA 技术进行故障诊断时应该有所差别。本章所提出的基于 ICA 的开关电流电路故障诊断系统框图如图 8-1 所示。故障诊断系统包括两种情形，如果电路中有多个可及节点，它的诊断框图如图 8-1a 所示。如果电路中仅包括一个可及节点，通常情况下有两种应对措施，第一种措施是通过采集该节点的多种不同的变量形式，例如对电压、电流或相位等信息进行同时采集，在这种情况下其处理流程如图 8-1a 所示。第二种措施是如果只能对电路中一个可及节点的一种电路变量信号进行采集时，其诊断框图如图 8-1b 所示。通过两种措施的对比可以知道，在只有一个可及节点时且只能采集到一种电路变量这种情况下，其处理的步骤比多个可及节点即多电路变量形式情况要多一步处理，也就是说要采用滤波器组实现一路输入多路输出，这样使 ICA 方法能够得到成功应用。从图中可以看出，CUT（Circuit Under Test）模块即为所需要诊断的电路系统，通过有关测试仪器对电路变量数据进行采集；图中预处理模块的主要作用是对原始采集数据进行去相关，可采用中

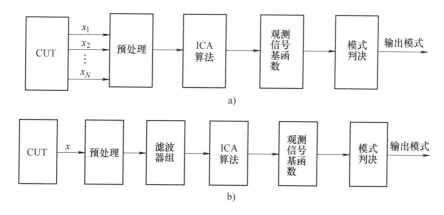

图 8-1　基于 ICA 的开关电流电路故障诊断系统

a）多可及节点下基于 ICA 的开关电流电路故障诊断系统　b）单可及节点下基于 ICA 的开关电流电路故障诊断系统

心化、归一化、PCA、白化等数据处理技术来实现去相关处理；ICA 算法模块的作用是实现数据的最大非高斯性方向的寻找；观测信号基函数的主要作用是产生正常模式下的最佳独立成分投影坐标方向，全部的故障模式通过该坐标投影实现特征提取，确定聚类类型；模式判决模块主要作用是借助人工智能来完成对模式判决的自动化与智能化，本章采用的智能技术是神经网络。对于单可测节点电路来说，图 8-1b 中的滤波器模块通过滤波器组完成单路输入多路输出，对单可测节点仍然能够利用 ICA 技术来完成电路故障特征的提取。

8.3.1 基于负熵的 ICA 特征提取

在进行数据特征提取时，一般情况下都会提出信号呈正态函数分布的假设，也就是说基于高斯性这一假设基础上进行的一阶或二阶方法。这些方法从考虑信号的均值与协方差矩阵等特征入手，事实上，高斯性是数据无序性的一种表现特征，它也是最不能反映数据结构性特征的一种分布。因此，高斯性在工程应用上通常表现出是最"无趣"的，它也是不能带来数据信息量的一种分布，这样在具体应用中基于高斯性分布的特征提取方法与其他方法相比也就表现出太简单了，不能满足实际工程应用上的需求。但在工程聚类的应用中，非高斯性的方向通常是包含信息最多的，也就是说"最不高斯"的。模拟电路和开关电流电路故障诊断特征提取的任务是将故障模式实现成功聚类，所以要将反应数据结构的特征找出来，找到一种方法使采集到的数据完成成功聚类，即要找到信号的最大非高斯性方向。

梯度法和快速不动点算法是实现 ICA 技术的两种不同的算法，其中快速不动点算法与梯度法比较来说，快速不动点算法的学习速度和可靠性方面相比梯度法来说都有非常大提高，它是目前 ICA 技术的主流算法。

首先计算出负熵的极大值，从某个向量 w 开始，根据通过白化处理后的样本值 $z(1), z(2), \cdots, z(m)$，将负熵增大最快的方向计算出来。按照以下下表达式

$$J(x) = k \left[E\{G(x)\} - E\{G(v)\} \right]^2 \tag{8-56}$$

针对负熵求出 w 的微分，可得到

$$\frac{\partial J(w^T z)}{\partial w} = 2k \left[E\{G(x)\} - E\{G(v)\} \right] \frac{\partial E\{G(w^T z)\}}{\partial w} \tag{8-57}$$

因此

$$\Delta w \propto \gamma E\{zg(w^T z)\} \tag{8-58}$$

式中，$g(\cdot)$ 为函数 $G(\cdot)$ 的导数。

$$\gamma = 2k \left[E\{G(w^T z)\} - E\{G(v)\} \right] \tag{8-59}$$

式中，γ 为常数。

从式（8-58）和式（8-59）可得到，因为 γ 是常数，所以其取值对 w 的方向不会造成影响，只会改变 w 的正负符号，一般能加上 w 或者乘以某个常数后，使其与原来的不动点相对应，因而可得到以下表达式

$$w = E\{zg(w^T z)\} \Leftrightarrow (1 + \alpha) w = E\{zg(w^T z)\} + \alpha w \tag{8-60}$$

从式（8-56）中可以看出，负熵最大的点应与 $g(w^T z)$ 的极值点相对应，即其拉格朗日乘

子式的一阶导数是 0 的 $\boldsymbol{w}$

$$F = E\left\{zg\left(\boldsymbol{w}^{\mathrm{T}}z\right)\right\} + \alpha w = 0 \qquad (8\text{-}61)$$

拉格朗日乘子式的二阶导数是

$$\frac{\partial F}{\partial \boldsymbol{w}} = E\left\{zz^{\mathrm{T}}g'\left(\boldsymbol{w}^{\mathrm{T}}z\right)\right\} + \alpha I \qquad (8\text{-}62)$$

因为 z 是已经经过白化处理的数据，这样就有

$$zz^{\mathrm{T}} = I \qquad (8\text{-}63)$$

式（8-62）可以化成以下表达式

$$\frac{\partial F}{\partial \boldsymbol{w}} = E\left\{g'\left(\boldsymbol{w}^{\mathrm{T}}z\right)\right\}I + \alpha I \qquad (8\text{-}64)$$

可以看出，实际上得到的 $\dfrac{\partial F}{\partial w}$ 就是一个对角矩阵。根据牛顿迭代算法可得到

$$\boldsymbol{w} \leftarrow \boldsymbol{w} - \left[E\left\{zg\left(\boldsymbol{w}^{\mathrm{T}}z\right) + \alpha w\right\}\right] / \left[E\left\{g'\left(\boldsymbol{w}^{\mathrm{T}}z\right)\right\} + \alpha\right] \qquad (8\text{-}65)$$

将上式两边同时乘以 $E\left\{g'\left(\boldsymbol{w}^{\mathrm{T}}z\right)\right\} + \alpha$，然后再化简可得

$$\boldsymbol{w} \leftarrow E\left\{zg\left(\boldsymbol{w}^{\mathrm{T}}z\right)\right\} - E\left\{g'\left(\boldsymbol{w}^{\mathrm{T}}z\right)\right\}\boldsymbol{w} \qquad (8\text{-}66)$$

上式就是快速不动点 FastICA 算法的基本公式。

选择 $G(z) = -\dfrac{1}{a}\exp\left(-az^2/2\right)$，那么它的导数是

$$g(z) = -z\exp\left(-az^2/2\right) \qquad (8\text{-}67)$$

由于 $a \approx 1$，有

$$g(z) = -z\exp\left(-z^2/2\right) \qquad (8\text{-}68)$$

如果仅仅只需要完成一个非高斯成分的方向的估计时，其算法步骤实现方法如下：

1. 对观测数据完成中心化处理，使共均值是零，也就是说 $x \leftarrow x - E\{x\}$。

2. 再进行白化处理，使其具有单位方差，即为 $C_x = E\{xx^{\mathrm{T}}\}$，$D = diag(d_1, d_2, \cdots, d_n)$，其中 d_i 是 C_x 的特征值，$E = (e_1, e_2, \cdots, e_n)$，其中 e_i 是 C_x 的单位范数特征向量，$x \leftarrow D^{-1/2}E^{\mathrm{T}}x$。

3. 对 $\boldsymbol{w}_0$ 初始化，$\boldsymbol{w}_0 \leftarrow (1, 0, \cdots, 0)$。

4. 对向量进行更新，$\boldsymbol{w}_1 \leftarrow E\left\{xg\left(\boldsymbol{w}_0^{\mathrm{T}}x\right)\right\} - E\left\{g'\left(\boldsymbol{w}_0^{\mathrm{T}}x\right)\right\}\boldsymbol{w}_0$，其中 $g(x)$ 的形式按式（8-67）选取。

5. 标准化处理：$\boldsymbol{w}_1 \leftarrow \dfrac{\boldsymbol{w}_1}{\|\boldsymbol{w}_1\|}$。

6. 判断收敛性：判断是否 $\langle \boldsymbol{w}_0, \boldsymbol{w}_1 \rangle \to 1$？，若不是，那么 $\boldsymbol{w}_0 \leftarrow \boldsymbol{w}_1$，返回步骤 4，否则保存 $\boldsymbol{w}_1$。

7. 将每个信号在 w_1 正交坐标系内的投影值计算出来：$P = w_1^T \times x$。

8. 结束。

在故障模式数较多的情况下，估计一个独立成分投影很难将所有的故障模式数区分开来，这时需要估计多个独立成分，这样才能将全部故障模式都尽可能的区分开来。

在考虑多个极大非高斯性特性时，由于信号为白化数据，这些独立成分的对应向量 w_i，$i = 1, 2, \cdots, m$ 在白化空间中是正交的。对于某组线性独立的向量 z_i 而言，$i = 1, 2, \cdots, m$，将另一组正交的向量 w_i，$i = 1, 2, \cdots, m$ 计算出来，它们与原始向量张成一样的子空间，那么 w_i 和 z_i 之间则是某种线性组合的关系。如果要用到正交化方法，则采用 Gram-Schmidt 方法进行，但该种方法是一种逐渐串行化的方法，下一级的运算将会受到上一次的误差的累计影响，也就是说有误差累计效应，因此一般采用对称正交化方法进行。一般情况下对称正交化的解不唯一，但这些解中，最该矩阵在 JH 交矩阵集合上的正交投影与矩阵 $Z = [z_1, z_2, \cdots, z_m]$ 最接近。文献[4]提出了一种简单的迭代方法，就是

$$W(0) \leftarrow \frac{Z}{\|Z\|} \tag{8-69}$$

$$W(1) \leftarrow \frac{3}{2}W(0) - \frac{1}{2}W(0)W(0)^T W(0) \tag{8-70}$$

一直到 $W(1)^T W(1) \approx I$ 为止。

因此，将该算法应用到模拟和开关电流电路故障特征提取中时，如果要用到本工程系统中，可以对此算法稍微改进一下，改进的具体算法步骤如下：

1. 对观测数据进行中心化处理，使其均值为零，即 $x \leftarrow x - E\{x\}$。

2. 进行白化处理，使其具有单位方差，即 $C_x = E\{xx^T\}$，$D = diag(d_1, d_2, \cdots, d_n)$，其中 d_i 是 C_x 的特征值，$E = (e_1, e_2, \cdots, e_n)$，其中 e_i 是 C_x 的单位范数特征向量，$x \leftarrow D^{-1/2}E^T x$。

3. 对要估计的独立成分个数 m 和所有 w_{0i} 进行初始化，$i = 1, 2, \cdots, m$，$w_{0i} \leftarrow (0, 0, \cdots, 1, \cdots, 0)^T$，仅仅第 m 个元素为 1。

4. 对向量进行更新，对于每个 w_{1i}，$i = 1, 2, \cdots, m$，进行向量更新，$w_{1i} \leftarrow E\{xg(w_{0i}^T x)\} - E\{g'(w_{0i}^T x)\}w_{0i}$，其中 $g(x)$ 的形式选取为 (8-67)。

5. 对每个 w_{1i} 进行标准化：$w_{1i} \leftarrow \frac{w_{1i}}{\|w_{1i}\|}$。

6. 判断 w_i 是否收敛：$\langle w_{0i}, w_{1i} \rangle \rightarrow 1$？，如果不是，则 $w_{0i} \leftarrow w_{1i}$，返回步骤 4，否则进入下一步。

7. $W(0) = (w_{11}, w_{12}, \cdots, w_{1m})^T$。

8. $W(1) \leftarrow \frac{3}{2}W(0) - \frac{1}{2}W(0)W(0)^T W(0)$。

9. 判断收敛性：$[W(1)]^T[W(1)] \rightarrow I$？，如果不是，则 $W(0) \leftarrow W(1)$，返回步骤 6，否则保存 $W(1)$。

10. 将每个信号在 $W(1)$ 正交坐标系内的投影值计算出来：$P = W(1)^T \times x$。

11．结束。

以上方法是基于直接负熵的最小化方法，除此之外，还有一种基于互信息最小化的 ICA 算法，该算法具有并行执行特性。对于 m 个随机变量 x_i，$i=1,2,\cdots,m$，其互信息可定义为以下表达式

$$I\left(x_1,x_2,\cdots,x_m\right)=\sum_{i=1}^{m}H\left(x_i\right)-H\left(x\right) \tag{8-71}$$

式中，$x=\left(x_1,x_2,\cdots,x_m\right)^{\mathrm{T}}$；$H\left(x\right)$ 表示全部 x_i，$i=1,2,\cdots,m$ 相结合在一起，将它们当作一个随机变量处理时所对应的负熵值；$H\left(x_i\right)$ 则表示将每个 x_i 作为一个随机变量处理时所对应的负熵值，因负熵代表的是信息量的一种体现，它也是度量随机变量之间相互依赖性的一种指标；$I(\bullet)$ 表示对于 $x=\left(x_1,x_2,\cdots,x_m\right)^{\mathrm{T}}$ 作为一个整体的负熵相对于单个向量 x_i 的负熵之和的减少量。如果 x_i 之间是相互独立的，因为相互之间没有相关信息，因此他们之间的互信息为 0。互信息可当作 ICA 估计的一种目标函数，它的估计方法是需要找到一组变换

$$y=Ax \tag{8-72}$$

上述变换使变换之后获得的新的随机变量 y_i 之间的互信息达到最小，因而得到的独立成分最大，也就是说最大的非高斯性方向。由于篇幅有限，这里不再给出具体的实现算法。

8.3.2　基于峭度的 ICA 特征提取

对信号的非高斯性的估计是独立成分分析的关键所在，上面提到的信息熵是非高斯性的度量参数，除此之外，峭度也是度量信号非高斯性的一种常用的指标。对于某信号 x 来说，其峭度可定义如下

$$kurt\left(x\right)=E\left\{x^3\right\}-3\left(E\left(x^2\right)\right)^2 \tag{8-73}$$

首先要对信号 x 经过中心化、标准化处理，此时因为 $E\left(x^2\right)=1$，所以其峭度能够简单的表示为以下表达式

$$kurt\left(x\right)=E\left\{x^4\right\}-3 \tag{8-74}$$

如果信号 x 是高斯性变量，那么有 $E\left\{x^4\right\}=3\left(E\left(x^2\right)\right)^2$，此时信号 x 的峭度是 0。但对于许多非高斯随机变量来说，其峭度是非 0 值，因此峭度就是信号非高斯性的一种度量。另外，由于不需要任何先验知识，要实现对峭度的估计也很方便，在这个意义上来说，就能很好地满足实际工程应用的需要。

峭度的数值可以为正也可以为负，如果信号呈次高斯分布，其峭度为负，而当信号呈超高斯分布时，其峭度为正，当信号呈高斯分布时，其峭度为 0。

峭度的 ICA 特征提取算法步骤与上述信息熵的算法步骤类似，分别也能够采用梯度最大化与快速不动点算法，在本章中以快速不动点算法为例来说明。假设对信号 x 从某个向量 w 处开始寻找其峭度绝对值增加最快的方向，峭度的梯度公式可表示如下

$$\frac{\partial kurt\left(w^{\mathrm{T}}x\right)}{\partial w}=4sign\left(kurt\left(w^{\mathrm{T}}x\right)\right)\left[E\left\{x\left(w^{\mathrm{T}}x\right)^3\right\}-3w\|w\|^2\right] \tag{8-75}$$

上式中 $sign\left(kurt\left(\boldsymbol{w}^{\mathrm{T}}x\right)\right)$ 和 $E\left\{x\left(\boldsymbol{w}^{\mathrm{T}}x\right)^3\right\}$ 计算后都是常数，因此最终的梯度一定指向 $\boldsymbol{w}$ 的方向，而收敛时梯度与某个常数标量与 $\boldsymbol{w}$ 的积相等。因此可得到

$$\boldsymbol{w} \propto \left[E\left\{x\left(\boldsymbol{w}^{\mathrm{T}}x\right)^3\right\} - 3\|\boldsymbol{w}\|^2\,\boldsymbol{w} \right] \tag{8-76}$$

对于在单位球上的旋转，有 $\|\boldsymbol{w}\|=1$，因此在对 $\boldsymbol{w}$ 进行更新时，可采用以下迭代方法

$$\boldsymbol{w} \leftarrow E\left\{x\left(\boldsymbol{w}^{\mathrm{T}}x\right)^3\right\} - 3\boldsymbol{w} \tag{8-77}$$

采用以上的迭代方法直到 $\boldsymbol{w}$ 收敛为止，也就是说迭代之前和迭代之后的 $\boldsymbol{w}$ 内积几乎为 1。如果只需要利用 ICA 对一种特征进行估计，那么其具体的算法步骤可以采用以下方法进行：

1．对观测数据进行中心化处理，使其均值为零，即 $x \leftarrow x - E\{x\}$。

2．进行白化处理，使其具有单位方差，即 $C_x = E\{xx^{\mathrm{T}}\}$，$D = diag\left(d_1, d_2, \cdots, d_n\right)$，其中 d_i 是 C_x 的特征值，$E = (e_1, e_2, \cdots, e_n)$，其中 e_i 是 C_x 的单位范数特征向量，$x \leftarrow D^{-1/2}E^{\mathrm{T}}x$。

3．对 $\boldsymbol{w}_0$ 进行初始化处理，$\boldsymbol{w}_0 \leftarrow (1, 0, \cdots, 0)$。

4．进行向量更新，$\boldsymbol{w}_1 \leftarrow E\left\{x\left(\boldsymbol{w}_0^{\mathrm{T}}x\right)^3\right\} - 3\boldsymbol{w}_0$。

5．标准化处理：$\boldsymbol{w}_1 \leftarrow \dfrac{\boldsymbol{w}_1}{\|\boldsymbol{w}_1\|}$。

6．判断收敛性：$\langle \boldsymbol{w}_0, \boldsymbol{w}_1 \rangle \to 1?$，如果不是，则 $\boldsymbol{w}_0 \leftarrow \boldsymbol{w}_1$，返回步骤 4，否则保存 $\boldsymbol{w}_1$。

7．计算每个信号在 $\boldsymbol{w}_1$ 正交坐标系内的投影值：$P = \boldsymbol{w}_1^{\mathrm{T}} \times x$。

8．结束。

如果要在对多个峭度特征进行估计，那么采用算法步骤如下：

1．对观测数据进行中心化处理，使均值为零，即 $x \leftarrow x - E\{x\}$。

2．白化处理，使其具有单位方差，即 $C_x = E\{xx^{\mathrm{T}}\}$，$D = diag\left(d_1, d_2, \cdots, d_n\right)$，其中 d_i 为 C_x 的特征值，$E = (e_1, e_2, \cdots, e_n)$，其中 e_i 为 C_x 的单位范数特征向量，$x \leftarrow D^{-1/2}E^{\mathrm{T}}x$。

3．初始化要估计的独立成分个数 m，及所有 $\boldsymbol{w}_{0i}$，$i = 1, 2, \cdots, m$，$\boldsymbol{w}_{0i} \leftarrow \dfrac{x_i}{\|x_i\|}$。

4．向量更新，对每个 $\boldsymbol{w}_{1i}$，$i = 1, 2, \cdots, m$，进行向量更新，$\boldsymbol{w}_{1i} \leftarrow E\left\{x\left(\boldsymbol{w}_{0i}^{\mathrm{T}}x\right)^3\right\} - 3\boldsymbol{w}_{0i}$。

5．对每个 $\boldsymbol{w}_{1i}$ 进行标准化：$\boldsymbol{w}_{1i} \leftarrow \dfrac{\boldsymbol{w}_{1i}}{\|\boldsymbol{w}_{1i}\|}$。

6．判断 $\boldsymbol{w}_i$ 是否收敛：$\langle \boldsymbol{w}_{0i}, \boldsymbol{w}_{1i} \rangle \to 1?$，如果不是，则 $\boldsymbol{w}_{0i} \leftarrow \boldsymbol{w}_{1i}$，返回步骤 4，否则进入下一步。

7．$W(0) = (\boldsymbol{w}_{11}, \boldsymbol{w}_{12}, \cdots, \boldsymbol{w}_{1m})^{\mathrm{T}}$。

8．$W(1) \leftarrow \dfrac{3}{2}W(0) - \dfrac{1}{2}W(0)W(0)^{\mathrm{T}}W(0)$。

9．判断收敛性：$\left[W(1)\right]^{\mathrm{T}}\left[W(1)\right] \to I?$，如果不是，则 $W(0) \leftarrow W(1)$，返回步骤 6，否

则保存 $W(1)$ 。

10．计算每个信号在 $W(1)$ 正交坐标系内的投影值：$P = W(1)^{\mathrm{T}} \times x$ 。

11．结束。

综上所述，以上各节给出了利用 ICA 独立成分分析技术进行模拟和开关电流电路故障特征提取的具体实现方法。

8.4　实验验证和分析

为了有效验证本章所提出的故障诊断方法的整个过程，图 8-2 给出了基于独立成分分析及 ICA 特征提取的神经网络开关电流电路故障诊断的流程图。如图 8-2 所示，首先采用线性反馈移位寄存器（Linear Feedback Shift Register）生成周期性伪随机序列，对伪随机序列长度进行合理选择，得到带限白噪声测试激励信号。然后定义故障模式，进行故障模拟，采集电路原始响应数据，利用 Haar 小波正交滤波器作为采集序列的预处理系统，获得原始响应数据的低频近似信息和高频细节信息，实现一路输入两路输出。接下来进行 ICA 故障特征提取，分别对高频和低频两路输出信号计算其微分（负）熵和峭度及其模糊集，得到最优故障特征向量。最后将这些最优故障特征向量结合神经网络故障分类器进行开关电流电路故障诊断，对故障元件实现正确而有效地识别。

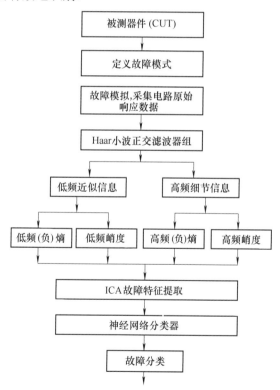

图 8-2　基于独立成分分析和 ICA 特征提取的故障诊断流程图

8.4.1　诊断电路和故障设置

本章仍以前面几章提到的两个典型开关电流诊断电路为例进行说明，即 6 阶切比雪夫低通滤波器电路和 6 阶椭圆带通滤波器电路。其中，低通滤波器考虑软故障和硬故障情形，软故障还考虑了低灵敏度晶体管发生故障情形。而对于带通滤波器电路仅仅考虑软故障情形。分别给这两个滤波器电路施加测试激励，测试激励信号采用一个由 8 阶线性反馈移位寄存器产生的 255 位伪随机序列信号，伪随机序列能加大正常电路模式和故障模式的电路输出响应的差别，易于实现故障的定位，并易于产生高质量测试标识信号，减少了测试成本。在伪随机序列激励下，在两个电路输出端进行采样可获得各自的故障时域响应信号。

8.4.1.1　诊断电路 1：6 阶切比雪夫低通滤波器电路

软故障情形：利用 ASIZ 开关电流专业仿真软件对如图 5-2 所示的 6 阶切比雪夫低通滤波器电路进行灵敏度分析，分析结果表明 Mg1，Mf1，Mi1，Mb，Mh 和 Mk 取值的变化对电路输出响应影响较大，因此选择这 6 个晶体管进行故障诊断分析。当这 6 个晶体管的任何一个上下偏移其标称值 50%，而其他 5 个晶体管在它的容差范围内变化时，对电路进行 ASIZ 仿真可获得故障响应，此时电路发生了软故障。这样可得到 13 个故障类别分别为 Mg1↑，Mg1↓，Mf1↑，Mf1↓，Mi1↑，Mi1↓，Mb↑，Mb↓，Mh↑，Mh↓，Mk↑，Mk↓和正常状态。这里↑和↓表示故障值明显高于或低于标称 g_m 值的 50%，表 8-1 给出了 6 阶切比雪夫低通滤波器低灵敏度晶体管的软故障类别及其对应值。

表 8-1　低通滤波器低灵敏度晶体管的软故障类别及其对应值

故障类别	故障代码	标称值	故障值
Mg1↓	F1	1.913 4	0.956 7
Mg1↑	F2	1.913 4	3.826 8
Mf1↓	F3	0.582 7	0.291 4
Mf1↑	F4	0.582 7	1.165 4
Mi1↓	F5	0.857 7	0.428 9
Mi1↑	F6	0.857 7	1.715 4
Mb↓	F7	0.425 5	0.212 8
Mb↑	F8	0.425 5	0.851
Mh↓	F9	0.085	0.042 5
Mh↑	F10	0.085	0.17
Mk↓	F11	0.278 7	0.139 4
Mk↑	F12	0.278 7	0.557 4
正常	F13	—	—

为了与文献[12]相比较，本文还考虑了文献[12]中 6 阶低通滤波器诊断实例中相同的故障类别，均假设发生故障时晶体管跨导值偏移了 50%，共有 11 种故障状态如表 8-2 所示。

硬故障情形：硬故障即灾难性故障，6 种灾难性故障分别是栅源短路故障（GSS：Gate Source Short）、漏源短路故障（DSS：Drain Source Short）、源极开路故障（SOP：Soruce Open Fault）、漏极开路故障（DOP：Drain Open Fault）、栅漏短路故障（GDS：Gate Drain Short）、和栅极开路故障（GOP：Gate Open Fault）。可采用以下方式来模拟上述 6 种灾难性故障：模拟栅源短路故障时可以在栅极和源极之间加上一个小电阻；而模拟源极开路故障时则在源极端加上一个大电阻等等。当图 5-2 中 Mb 和 Mk 产生了灾难性故障，这些灾难性故障时域响应通过预处理器后对其进行故障特征提取，构成 Mb-GSS、Mb-GDS、Mb-DSS、Mb-SOP、Mb-DOP、Mb-GOP、Mk-GSS、Mk-GDS、Mk-DSS、Mk-SOP、Mk-DOP、Mk-GOP 和正常状态共 13 种故障模式。

表 8-2   6 阶低通滤波器晶体管的软故障类别及对应值

故障类别	故障代码	标称值	故障值
正常	F1	—	—
Mg1↓	F2	1.913 4	0.956 7
Mg1↑	F3	1.913 4	3.826 8
Mf1↓	F4	0.582 7	0.291 4
Mf1↑	F5	0.582 7	1.165 4
Me2↓	F6	0.984 5	0.492 3
Me2↑	F7	0.984 5	1.969
Md1↓	F8	0.345 5	0.172 8
Md1↑	F9	0.345 5	0.691
Mj↓	F10	2.102 1	1.051
Mj↑	F11	2.102 1	4.204 2

8.4.1.2   诊断电路 2：6 阶椭圆带通滤波器电路

表 8-3 是如图 5-5 所示的 6 阶椭圆带通滤波器电路的软故障类别和晶体管的标称值和故障值设定情况。

表 8-3   6 阶椭圆带通滤波器晶体管标称值和故障值及软故障类别

故障类别	故障代码	标称值	故障值
Mb1↓	F1	0.438 52	0.109 63
Mb1↑	F2	0.438 52	1.754 08
Mc2↓	F3	0.140 094	0.035 023 5
Mc2↑	F4	0.140 094	0.560 376
Me2↓	F5	1.833 237	0.458 31
Me2↑	F6	1.833 237	7.332 948
Mj2↓	F7	0.066 234 2	0.016 558 55
Mj2↑	F8	0.066 234 2	0.264 936 8
Mk2↓	F9	0.176 016	0.044 004
Mk2↑	F10	0.176 016	0.704 064
Mo1↓	F11	0.757 432	0.189 358
Mo1↑	F12	0.757 432	3.029 728
Mq1↓	F13	0.055 45	0.013 862 5
Mq1↑	F14	0.055 45	0.221 8
正常状态	F15	—	—

8.4.2   Haar 小波正交滤波器预处理

为了更加有效地提取故障特征，对故障响应信号进行 Haar 小波正交滤波器预处理。这种处理能够对高频信息进行更加精细的分解，该分解无冗余、无疏漏，可以同时在信号的高频和低频带进行频率和时间分辨率分析，提高时频分辨率 Haar 正交小波变换可以比作一组镜像滤波，即将待分析信号经过两组滤波器进行滤波，其工作过程是：信号分别输入到一个分解高通滤波器和分解低通滤波器中，信号的高频分量部分（细节信息）从高通滤波器中输出，信号的低频分量部分（近似信息）从低通滤波器中输出，即可获得信号的近似信号和细节信号。以 6 阶椭圆带通滤波器软故障诊断（表 8-3）为例来说明 Haar 小波正交滤波器预处理过程，详细分解过程如下：对椭圆带通滤波器电路 15 种故障状态实施时域分析和 30 次蒙特卡罗（Monte-Carla）分析，分析时取采样频率为 100kHz，获得具有 158 个采样点的故障响应信号。也就是说，每种故障类别可获得 30 个时域故障响应样本，每个样本包含 158 个采样点。接着对这 30 个样本信号实施 Haar 小波正交滤波器预处理，获得原始响应数据的低频近似信息和高频细节信息，实现一路输入两路输出。所以，对于每种故障类别来说，其时域故障响应特征具有 30 个样本，且每个样本包含 2 个属性（低频近似信息和高频细节信息）。总共 15 种故障类别共组成了 900 个时域响应样本。

8.4.3　ICA 故障特征提取

根据第 8.3 节所提出的独立成分分析方法和极大非高斯性判决准则，对以上两个开关电流滤波器电路进行 ICA 故障特征提取，用峭度和（负）熵来度量非高斯性。在 MATLAB 环境下计算各种故障类别的低频近似峭度和（负）熵以及高频细节峭度和（负）熵，这样获得了各种故障类别的故障特征参数。接下来，对 30 次蒙特卡罗分析后的时域故障响应样本进行 ICA 故障特征提取，获得每种故障类别相应的故障特征模糊集。

首先提取 6 阶切比雪夫低通滤波器的软故障特征。表 8-4 是 6 阶切比雪夫低通滤波器低灵敏度晶体管软故障类故障特征值。根据表 8-4 首先可获得 13 种故障类别的低频特征分布图，如图 8-3 所示。从图 8-3 中可看出，F3，F6，F10 故障类别之间和 F4，F9，F13 故障类别之间发生了比较严重的类别重叠。除这两组故障类别外，其他各个故障类别都获得了比较好的分离。图 8-4 是以上两组故障类别（6 个故障类）的高频特征分布图，在图 8-4 中，6 个故障类别都得到了有效的区分。

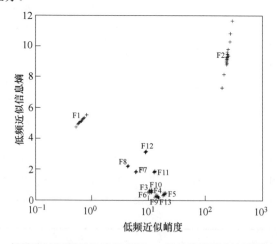

图 8-3　低通滤波器低灵敏度晶体管 13 种软故障类别低频特征分布图

为了与文献[12]比较的方便性，本文选择与之相同的故障类别（如表 8-2 所示）。表 8-5 给出了 6 阶切比雪夫低通滤波器软故障类故障特征，由表 8-5 可分别获得 6 阶切比雪夫低通滤波器 11 种软故障类别低频特征分布图（见图 8-5）和 4 种软故障类别高频特征分布图（见图 8-6）。在图 8-5 中，11 种故障类别中有两组故障类别（F2 和 F11，F1 和 F5）出现了较大的重叠，需要进一步通过高频特征分布图来区分。而在图 8-6 中，这两组故障类别得到了很好的区分。

表 8-4 6 阶切比雪夫低通滤波器低灵敏度晶体管软故障类故障特征

故障类别	低频近似熵	低频近似峭度	低频近似熵模糊集	低频近似峭度模糊集	高频细节熵	高频细节峭度	高频细节熵模糊集	高频细节峭度模糊集
Mg1↓	5.126 9	0.656 5	5.534 4～4.735 3	0.524 9～0.812 3	12.508 0	0.000 4	12.621 8～12.353 1	0.0002～0.0006
Mg1↑	9.327 8	246.320 9	7.283 6～11.634 9	199.018～301.606 1	2.329 0	2.719	2.770 3～1.925 9	2.1156～3.4434
Mf1↓	0.644 2	11.481 1	0.652 0～0.638 5	11.404 5～11.553 0	11.229 9	0.003 1	11.273 9～11.162	0.0027～0.0036
Mf1↑	0.219 7	14.400 5	0.207 5～0.230 9	14.768 0～14.013 7	8.818 3	0.025 4	8.530 3～8.997 3	0.0314～0.0223
Mi1↓	0.387 6	18.820 9	0.477 5～0.286 6	17.885 1～18.889 1	8.265 0	0.054 6	9.044 4～7.394 1	0.0342～0.0790
Mi1↑	0.506 8	11.083 9	0.497 5～0.521 5	11.134 1～11.542 7	10.600 8	0.009 3	10.561 0～10.738 6	0.0097～0.0123
Mb↓	1.833 9	6.062 7	1.827 9～1.839 9	6.099 4～6.026 3	10.655 3	0.025 3	10.632 2～10.678 5	0.0260～0.0246
Mb↑	2.202 8	4.397 0	2.177 3～2.228 5	4.478 6～4.319 0	11.922 5	0.003 7	11.856 4～11.980 6	0.0043～0.0032
Mh↓	0.161 0	15.394 0	0.156 0～0.165 5	15.513 5～15.275 9	6.982 0	0.169 9	6.911 7～7.052 8	0.1773～0.1626
Mh↑	0.605 2	10.505 5	0.564 8～0.647 2	10.705 4～10.321 6	10.988 9	0.005 9	10.844 3～11.055 0	0.0075～0.0047
Mk↓	1.866 2	12.981 9	1.842 8～1.889 9	13.080 9～12.884 1	6.890 4	0.096 9	6.828 2～6.952 9	0.1013～0.0927
Mk↑	3.141 8	9.123 6	3.097 6～3.186 2	9.255 7～9.009 6	10.634 5	0.002 9	10.423 5～10.832 2	0.0038～0.0023
正常	0.272 7	13.285 5	0.164 8～0.336 8	13.032 9～14.021 8	8.429 6	0.065 5	8.400 8～8.597 3	0.0565～0.0986

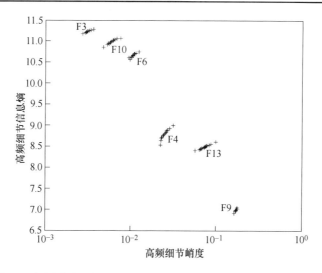

图 8-4 低通滤波器低灵敏度晶体管 6 种软故障类别高频特征分布图

表 8-5　6 阶切比雪夫低通滤波器晶体管软故障类故障特征

故障类别	低频近似熵	低频近似峭度	低频近似熵模糊集	低频近似峭度模糊集	高频细节熵	高频细节峭度	高频细节熵模糊集	高频细节峭度模糊集
正常	0.272 7	13.285 5	0.198 7～0.312 3	12.758 9～13.437 3	8.429 6	0.065 5	8.317 8～8.497 3	0.056 7～0.937 8
Mg1↓	5.126 9	0.656 5	5.534 4～4.735 3	0.524 9～0.812 3	12.508 0	0.000 4	12.621 8～12.353 1	0.000 3～0.000 4
Mg1↑	9.327 8	246.320 9	7.283 6～11.634 9	199.018～301.606 1	2.329 0	2.719 0	2.770 3～1.925 9	2.115～3.443 4
Mf1↓	0.644 2	11.481 1	0.652 0～0.638 5	11.404 5～11.553 0	11.229 9	0.003 1	11.273 9～11.162 9	0.002～0.003 6
Mf1↑	0.219 7	14.400 5	0.207 5～0.230 9	14.768 0～14.013 7	8.818 3	0.025 4	8.530 3～8.997 3	0.031 4～0.022 3
Me2↓	2.251 1	115.355 0	2.380 1～1.735 1	136.368～98.439 5	8.795 3	0.055 5	8.799 7～8.788 3	0.055～0.055 7
Me2↑	2.622 4	2.015 8	2.461 3～2.784 5	2.317 1～1.761 6	7.367 2	0.123 7	7.484 2～7.263 8	0.049 2～0.052 3
Md1↓	1.552 4	6.705 3	1.642 8～1.454 3	6.459 2～6.956 3	12.432 6	0.000 6	12.549 4～12.304 3	0.000 5～0.000 7
Md1↑	1.212 4	45.455 3	0.886 6～1.267 6	41.132 5～49.976 2	0.958 8	5.880 8	1.454 4～0.565 7	1.505 7～2.623 0
Mj↓	12.421 8	485.029 7	12.685～11.906 3	561.50～386.262	1.382 3	3.851 0	1.921 8～0.902 8	2.891 9～3.854 4
Mj↑	5.152 9	0.651 6	4.785 4～4.807 7	0.805 1～1.238 9	11.481 9	0.000 4	11.497 3～10.561 0	0.000 6～0.000 5

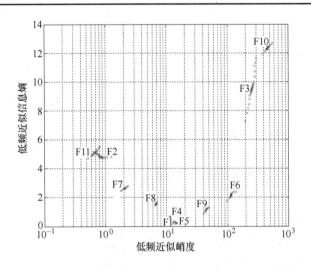

图 8-5　6 阶切比雪夫低通滤波器 11 种软故障类别低频特征分布图

　　然后，对 6 阶切比雪夫低通滤波器的硬故障类别进行 ICA 故障特征提取。表 8-6 给出了它的硬故障类故障特征，由表 8-6 可获得 13 种硬故障类别的低频特征分布图，如图 8-7 所示，由图 8-7 可以看出，仅仅由低频故障特征分布图就可以完全区分这 13 种硬故障类别。

　　最后，我们对第二个诊断电路即 6 阶椭圆带通滤波器电路进行 ICA 故障特征提取。表 8-7 给出了 6 阶椭圆带通滤波器的软故障类故障特征。图 8-8 和图 8-9 分别给出了该电路 15 种软

故障类别低频特征分布图和 4 种软故障类别高频特征分布图。在图 8-8 中，故障类别 F6 和
F8 之间以及 F1 和 F4 之间均发生了较严重的重叠现象，但从图 8-9 可看出，这两组故障类别
都有了进一步的分开，获得了有效的分离。

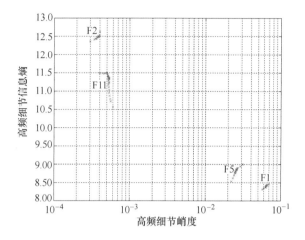

图 8-6　6 阶切比雪夫低通滤波器 4 种软故障类别高频特征分布图

表 8-6　6 阶切比雪夫低通滤波器晶体管硬故障类故障特征

故障类别	故障代码	低频近似熵	低频近似峭度	低频近似信息熵模糊集	低频近似峭度模糊集	高频细节熵	高频细节峭度	高频细节信息熵模糊集	高频细节峭度模糊集
正常	F0	0.387 7	12.980 9	0.267 4～0.413 7	12.160 9～13.237	8.873 4	0.036 7	8.675 3～8.989 7	0.000 0～0.000 0
Mb-GSS	F1	11.912 6	0.001 1	11.908 2～11.916 6	0.001 1～0.001 1	13.418 2	0.000 0	13.416 5～13.419 8	0.000 0～0.000 0
Mb-GDS	F2	10.693 5	0.004 8	10.702 5～10.687 6	0.004 9～0.004 8	12.419 9	0.000 3	12.410 3～12.426 9	0.000 4～0.000 3
Mb-DSS	F3	10.192 5	0.204 9	10.172 7～10.212 3	0.204 5～0.205 3	13.906 1	0.000 0	13.909 8～13.902 5	0.000 0～0.000 0
Mb-SOP	F4	1.471 8	6.892 6	1.471 8～1.471 8	6.892 6～6.892 6	9.499 1	0.046 4	9.499 1～9.499 1	0.046 4～0.046 4
Mb-DOP	F5	1.755 2	5.408 4	1.740 7～1.769 7	5.470 8～5.347 0	10.718 7	0.017 3	10.655 9～10.781 7	0.018 3～0.016 4
Mb-GOP	F6	0.157 6	16.338 1	0.152 3～0.162 5	16.40 3～16.276	7.348 5	0.074 8	7.335 1～7.361 8	0.076 5～0.073 2
Mk-GSS	F7	2.596 5	4.767 2	2.596 4～2.596 5	4.768 1～4.766 4	13.122 8	0.000 1	13.122 6～13.122 9	0.000 1～0.000 1
Mk-GDS	F8	1.980 5	6.400 8	1.969 9～1.991 8	6.439 7～6.362 2	11.908 0	0.000 7	11.900 5～11.915 4	0.000 7～0.000 7
Mk-DSS	F9	10.950 7	0.055 4	10.934 7～10.966 7	0.055 3～0.055 5	13.966 0	0.000 0	13.971 0～13.960 4	0.000 0～0.000 0
Mk-SOP	F10	8.021 4	0.974 8	8.021 4～8.021 4	0.974 8～0.974 8	11.581 7	0.010 6	11.581 7～11.581 7	0.010 6～0.010 6
Mk-DOP	F11	8.521 2	0.650 6	8.502 5～8.539 9	0.664 0～0.637 5	12.396 1	0.003 1	12.354 8～12.437 4	0.003 3～0.002 9
Mk-GOP	F12	0.727 4	10.398 6	0.725 4～0.729 3	10.413 2～10.38 4	10.808 5	0.007 4	10.794 0～10.823 0	0.007 5～0.007 4

表 8-7　6 阶椭圆带通滤波器晶体管软故障类故障特征

故障类别	低频近似熵	低频近似峭度	低频近似熵模糊集	低频近似峭度模糊集	高频细节熵	高频细节峭度	高频细节熵模糊集	高频细节峭度模糊集
Mb1↓	10.389 0	0.004 5	10.479 8~10.298 0	0.004 1~0.005 0	12.909 0	0.001 1	12.936 5~12.881 4	0.000 9~0.001 4
Mb1↑	6.066 1	0.106 3	5.899 5~6.110 4	0.114 9~0.104 1	11.311 5	0.001 1	11.302 7~11.318 6	0.001 1~0.001 1
Mc2↓	7.467 8	0.062 5	7.450 9~7.484 5	0.063 1~0.061 9	11.905 3	0.000 6	12.314 8~12.253 3	0.000 2~0.000 2
Mc2↑	10.666 7	0.004 9	10.582 4~10.371 3	0.006 1~0.005 9	11.173 5	0.003 4	11.514 9~11.051 1	0.002 5~0.004 2
Me2↓	8.254 0	0.019 5	8.396 0~8.131 9	0.018 0~0.021 1	12.281 3	0.000 2	11.898 9~11.911 6	0.000 6~0.000 6
Me2↑	12.464 8	0.000 2	12.259 6~12.630 3	0.000 3~0.000 1	13.590 5	0.005 6	13.957 6~13.429 4	0.004 3~0.006 5
Mj2↓	8.456 4	0.028 2	8.492 5~8.425 0	0.026 9~0.029 5	12.241 1	0.000 2	12.260 6~12.222 9	0.000 2~0.000 2
Mj2↑	12.392 4	1.68e-004	12.241 7~12.587 3	0.000 3~0.000 1	10.571 1	1.722 9e-006	10.544 8~10.658 8	1.722 9e-006
Mk2↓	11.274 2	0.000 7	11.389 0~11.157 0	0.000 6~0.000 8	13.215 4	0.000 0	13.251 3~13.178 9	0.000 0~0.000 0
Mk2↑	7.749 4	0.035 7	7.694 7~7.803 8	0.037 0~0.034 6	12.011 5	0.000 4	11.981 7~12.017 7	0.000 4~0.000 3
Mo1↓	5.706 4	0.201 1	5.594 0~5.817 3	0.213 6~0.189 6	11.262 8	0.001 7	11.220 4~11.304 3	0.001 9~0.001 7
Mo1↑	10.910 9	0.001 6	10.692 9~11.117 6	0.002 1~0.001 2	13.095 2	0.000 0	13.014 9~13.167 0	0.000 0~0.000 0
Mq1↓	7.284 8	0.090 8	7.258 1~7.311 4	0.093 2~0.088 6	11.821 8	0.000 8	11.811 0~11.832 6	0.000 8~0.000 8
Mq1↑	9.910 8	0.007 4	9.751 1~10.037 0	0.008 7~0.006 5	12.718 8	0.000 1	12.670 2~12.757 6	0.000 1~0.000 1
正常	8.008 4	0.045 0	7.967 8~8.235 6	0.037~0.067	12.111 9	0.000 4	12.013 5~12.234 8	0.003 8~0.004 2

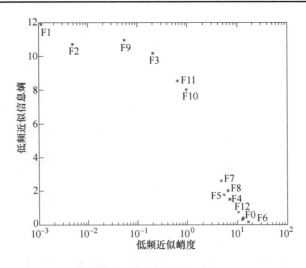

图 8-7　6 阶切比雪夫低通滤波器 13 种硬故障类别低频特征分布图

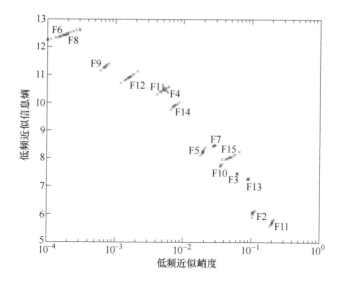

图 8-8 6 阶椭圆带通滤波器 15 种软故障类别低频特征分布图

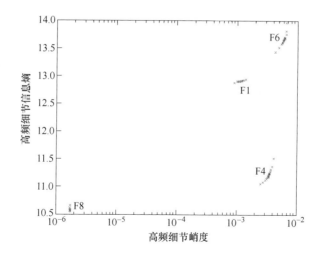

图 8-9 6 阶椭圆带通滤波器 4 种软故障类别高频特征分布图

8.4.4 神经网络的确定

按照以上各节提出的设计方法,对图 5-2 和图 5-5 所示两个滤波器电路进行神经网络故障诊断。工作包括测前训练和测后诊断两部分。测前,在伪随机激励下,获得电路的各种故障状态和正常状态数据,提取 ICA 故障特征向量作为训练样本,训练好神经网络。实际诊断时,将测量所得到的输入特征向量输入到训练好的神经网络中,进行模式识别,神经网络就能自动对故障类别进行分类。

本章采用经典的 3 层 BP 神经网络来进行开关电流电路的故障诊断。隐层神经元选取 log-sigmoid 传输函数,输出神经元选取线性传输函数。根据具体的模式识别任务,神经网络的输入节点数就是提取的 ICA 特征向量数,分别根据低频特征参数和高频特征参数,构造神经网络分类器,其输入节点数分别为低频近似熵、低频近似峭度和高频细节熵、高频细节峭度,输出节点数即故障类别数,而隐层节点数就采用一个经验公式来确定,经验公式如下:

$$\sqrt{n+m}+1 \leqslant h \leqslant \sqrt{n+m}+10 \qquad (8\text{-}78)$$

式中，n 为输出节点数；m 为输出节点数；h 为隐层节点数。

比如：对于 6 阶切比雪夫低通滤波器低灵敏度晶体管软故障诊断来说，输入神经元数目 2 个，即低频近似熵和低频近似峭度或者高频细节熵和高频细节峭度，输出神经元数目 13 个，即电路的故障类别。根据公式（8-78），隐层神经元预选为 5 个。

8.4.5　诊断结果分析

按照图 8-3、图 8-9 所示的故障类别低频和高频特征分布图和式（8-78）所决定的 BP 神经网络来对开关电流滤波器电路进行故障诊断。为了体现本章方法相对其他文献方法的优越性，将本章针对 6 阶切比雪夫低通滤波器的诊断结果与文献[10]、文献[11]和文献[12]中针对该电路的诊断结果进行诊断效率的比较，如表 8-8 所示。

在文献[12]中，硬故障类别数目是 9，定义了 GSS、GDS、SOP 和 DOP 4 种硬故障类型，硬故障诊断效率为 100%，表明能区分所有硬故障类别。软故障类别数目是 11，由于测试激励采用的正弦信号，且没有对故障特征进一步提取优化，导致诊断效果不是特别理想，软故障诊断效率只有 95%左右，不能区分 Mg1↓、Mi↑、Mg1↑和 Mi↓ 4 种软故障类别。而在本章方法中，硬故障类别数目是 13，增加了 GSS 和 GOP 两种硬故障类型，同样能区分所有硬故障，诊断效率为 100%。软故障类别与文献[12]相同，而软故障诊断效率却达到 100%，成功诊断区分了所有软故障状态。

表 8-8　6 阶切比雪夫低通滤波器的各种故障诊断方法比较

采用方法	硬故障类别	硬故障诊断效率（%）	软故障类别	软故障诊断效率（%）
文献[12]方法	9	100	11	95
本文方法	13	100	11	100
文献[10]方法	7	100	4	80
本文方法	13	100	13	100
文献[11]方法	0	无	11	99
本文方法	13	100	11	100

另外，文献[10]采用小波神经网络方法对 6 阶切比雪夫低通滤波器进行了故障测试。该方法对于 GSS、GDS、SOP、DOP、GSS 和 GOP 6 种硬故障类型测试，达到了 100%的诊断正确率。但当电路中低灵敏度晶体管发生软故障时，由于灵敏度低，其故障响应大多与正常状态接近，导致故障被屏蔽而不能对软故障却达到好的诊断效果，故文献[10]方法的低灵敏度晶体管软故障诊断效率仅为 80%。然而，在本章方法中，硬故障和软故障类别数目都是 13，硬故障包含了文献[10]中 6 种硬故障类型，软故障同样是针对文献[10]方法中不能正确区分的低灵敏度晶体管进行测试。本章方法不仅能正确区分所有硬故障类别，还对低灵敏度晶体管软故障类别也达到了 100%的正确分类率。

最后，在文献[11]中，该方法没有针对硬故障类型进行诊断。而在软故障诊断中，虽然相对文献[12]来说，诊断效率有所提高，将文献[12]中不能区分的 4 种软故障类别（Mg1↓、Mi↑、Mg1↑和 Mi↓）成功区分了 3 种，但还有 Mg1↑故障不能正确区分。而本章方法能成功区分所有软故障类别。本章还针对 6 阶椭圆带通滤波器进行了软故障诊断，同样达到较好的诊断效果，诊断正确率达到了 100%。

8.5　结论

本章诊断结果表明，提出的基于独立成分分析和 ICA 特征提取的故障诊断方法能有效实施开关电流电路的故障诊断，对两种滤波器电路实现了接近 100% 的故障诊断正确率，并将本章方法和其他文献方法做了比较分析。小波变换能有效地提取电路故障特征，利用 Haar 小波正交滤波器作为采集序列的预处理系统，实现一路输入两路输出，得到观测信号的低频近似信息和高频细节信息。接下来进行 ICA 故障特征提取，分别对高频和低频两路输出信号计算其（负）熵和峭度及其模糊集，获得最优故障特征。最后用神经网络故障分类器识别故障的类型。通过对 6 阶切比雪夫低通滤波器和 6 阶椭圆带通滤波器的软故障和硬故障仿真实验证明了该方法的高效性，是一种高诊断效率的开关电流电路故障诊断方法。

参考文献

[1]　Jutten C, Taleb A. Source Separation: From Dusk Till Dawn[C]//Independent Component Analysis. 2001.

[2]　Vigário R, Jousmáki V, Hämäläinen M, et al. Independent Component Analysis for Identification of Artifacts in Magnetoencephalographic Recordings.[J]. Advances in Neural Information Processing Systems, 1997: 229-235.

[3]　Vigário R, SRel J, Jousm.Ki V, et al. Independent component approach to the analysis of EEG and MEG recordings[J]. Biomedical Engineering IEEE Transactions on, 2000, 47(5): 589-93.

[4]　Hyvarinen A. Fast and robust fixed-point algorithms for independent component analysis[J]. IEEE Transactions on Neural Networks, 1999, 10(3): 626-634.

[5]　HERAULT J, ANS B. Réseau de neurones à synapses modifiables: décodage de messages sensoriels composites par apprentissage non supervisé et permanent[J]. Comptes Rendus Des Séances De L'académie Des Sciences: série 3, Sciences De La Vie, 1984, 299: 525-528.

[6]　Herault J, Jutten C, Ans B. Detection de grandeurs primitives dans un message composite par une architeture de calcul neuromimetique en apprentissage non supervise[J]. Colloques Sur Le Traitement Du Signal Et Des Images, 1985.

[7]　李贤平 沈崇圣. 概率论与数理统计[M]. 上海: 复旦大学出版社, 2005.

[8]　金光炎. 工程数据统计分析[M]. 南京: 东南大学出版社, 2002.

[9]　Hyvärinen A, Karhunen J, Oja E. Independent Component Analysis[M]//Independent Component Analysis. John Wiley & Sons, Inc., 2002.

[10]　Guo J, He Y, Liu M. Wavelet Neural Network Approach for Testing of Switched-Current Circuits[J]. Journal of Electronic Testing, 2011, 27(27): 611-625.

[11]　Zhang Z, Duan Z, Long Y, et al. A new swarm-SVM-based fault diagnosis approach for switched current circuit by using kurtosis and entropy as a preprocessor[J]. Analog Integrated Circuits & Signal Processing, 2014, 81(1): 289-297.

[12]　Long Y, He Y, Yuan L. Fault dictionary based switched current circuit fault diagnosis using entropy as a preprocessor[J]. Analog Integrated Circuits & Signal Processing, 2011, 66(1): 93-102.

第9章 基于小波分形和粒子群支持向量机 的开关电流电路故障诊断

9.1 引言

小波变换广泛应用于信号分析和图像处理领域，小波系数能够反映信号的内在特征。采用信号分形维数计算方法可以获得相应的分形维数据，从而对故障信号进行特征提取，采用核主元分析可以对经小波分形分析的特征信号进行最优特征提取。支持向量机（SVM，即Support Vector Machine）分类器作为一种基于统计学理论的模式分类方法，在模式识别领域应用广泛。SVM的本质是将二分类问题得到解决，但在实际应用过程中由于电路故障类型的多样性，需要处理多类问题，因此需要将多类问题分解成多个二分类问题。SVM主要是解决小样本、非线性及高维模式识别问题，并在这些问题上表现出显著的优势，近年来一直是学术界关注的研究热点之一。粒子群优化（PSO，Particle Swarm Optimization）算法是基于群体智能理论的优化算法，它的优点是原理较简单、实现起来非常方便，近年来也获得了大量专家学者的广泛关注。

为了更好地解决实际应用中开关电流电路故障诊断存在的问题，本章将小波分解与分形分析结合对故障信号进行特征提取，然后采用核主元分析对经小波分形分析的特征信号进行最优特征提取，最后通过支持向量机分类器对开关电流电路的故障进行分类，通过粒子群优化的支持向量机分类器诊断出开关电流电路的故障。因此，对于大规模开关电流电路故障诊断及故障类别重叠进行故障诊断时，可以根据故障数据的复杂程度的高低和故障类别的重叠程度的大小，选取合适数量的特征用于支持向量机分类器进行故障诊断。故障分类率高、故障诊断准确并具有极好的泛化性能。

9.2 小波分形分析

9.2.1 小波分解原理

小波变换广泛应用于信号分析和图像处理领域。一个原始信号经小波变换后可以分解为低频细貌 ca_j 和高频细貌 cd_j，其中低频细貌代表了信号的近似结构而高频细貌表现特殊的细节。因而信号的特征可以由低频细貌获得。小波一维分解定义为

$$\psi_{(a,b)}(x) = \frac{1}{\sqrt{|a|}} \psi\left(\frac{x-b}{a}\right) \tag{9-1}$$

$$W(a,b) = \int_{-\infty}^{\infty} f(x)\psi_{a,b}(x)\mathrm{d}x \tag{9-2}$$

式中，$\psi(x)$ 为母小波或基本小波；a 为进行缩放的缩放参数，反映特定基函数的宽度（或者

叫做尺度）；b 为进行平移的平移参数，指定沿 x 轴平移的位置；$W(a,b)$ 为信号 $f(t)$ 的小波系数，小波系数能够反映信号的内在特征。

选取合适的母小波对于故障电路信号能够取得更好的信号特征，能够更接近信号的特征值。我们可以从现有的许多的小波函数中进行针对性的选取。常见的小波函数有：Haar 小波（Haar）、DaubechiesN（DbN）小波、Morlet 小波和紧支集样条小波等。其中 Morlet 小波函数在满足可容许性条件方面不是很理想，还有紧支集样条小波因为是非正交的样条小波，所以不是我们采纳的小波基。在 Haar 小波和 Daubechies N 小波中，选取更为常用的 Daubechies N 小波，这是因为后者要比前者在反映信号的特征方面更为细腻，而且更适合信号的多尺度分析。

小波变换可以被表示成由低通滤波器和高通滤波器组成的一棵树。原始信号通过这样一对滤波器进行的分解叫作一级分解，信号的分解过程可以迭代，也就是说可以进行多级分解。如果对信号的高频分量不再分解，而对低频分量连续进行分解，就可以得到分辨率较低的低频分量，形成小波分解树。

9.2.2　分形基本理论

9.2.2.1　分形的定义和性质

1. 分形定义

1975 年，美籍法国数学家 B.B.Mandelbrot 首次提出了分形几何思想的概念[1]。分形理论经过几十年的发展历程，目前其应用非常广泛，应用拓展到社会科学和自然科学的诸多领域，已经成为当今国际上许多学科的热门研究课题之一。就分形来说，到目前为止还不能给出严格上的数学定义，一般只能给出描述性的定义，总的来说有以下几种[2]：

（1）分形的第一定义（1975 年由 Mandelbrot 给出）

定义 1　假如集合 $F \subset R^n$ 的 Hausdorff 维数是 D，拓扑维数是 D_r，如果 F 的 Hausdorff 维数 D 一定大于其拓扑维数 $D_r = n$，也就是说 $D > D_r$，所以集合 F 被叫做分形集，简称为分形。

该定义可表示为数学表达式 $F = \{D : D > D_r\}$。根据以上数学表达式可判断出：利用以上数学表达式来比较集合的 Hansdorff 维数和拓扑维数，可判断出一个集合是否分形。利用 Hansdorff 维数和拓扑维数之间的大小关系就能得到判断；但在实际应用过程中就一集合来说，它的 Hausdorff 测度和 Hausdorff 维数的测量和计算非常复杂和麻烦。

（2）自相似分形的定义（1986 年由 Mandelbrot 给出）

定义 2　另一通俗直观的定义是把分形定义成局部与整体以某种方式相似的形。该定义表现出了大多数奇异集合的特征。并强调了分形的自相似性，反映了自然界中非常广泛的一类物质的基本属性：局部与局部、局部与整体在形态、功能、信息、时间与空间等诸多方面具有统计意义上的自相似性。

（3）第三种定义是把分形看作具备某些性质的一类集合，这是 Falconer 提出的最让人们接受的分形定义

定义 3　对某个集合 F 来说，如果具有下面一些典型的性质，就可叫作分形集合。

a）F 的结构精细，也就是说在任意小的比例尺度内包含了整体。

b）集合 F 不管从局部和整体上都具有不规则形，不能用传统的几何语言来描述。

c）F 一般具有某种自相似形式，该形式有时是近似的，有时又是统计的。

d）集合 F 具有递归的属性，一般可利用计算机，用很简单的递归方法来生成。

2. 分形性质

简单来说，分形几何是指小规则形状的几何，但这种小规则性，也就是粗糙性具有层次性，即在不同层次或尺度下都能观察到。总的来说，分形具有的两个典型的几何性质就是自相似性与无标度性[3]。

（1）自相似性

在很多种分形的概念中，最简单的一种描述是：一个形体的某种结构或过程可以从不同的时间或和空间尺度来看，一般都具有自相似性。换一种说法来说，就分形系统来说，系统的局域结构性质彼此之间或局域结构与整体是似的，即自相似性在整体和整体之间或者部分和部分之间存在。该自相似性通常其表现形式都是比较复杂的，局部经过简单放大一定倍数后与整体不完全重合，但表征自相似系统或结构的定量性质的属性（例如分形维数）并不会因为放大或缩小这些操作而发生改变（这一点叫作伸缩对称性），自相似性只会使外部的表现形式发生变化。

（2）无标度性

无标度性是指放大分形体的任意一局部区域，获得的放大体仍旧保留以前的形态特性。所以，不管如何放大或缩小分形体，它的形态、复杂程度、不规则性等特性都保持不变。无标度性也叫伸缩对称性，一般的说法就是假如用放大镜对一个分形体来进行观察，最后看到与放大倍数不相关的情形，从看到的结果也不能判断所用放大镜的倍数。值得注意的是，对实际分形体来说，无标度性不适用于整个范围，它只适用于一定的尺度范围，因此，这种范围被叫作分形体的无标度区。

9.2.2.2 常见分形维数

一般来说，在实际应用中，很多是通过分形维数来定量地描述分形。可以用分形维数 D 来度量系统填充空间的能力，因此分形维数可定义为

$$D_q = \lim_{\varepsilon \to 0} \lim_{q_i \to q} \frac{1}{q_i - 1} \frac{\ln \sum_{i=1}^{n} P_i^{q_i}}{\ln \varepsilon} \tag{9-3}$$

式中，$q = -\infty, \cdots, -1, 0, 1, \cdots, +\infty$；$p_i$ 为覆盖几率。

D_q 依赖于参数 q，不同的 q 值表示不同的分形维数：当 $q = 0$ 时，指的是 Hausdorff 维数 $D_0(D_H)$，当 $q - 1$ 时，指的是信息维数 $D_1(D_I)$，当 $q - 2$ 时，指的是关联维数 D_2[4]。分形维数一般有以下几种：

1. 容量维数 D_C 和 Hausdorff 维数 D_H

若待考察的分形对象是 d 维欧几里德几何空间 R^d 中的有界集合，这个有界集合被半径为 ε 的 d 维球所包覆（但不能重叠），因此而得到球的最小个数是 $N(\varepsilon)$。可定义容量维数 D_C 为

$$D_C = \lim_{\varepsilon \to 0} \frac{\lg N(\varepsilon)}{\lg(1/\varepsilon)} \tag{9-4}$$

上式定义和 Hausdorff 维数 D_H 是类似的，Hausdorff 维数定义只是把球的大小作为比 ε 还小的任意球，所以一般将容量维数 D_C 当作 Hausdorff 维数 D_H 的特殊形式（ε 被限定在一特殊大小范围内）。

2. 盒子维数和信息维数 D_I

由容量维数的定义能获得测量分形的方法：用边长为 ε 的小盒子覆盖分形（分形内部存在的各种层次的空洞和缝隙导致盒子是空的），$N(\varepsilon)$ 为非空盒子的数目；再将盒子的尺寸 ε 缩小，将上述操作重复操作。根据容量维数的定义，在双对数坐标纸上将 $\ln N(\varepsilon) - \ln \varepsilon$ 曲线画出来，此分形对象的盒子维数就是 $\ln N(\varepsilon) - \ln \varepsilon$ 曲线位于直线部分的斜率。

信息维数是在盒子维数的基础上进一步推导出来的：将小盒子一个个编号，假如分形对象中的点落入第 i 只盒子的概率是 P_i，则可得到尺寸为 ε 的盒子进行测度所得到的信息量是：$I = -\sum_{i=1}^{N(\varepsilon)} P_i \ln P_i$；如果用 I 来替换 $N(\varepsilon)$ 就可得到信息维数 D_I 的定义

$$D_I = \lim_{\varepsilon \to 0} \frac{\ln \sum_{i=1}^{N(\varepsilon)} P_i \ln P_i}{\ln \varepsilon} \tag{9-5}$$

假设落入每只盒子的概率都是相同的（$P_i = 1/N(\varepsilon)$），则 $I = \ln N(\varepsilon)$，因此又回到前述盒子维数的定义。

3. 关联维数 D_2

在分形维数中，有一种与非均匀吸引子相连的分形维数叫关联维数，该维数可以通过计算机直接计算出来，可以说是计算机维数计算中的最有效的方法之一。关联维数是从关联积分发展起来的用来估计位于数据点 X_j 附近，半径是 r 内的数据点的平均数。因此关联积分 $C(r)$ 的定义为

$$C(r) = \frac{1}{N_m(N_m - 1)} \sum_{i=1}^{N_m} \sum_{j=1}^{N_m} H\left(r - |X_i - X_j|\right) \tag{9-6}$$

式中，$|X_i - X_j|$ 为点 X_i 和 X_j 间的距离。实际上从理论上来说可以是任何距离，但在实际应用中通常采用欧氏距离；$H(x)$ 是 Heavisid 函数

$$H(x) = \begin{cases} 1 & x \geqslant 0 \\ 0 & x < 0 \end{cases} \tag{9-7}$$

当 $r \to 0$ 或变小时，$C(r)$ 遵从与容量维数中相类似的幂律关系，即 $C(r) = r^r$，而 r 具有维数意义，所以关联维数 D_2 定义如下

$$D_2 = \lim_{r \to 0} \frac{\lg(C(r))}{\lg(r)} \tag{9-8}$$

9.2.3　分形维计算

本章使用 Katz 提出的信号分形维数计算方法[5-6]来对故障信号进行计算，从而获得相应的分形维数据。Katz 分形维数计算方法是在时域内直接对时变信号即波形曲线进行分形维数的估计计算。该方法去除了 Higuchi 算法[7-8]需要构建二进制序列的预处理过程，因此该方法的特点是简单直接、快速计算和节省存储空间。

假设信号 $f(x)$ 具有以下序列 $[s_1, s_2, \cdots, s_N]^T$ 的波形，N 是序列点数，T 是转置，将它们用一个二元组来表示：$s_i = (x_i, y_i)$，$i = 1, 2, \cdots, N$，x_i 表示水平轴上的值，y_i 表示垂直轴上的值。

假如将 s_i 写成 (x_i, y_i)，s_j 写成 (x_j, y_j)，则这两点的欧几里德距离为 $dist(s_i, s_j) =$ $\sqrt{(x_i - x_j)^2 + (y_i - y_j)^2}$。因此，可得到信号 $f(x)$ 的分形维数公式，如式（9-9）所示

$$FD = \frac{\lg(n)}{\lg\left(\dfrac{d}{L}\right) + \lg(n)} \tag{9-9}$$

式中，L 为信号波形曲线总长度；d 为序列的第一个点和序列中其他某个点的距离，该点相对于第一个点来说是距离最大的那个，则 d 的数学表达式可表示如下

$$d = \max(dist(p_1, p_i)) \tag{9-10}$$

9.3 核主元分析

9.3.1 核主元分析基本理论

9.3.1.1 核主元分析的基本原理

核主元分析（KPCA，即 kernel principal component analysis）方法的基本思想是通过某种隐式方式将输入空间映射到某个高维空间，该高维空间一般称为特征空间，PCA 在该特征空间中得以实现。KPCA 方法通过非线性映射可将输入空间的样本数据变换到高维特征空间，因此该方法能在特征空间中进行主元分析。因为输入样本数据是隐性地从输入空间映射到高维特征空间，所以核主元分析方法利用核方法通过对核矩阵的特征值和特征向量进行求解来获取所需要的主元特征。

假设给出一组训练样本 $\left\{x_k \in R^d\right\}_{k=1}^l$ 与一个非线性映射 $\boldsymbol{\Phi}: R^d \to F$，$x \to \boldsymbol{\Phi}(x)$，那么特征空间 F 中的协方差矩阵 $\hat{\boldsymbol{R}}$ 可定义为

$$\hat{\boldsymbol{R}} = \frac{1}{l} \sum_{j=1}^l \left(\boldsymbol{\Phi}(x_j) - \boldsymbol{m}^\phi\right)\left(\boldsymbol{\Phi}(x_j) - \boldsymbol{m}^\phi\right)^{\mathrm{T}} \tag{9-11}$$

式中，$\boldsymbol{m} = \frac{1}{l}\sum_{j=1}^l \boldsymbol{\Phi}(x_j)$。

如果 $\sum_{j=1}^l \boldsymbol{\Phi}(x_j) = 0$，则能得到改进型协方差矩阵是

$$\boldsymbol{R} = \frac{1}{l}\sum_{j=1}^l \boldsymbol{\Phi}(x_j)\boldsymbol{\Phi}(x_j)^{\mathrm{T}} \tag{9-12}$$

将 $\boldsymbol{R}$ 的特征向量 v 表示成以下形式

$$v = \sum_{i=1}^l \alpha_i \boldsymbol{\Phi}(x_i) \tag{9-13}$$

式中，α_i，$i = 1, 2, \cdots, l$ 为展开系数。

假设 $\boldsymbol{Q} = \left[\boldsymbol{\Phi}(x_1), \cdots, \boldsymbol{\Phi}(x_l)\right]$，$\boldsymbol{1}_l = (1/l)_{l*l}$ 和 $\tilde{\boldsymbol{K}} = \boldsymbol{Q}^{\mathrm{T}}\boldsymbol{Q}$，那么矩阵 $\boldsymbol{K}$ 可定义如下

$$\boldsymbol{K} = \tilde{\boldsymbol{K}} - \boldsymbol{1}_l\tilde{\boldsymbol{K}} - \tilde{\boldsymbol{K}}\boldsymbol{1}_l + \boldsymbol{1}_l\tilde{\boldsymbol{K}}\boldsymbol{1}_l \tag{9-14}$$

式中，$\tilde{K}_{ij} = \Phi(x_i)^{\mathrm{T}} \Phi(x_j) = k(x_i, x_j)$ 为对应给定非线性映射 Φ 的核函数。

将 K 特征向量 $\gamma_1, \cdots, \gamma_l$ 和特征值 $\lambda_1, \cdots, \lambda_l$ 计算出来，就可得到对应于最大特征值的正交归一化特征向量 $v_1, \cdots, v_l$ 是

$$v_j = \frac{1}{\sqrt{\lambda_j}} Q \gamma_j , \quad j = 1, \cdots, p \tag{9-15}$$

对主元提取来说，则只要在特征空间 F 中将相对于 $v^k : k = 1, \cdots, p$ 的投影计算出来，就能方便地由 KPCA 获得原输入数据的主元。所以，给出一个测试数据 x，$\Phi(x)$ 是其在特征空间 F 中的像，即可得到

$$y_j = v_j^{\mathrm{T}} \Phi(x) = \frac{1}{\sqrt{\lambda_j}} \gamma_j^{\mathrm{T}} Q^{\mathrm{T}} \Phi(x) = \frac{1}{\sqrt{\lambda_j}} \gamma_j^{\mathrm{T}} \left[k(x_1, x), \cdots, k(x_l, x) \right] , \quad j = 1, \cdots, p \tag{9-16}$$

式中，y_j 为第 j 个抽取的主元；$k(x_1, x)$ 为矩阵 K 的一个元素。最终的最优特征向量由 p 个主元构成。

9.3.1.2　基于核的最大类别分离度准则

为了确保核方法获得优良的学习性能，从基于核的学习方法中选择一个合适的核尤其重要，其原因是因为所选定的核及其他的参数决定了映射样本的几何结构。在模式识别中，有一个典型的概念就是类别分离度度量[9-10]，通过它即可对一个空间中的类别数据作判别度的度量，类别分离度准则由数据的分布矩阵来确定。常用的分布矩阵有类内分布矩阵 S_{W}，类间分布矩阵 S_{B} 和总分布矩阵 S_{T}。令 $(x, y) \in (R^d \times y)$ 表示一个样本，R^d 是 d 维输入空间，y 是类别标签集，它的大小是类别数 c。第 i 类样本数是 n_i，全体样本总数是 n，m_i 是第 i 类样本的均值向量，m 是全体样本的均值向量。所以，以上分布矩阵可定义如下

$$\begin{aligned} S_{\mathrm{B}} &= \sum_{i=1}^c n_i (m_i - m)(m_i - m)^{\mathrm{T}} \\ S_{\mathrm{W}} &= \sum_{i=1}^c \sum_{j=1}^{n_i} (x_{ij} - m_i)(x_{ij} - m_i)^{\mathrm{T}} \\ S_{\mathrm{T}} &= \sum_{i=1}^c \left[\sum_{j=1}^{n_i} (x_{ij} - m)(x_{ij} - m)^{\mathrm{T}} \right] \\ &= S_{\mathrm{W}} + S_{\mathrm{B}} \end{aligned} \tag{9-17}$$

式中，x_{ij} 为第 i 类中的第 j 个样本。

一个大的类别分离度可由一个小的类内分布与大的类间分布来表示，以上分布全部都有移不变性的特性。实际应用过程中，如果要构建一个类别分离度准则，就要把上述矩阵转化为一个数来进行度量，如果这个数越大，说明类内的分布越小和类间的分布越大。就目前来说，类别分离度度量准则有很多种[9-10]，比如说：$tr(S_{\mathrm{B}})/tr(S_{\mathrm{W}})$，$tr(S_{\mathrm{W}}^{-1} S_{\mathrm{B}})$，$|S_{\mathrm{B}}|/|S_{\mathrm{W}}|$ 及 S_{B} 与 S_{W} 的组合形式，以上 $tr(\bullet)$ 是矩阵的迹，$|\bullet|$ 是矩阵的行列式。

基于核的分布矩阵与基于核的类别分离度度量准则可以通过核方法在 $tr(S_{\mathrm{B}})/tr(S_{\mathrm{W}})$ 中的应用而得到。因此，获得的 $tr(S_{\mathrm{B}}^\phi)$，$tr(S_{\mathrm{W}}^\phi)$ 和 $tr(S_{\mathrm{T}}^\phi)$ 表达式如式（9-18）所示

$$\begin{aligned} tr(S_{\mathrm{B}}^\phi) &= tr\left[\sum_{i=1}^c n_i (m_i^\phi - m^\phi)(m_i^\phi - m^\phi)^{\mathrm{T}} \right] \\ &= \sum_{i=1}^c n_i tr\left[(m_i^\phi - m^\phi)(m_i^\phi - m^\phi)^{\mathrm{T}} \right] \end{aligned}$$

$$= \sum_{i=1}^{c} n_i \left[\left(\boldsymbol{m}_i^{\phi} - \boldsymbol{m}^{\phi} \right)^{\mathrm{T}} \left(\boldsymbol{m}_i^{\phi} - \boldsymbol{m}^{\phi} \right) \right]$$

$$= \sum_{i=1}^{c} \frac{sum\left(\boldsymbol{K}_{D_i,D_i} \right)}{n_i} - \frac{sum\left(\boldsymbol{K}_{D,D} \right)}{n} \qquad (9\text{-}18)$$

$$= \sum_{i=1}^{c} \frac{\boldsymbol{1}^{\mathrm{T}} \boldsymbol{K}_{D_i,D_i} \boldsymbol{1}}{n_i} - \frac{\boldsymbol{1}^{\mathrm{T}} \boldsymbol{K}_{D,D} \boldsymbol{1}}{n}$$

$$tr\left(\boldsymbol{S}_W^{\phi} \right) = tr\left[\sum_{i=1}^{c} \sum_{j=1}^{n_i} \left(\phi\left(\boldsymbol{x}_{ij} \right) - \boldsymbol{m}_i^{\phi} \right) \left(\phi\left(\boldsymbol{x}_{ij} \right) - \boldsymbol{m}_i^{\phi} \right)^{\mathrm{T}} \right]$$

$$= \sum_{i=1}^{c} \sum_{j=1}^{n_i} \left[\left(\phi\left(\boldsymbol{x}_{ij} \right) - \boldsymbol{m}_i^{\phi} \right)^{\mathrm{T}} \left(\phi\left(\boldsymbol{x}_{ij} \right) - \boldsymbol{m}_i^{\phi} \right) \right]$$

$$= \sum_{i=1}^{c} \sum_{j=1}^{n_i} \boldsymbol{K}\left(\boldsymbol{x}_{ij}, \boldsymbol{x}_{ij} \right) - \sum_{i=1}^{c} \frac{sum\left(\boldsymbol{K}_{D_i,D_i} \right)}{n_i} \qquad (9\text{-}19)$$

$$= tr\left(\boldsymbol{K}_{D,D} \right) - \sum_{i=1}^{c} \frac{\boldsymbol{1}^{\mathrm{T}} \boldsymbol{K}_{D_i,D_i} \boldsymbol{1}}{n_i}$$

$$tr\left(\boldsymbol{S}_T^{\phi} \right) = tr\left[\sum_{i=1}^{c} \sum_{j=1}^{n_i} \left(\phi\left(\boldsymbol{x}_{ij} \right) - \boldsymbol{m}^{\phi} \right) \left(\phi\left(\boldsymbol{x}_{ij} \right) - \boldsymbol{m}^{\phi} \right)^{\mathrm{T}} \right]$$

$$= tr\left(\boldsymbol{S}_{\mathrm{B}}^{\phi} \right) + tr\left(\boldsymbol{S}_{\mathrm{W}}^{\phi} \right) \qquad (9\text{-}20)$$

$$= tr\left(\boldsymbol{K}_{D,D} \right) - \frac{\boldsymbol{1}^{\mathrm{T}} \boldsymbol{K}_{D,D} \boldsymbol{1}}{n}$$

在以上三式中，ϕ 为一种标识符，特征空间 F 与输入空间 $\boldsymbol{R}^d$ 中的变量通过 ϕ 来区分；D_i 为第 i 类的样本集；D 为全体类别的样本集，形如 $D = \cup_{i=1}^{c} D_i$；c 为类别数；n_i 为 D_i 中样本的大小；n 为 D 中样本的大小；还有 $n = \sum_{i=1}^{c} n_i$；$\boldsymbol{m}_i^{\phi}$ 为特征空间 F 中第 i 类样本的均值向量，形如 $\boldsymbol{m}_i^{\phi} = \frac{1}{n_i} \sum_{j=1}^{n_i} \phi\left(\boldsymbol{x}_{ij} \right)$；$\boldsymbol{m}^{\phi}$ 为所有类别的均值向量，形如 $\boldsymbol{m}^{\phi} = \frac{1}{n} \sum_{i=1}^{c} \sum_{j=1}^{n_i} \phi\left(\boldsymbol{x}_{ij} \right)$。$\boldsymbol{1}$ 指的是所有元素为 1 的列向量，元素的上下文确定元素的多少；$\phi(\bullet)$ 为从输入空间 $\boldsymbol{R}^d$ 到特征空间的非线性映射 F；$\boldsymbol{K}$ 为一个核矩阵，它的元素为 $K_{i,j} = K_{\theta}\left(\boldsymbol{x}_i, \boldsymbol{x}_j \right)$；$\theta$ 为调整的核参数集；$\boldsymbol{K}_{A,B}$ 为一个元素对 $\boldsymbol{x}_i \in A$ 与 $\boldsymbol{x}_j \in B$ 中的数据进行计算的核矩阵，而对一个矩阵的全部元素求和可以用 $sum(\bullet)$ 来定义。

所以，基于核的类别分离度准则可定义如下：

$$J(\theta) = \frac{tr\left(\boldsymbol{S}_{\mathrm{B}}^{\phi} \right)}{tr\left(\boldsymbol{S}_{\mathrm{W}}^{\phi} \right)} \qquad (9\text{-}21)$$

而由式（9-21）可获得最优核参数集 $\boldsymbol{\theta}_{\mathrm{opt}}$：

$$\boldsymbol{\theta}_{\mathrm{opt}} = \arg \max_{\theta \in \Theta} \left[\frac{tr\left(\boldsymbol{S}_{\mathrm{B}}^{\phi} \right)}{tr\left(\boldsymbol{S}_{\mathrm{W}}^{\phi} \right)} \right] \qquad (9\text{-}22)$$

式中，Θ 为核参数空间。

而在式（9-20）中，最大化 $tr\left(\boldsymbol{S}_{\mathrm{B}}^{\phi}\right)/tr\left(\boldsymbol{S}_{\mathrm{W}}^{\phi}\right)$ 与最大化 $tr\left(\boldsymbol{S}_{\mathrm{B}}^{\phi}\right)/tr\left(\boldsymbol{S}_{\mathrm{T}}^{\phi}\right)$ 是等效的。如果对式（9-21）改进一下，可获得一个简单化的度量准则，这样可保证数值计算的稳定性与逼近表示的简单性。在本章中，核函数采用高斯 RBF 核，也就是说 $k(\boldsymbol{x}_i,\boldsymbol{x}) = \exp(-\left\|\boldsymbol{x}_i - \boldsymbol{x}_j\right\|/(2\sigma^2))$。对一个静态核函数而言，$k_s(\boldsymbol{x},\boldsymbol{x}) = k_s(\boldsymbol{x}-\boldsymbol{x}) = k_s(0)$ 是常数，因而得到改进型的基于核的度量准则方程如下式所示：

$$J_{\mathrm{I}}\left(\theta\right) = tr\left(\boldsymbol{S}_{\mathrm{B}}^{\phi}\right) \tag{9-23}$$

另一方面，在式（9-11）与（9-20）中，$\boldsymbol{S}_{\mathrm{T}}^{\phi}$ 与 $\hat{R}$ 对应，R 表示 $\boldsymbol{S}_{\mathrm{T}}^{\phi}\left(\hat{R}\right)$ 的一种特殊情式，即从数据重构的角度来说，KPCA 表示当 $\boldsymbol{m} = 1/l\sum_{j=1}^{l}\boldsymbol{\Phi}\left(\boldsymbol{x}_j\right) = 0$ 时 $\boldsymbol{S}_{\mathrm{T}}^{\phi}$ 的一种特殊的实现形式。因此，如果不考虑类别之间的判别信息，KPCA 将会大大降低其分类性能。一般情况下，如果要得到一个基于核的最大类别分离度 KPCA，可在 KPCA 中引入基于核的类别分离度的概念，优化式（9-23）的核参数后，MCSKPCA 就能将具有最大分离度的最优主元特征提取出来。所采用高斯 RBF 核仅仅含有一个核参数即高斯宽度 σ，因此，$J_{\mathrm{I}}\left(\theta\right)$ 变为 $J_{\mathrm{I}}\left(\sigma\right)$，而 $\boldsymbol{\theta}_{\mathrm{opt}}$ 变为最优高斯宽度 σ_{opt}，也就是说：$J_{\mathrm{I}}\left(\sigma\right) = tr\left(\boldsymbol{S}_{\mathrm{B}}^{\phi}\right)$，$\sigma_{\mathrm{opt}} = \arg\max\left[tr\left(\boldsymbol{S}_{\mathrm{B}}^{\phi}\right)\right]$。参照文献[11]中提出的核参数确定算法，对 $J_{\mathrm{I}}\left(\sigma\right)$ 进行优化计算后可得到最优的 σ_{opt}，即按照函数的梯度信息，采用 MATLAB 中的迭代优化程序来对方程 $\partial J_{\mathrm{I}}\left(\sigma\right)/\partial\sigma = 0$ 进行求解。

9.3.1.3　MCSKPCA 算法（基于核的最大类别分离度 KPCA 算法）

将 MCSKPCA 算法的执行过程作以下总结：

给定训练样本 $\left\{\left(\boldsymbol{x}_k,y\right) \in \left(\boldsymbol{R}^d \times y\right)\right\}_{k=1}^{l}$ 与核函数 $K\left(\cdot,\cdot\right)$。

（1）在原来的输入空间给训练数据作归一化处理。

（2）对照式（9-23）采用优化程序将 σ_{opt} 计算出来。

（3）将核矩阵 $\tilde{\boldsymbol{K}} = \left(\tilde{K}\left(\boldsymbol{x}_i,\boldsymbol{x}_j\right)\right)$ 计算出来，$i,j = 1,\cdots l$。

（4）在高维特征空间执行 $\boldsymbol{K} = \tilde{\boldsymbol{K}} - \boldsymbol{1}_l\tilde{\boldsymbol{K}} - \tilde{\boldsymbol{K}}\boldsymbol{1}_l + \boldsymbol{1}_l\tilde{\boldsymbol{K}}\boldsymbol{1}_l$。

（5）对照式（9-15）将正交归一化特征向量 $\boldsymbol{v}_j$ 计算出来，$\boldsymbol{v}_j$ 中的 $j = 1,\cdots p$。

（6）给定一个测试数据 $\boldsymbol{x}$，按照式（9-16）就能获得相应的非线性主元集，即

$$y_j = v_j^{\mathrm{T}}\boldsymbol{\Phi}\left(\boldsymbol{x}\right) = \frac{1}{\sqrt{\lambda_j}}\gamma_j^{\mathrm{T}}\boldsymbol{Q}^{\mathrm{T}}\boldsymbol{\Phi}\left(\boldsymbol{x}\right) = \frac{1}{\sqrt{\lambda_j}}\gamma_j^{\mathrm{T}}\left[\boldsymbol{k}\left(\boldsymbol{x}_1,\boldsymbol{x}\right),\cdots,\boldsymbol{k}\left(\boldsymbol{x}_l,\boldsymbol{x}\right)\right], \quad j = 1,\cdots p \tag{9-24}$$

式中，y_j 为第 j 个抽取的主元。

9.3.2　核主元分析方法

假设 $x_1,x_2,\cdots,x_M$ 为训练样本，用 $\{x_i\}$ 表示输入空间。核主元分析（KPCA，即 kernel principal component analysis）方法的基本思想是通过某种隐式方式将输入空间映射到某个高维空间（常称为特征空间），并且在特征空间中实现 PCA[17]。假设相应的映射为 $\boldsymbol{\Phi}$，其定义如下

$$\Phi : \mathbf{R}^d \to F \tag{9-25}$$
$$x \mapsto \xi = \Phi(x)$$

核函数通过映射 Φ 将隐式的实现点 x 到 F 的映射，并且由此映射而得的特征空间中数据满足中心化的条件，即

$$\sum_{\mu=1}^{M} \Phi(x_\mu) = 0 \tag{9-26}$$

则特征空间中的协方差矩阵为

$$C = \frac{1}{M} \sum_{\mu=1}^{M} \Phi(x_\mu) \Phi(x_\mu)^{\mathrm{T}} \tag{9-27}$$

现求 C 的特征值 $\lambda \geqslant 0$ 和特征向量

$$V \in F \setminus \{0\} , \quad Cv = \lambda v \tag{9-28}$$

即有

$$(\Phi(x_v) \cdot Cv) = \lambda(\Phi(x_v) \cdot v) \tag{9-29}$$

考虑到所有的特征向量可表示为 $\Phi(x_1), \Phi(x_2), \cdots, \Phi(x_M)$ 的线性张成，即

$$v = \sum_{i=1}^{M} \alpha_i \Phi(x_i) \tag{9-30}$$

则有

$$\frac{1}{M} \sum_{\mu=1}^{M} \alpha_\mu (\sum_{w=1}^{M} (\Phi(x_v) \cdot \Phi(x_w) \Phi(x_w) \Phi(x_\mu))) = \lambda \sum_{\mu=1}^{M} (\Phi(x_v) \cdot \Phi(x_\mu)) \tag{9-31}$$

式中，$v = 1, 2, \cdots, M$。

定义 $M \times M$ 维矩阵 $\mathbf{K}$

$$\mathbf{K}_{\mu v} := (\Phi(x_\mu) \cdot \Phi(x_v)) \tag{9-32}$$

则式子（9-31）可以简化为

$$M \lambda K \alpha = K^2 \alpha \tag{9-33}$$

显然满足

$$M \lambda \alpha = K \alpha \tag{9-34}$$

求解（9-34）就能得到特征值 $\lambda_1, \cdots, \lambda_M$ 和对应的特征向量 $v_1, \cdots, v_M$。首先将特征值按降序排序得 $\lambda_1' > \cdots > \lambda_M'$ 并对特征向量进行相应调整得 $v_1', \cdots, v_M'$；然后通过施密特正交化方法单位正交化特征向量，得到 $\alpha_1, \cdots, \alpha_M$，提取前 t 个主分量 $\alpha_1, \cdots, \alpha_t$。因此测试样本在特征向量空间 V^k 的投影为

$$(v^k \cdot \Phi(x)) = \sum_{i=1}^{M} (\alpha_i)^k (\Phi(x_i), \Phi(x)) \ k = 1, \cdots, t, \quad i = 1, \cdots, M \tag{9-34}$$

将内积 $(\Phi(x_i), \Phi(x))$ 用高斯径向基（高斯 RBF）核函数即 $k(x_i, x) = \exp(-\|x_i - x_j\| / (2\sigma^2))$

替换则有

$$y(k) = (v^k \cdot \varPhi(x)) = \sum_{i=1}^{M} (\alpha_i)^k K(x_i, x) \ k = 1, \cdots, t \ , \quad i = 1, \cdots, M \tag{9-35}$$

在本章中，将依据第本节提出的核主元分析方法对每一故障类别的所有特征向量提取主元。

9.4　粒子群优化支持向量机

9.4.1　支持向量机概述

9.4.1.1　支持向量机基本原理

支持向量机理论是基于统计学习理论发展过来的。最先提出来的一种新的统计学算法是 1963 年由美国学者 Vanpik 领导的贝尔实验室研究组提出来的，并将该算法应用于分类。直到 1995 年，支持向量机概念由 Vapnik 与 Cortes 正式提出来，该概念的提出成为近年来机器学习研究领域的重大研究成果。支持向量机概念一经提出，很短的时间内获得了快速的发展与完善，就目前来说特别在模式识别领域中具有许多特有的优势，而在其他研究领域，比如生物信息学、函数拟合问题、小样本数据处理等问题中也都有非常优异的性能表现。因为支持向量机提出理论、走向成熟和广泛的应用的时间还不算长，目前来说还存在很多尚未解决的问题。目前在支持向量机设计中，核函数的参数选择是其核心问题和难点所在。

许多可能的超平面在二维两类线性可分时能够将训练数据分割开来，其中使两类数据的分类间隔（margin）最大的平面叫作最优分类超平面。在全部向量点中，支持向量（Support Vector）与最优分类超平面距离最为接近[12-16]。如图 9-1 所示，黑点与白点是两类待分类点，W 是最优分类线，H1、H2 这两条直线满足以下两个条件：1.这两条直线平行于最优分类线；2.两类样本中一定有点与最优分类线距离最为接近，而 H1 和 H2 分别都经过这样的点。两类待分类点的分类间隔即为 H1、H2 之间的距离，H1，H2 通过的点就是支持向量。

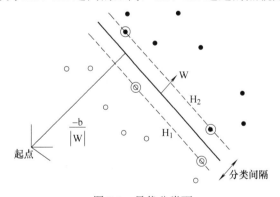

图 9-1　最优分类面

假设有这样一种分类超平面 $f(x) = wx + b = 0$ ，该平面能完全正确的将样本集 $\Omega = \{(x_i, y_i) | i = 1, \cdots, l\}$ 分离开来，其中 $x_i \in R^n$ ， $y_i \in Y = \{1, -1\}$ 是类别标号， Δ 是分类间隔，它满足以下公式

$$y_i = \begin{cases} +1, (wx - b) \geqslant \Delta \\ -1, (wx - b) \leqslant \Delta \end{cases} \tag{9-36}$$

式中，最优分类超平面使 Δ 最大。

然后作归一化处理，使 $\Delta=1$，w，b 按比例缩放，对其进行整理得到以下式子

$$\Delta = \frac{2}{\|w\|} \tag{9-37}$$

这样就将寻找最优分类平面的问题转化为一个二次规划问题

$$\min \varphi(w) = \|w\| / 2 \tag{9-38}$$

约束条件是

$$y_i\big[(wx-b)-1\big] \geqslant 0，\quad i=1,\cdots,l \tag{9-39}$$

针对样本近似线性可分这种情况，可加上一个松弛项 ξ，表示错分样本，也就将式（9-38）转变为下式

$$\min \varphi(w,\xi) = \|w\| / 2 + C\left(\sum_{i=1}^{l} \xi_i\right) \tag{9-40}$$

约束条件是：$y_i\big[(wx-b)-1\big]+\xi \geqslant 0$，$C$ 是已经设定好的常数，表示针对错分样本的惩罚程度。利用拉格朗日乘子将其进行转化，则转变成一个对偶问题

$$\min_{\alpha} \frac{1}{2}\sum_{i=1}^{l}\sum_{j=1}^{l} y_i y_j \alpha_i \alpha_j K(x_i x_j) - \sum_{j=1}^{l} \alpha_j \tag{9-41}$$

$$s.t.\sum_{i=1}^{l} y_i \alpha_i = 0 \tag{9-42}$$

式中，α_i 为与每一个样本相对应的拉格朗日乘子。

利用 KKT 条件能将 b 值求出来，因此而获得最优分类超平面函数，最后利用核函数 $K(x,x)$ 将公式中的 (x,x) 代替，可将高维空间中的内积运算转变成原空间中的核函数计算。

一般来说，支持向量机主要特点有以下几个：

（1）支持向量机方法的理论基础是将内积核函数引入进来，从而实现从低维不可分向量空间向高维可分空间的映射转化。

（2）支持向量机的中心思想是将分类边际最大化。

（3）支持向量机的分类关键是在特征空间中寻找最优超平面，该超平面可将样本类别区分开来。

（4）支持向量机的训练结果为支持向量，最优超平面的位置由支持向量所决定，分类的成功与其密不可分。

（5）支持向量机为一种小样本学习方法，该方法是由严密的数学推导而得来的。它与神经网络的基本不同点是：支持向量机的映射关系不是从归纳群体规律中得到的，尤其在解决分类问题时，支持向量机的优势是神经网络不具有的。

（6）支持向量决定了支持向量机的分类处理过程，但输入样本的维数高低对支持向量机的影响作用不特别大，向量机的建立对输入信息的依赖作用较小，所以支持向量机分类器具有比较强的鲁棒性。

因为支持向量机发展的时间不是很长，在研究过程中发现了一些问题。主要问题是利用支持向量机算法操作大规模样本时需要耗费大量的机器内存与运算时间。针对以上问题，许

多专家学者提出了很多改进算法，如有 J.Platt 的 SMO 算法、T.Joachims 的 SVM、C.J.C.Burges 等的 PCGC、张学工的 CSVM 以及 O.L.Mangasarian 等的 SOR 算法[12-16]。与此同时，因为经典的支持向量机算法仅仅将二类分类的算法给出来了，用支持向量机来解决多分类问题还有一定的困难。因此可通过构造多个分类器的方法来解决，或者融合其他算法，形成优势互补的组合分类器。

9.4.1.2　支持向量机分类方法

1. 线性分类

支持向量机对最优线性超平面进行定义，找到最优线性超平面，并将其转化成对二次规划问题的求解，在 Mercer 定理基础之上，借助非线性映射，实现样本空间到高维特征空间的映射，采用线性方法解决了样本空间中的高度非线性问题。SVM 是在两类别分类问题基础上提出来的。设给定训练样本 $\{x_i, y_i\}, i=1,\cdots,l$，$x_i \in R^d$，$y_i \in \{-1,1\}$ 有分类超平面。$\omega x + b = 0$ 是使分类面对所有样本正确分类，并且具有分类间隔，所以一定要满足以下条件

$$y_i\left[(\omega x_i)+b\right]-1 \geqslant 0 \tag{9-43}$$

这样能将分类间隔计算出来

$$\min_{(z_i|y_i=+1)} \frac{\omega x_i + b}{\|\omega\|} - \min_{(z_i|y_i=-1)} \frac{\omega x_i + b}{\|\omega\|} = \frac{2}{\|\omega\|} \tag{9-44}$$

如果要得到最大分类间隔 $\frac{2}{\|\omega\|}$，即要求最小化 $\|\omega\|$。因此对最优分类超平面问题的求解就能表示成约束优化问题，即在式（9-44）的约束下，最小化函数如下式所示

$$\Psi(\omega) = \frac{1}{2}\|\omega\|^2 = \frac{1}{2}(\omega \cdot \omega) \tag{9-45}$$

将 Lagrange 函数引入进来

$$L = \frac{1}{2}\|\omega\|^2 - \sum_{i=1}^{l} \alpha_i y_i\left((\omega x_i)+b\right) + \sum_{i=1}^{l} \alpha_i \tag{9-46}$$

式中，α_i 为 Lagrange 系数。

如果将式（9-46）分别 ω 对与 b 求偏导并且令其为 0，就能把上述问题转化为简单的对偶问题。

$$\frac{\partial L}{\partial \omega} = \omega - \sum_{i=1}^{l} \alpha_i y_i x_i = 0 \tag{9-47}$$

$$\frac{\partial L}{\partial b} = -\sum_{i=1}^{l} \alpha_i y_i = 0 \tag{9-48}$$

把式（9-46）与式（9-48）带入式（9-45）中，就能获得对偶最优化问题，对下列函数的最大值进行求解

$$W(\alpha) = \sum_{i=1}^{l} \alpha_i - \frac{1}{2}\sum_{i,j=1}^{l} \alpha_i \alpha_j y_i y_j (x_i \cdot x_j) \tag{9-49}$$

$$s.t. \quad y_i\left[(\omega x_i)+b\right]-1 \geqslant 0 \tag{9-50}$$

$$\sum_{i=1}^{n} y_i \alpha_i = 0 \qquad \alpha_i \geqslant 0, i = 1, \cdots, l \tag{9-51}$$

这属于一个不等式约束下的二次函数极值问题（Quadratic Programming，QP）。按照 Karush－Kuhn－Tucker（KKT）条件，上述优化问题的解一定得满足以下条件

$$\alpha_i \left\{ y_i \left[(\omega x_i) + b \right] - 1 \right\} = 0 \qquad i = 1, \cdots, l \tag{9-52}$$

所以，与 α_i 相对应的多数样本等于 0，使式（9-44）中等号成立而与 $\alpha_i \neq 0$ 对应的样本叫做支持向量（SVS）。在 SVM 算法中，支持向量是训练集中的关键元素，它们与决策边界离得最近。假设将其他全部训练样本去掉，然后再重新进行训练，将会获得同样的分类面。将以上二次规划问题求解出来后，那么分类决策函数如下式所示

$$f(x) = \text{sgn}\left[\left(\omega^* x + b^* \right) \right] = \text{sgn}\left[\sum_{i=1}^{n} \alpha_i^* y_i (x_i x) + b^* \right] \tag{9-53}$$

上式中的求和仅仅针对支持向量而进行的，也就是说仅仅有与不为零的 α_i 相对应的训练样本由分类结果决定，而其他样本与分类结果是没有关系的。b^* 为分类阈值。

如果训练样本集是线性不可分的，将非负松弛变量 ξ_i，$i = 1, \cdots, l$ 引入，则分类超平面的最优问题可表示为

$$\min_{\omega, b, \xi_i} \frac{1}{2} \|\omega\|^2 + C \sum_{i=1}^{l} \xi_i \tag{9-54}$$

它的对偶问题可表示为对 α 求解下列函数的最大值

$$\sum_{i=1}^{l} \alpha_i - \frac{1}{2} \sum_{i,j=1}^{l} \alpha_i \alpha_j y_i y_i \left(x_i \cdot x_j \right) \tag{9-55}$$

$$s.t. \qquad y_i \left[(\omega x_i) + b \right] \geqslant 1 - \xi_i \tag{9-56}$$

$$\sum_{i=1}^{n} y_i \alpha_i = 0 \qquad \alpha_i \geqslant 0, i = 1, \cdots, l \tag{9-57}$$

$$0 \leqslant \alpha \leqslant_i C, \xi_i \geqslant 0, i = 1, \cdots, l$$

式中，$C > 0$ 为一个常数，叫做误差惩罚参数，该参数实现了对错分样本惩罚的程度的控制；ξ_i 为非负松弛变量，它是在训练样本线性不可分的情况下引入进来的。

2. 非线性分类

在对非线性分类问题进行处理时，可采用恰当的内积函数 $K(x_i, x_j)$ 就能完成某一非线性变换后的线性分类实现，这时优化的目标函数转化为以下表达式

$$Q(\alpha) = \sum_{i=1}^{l} \alpha_i - \frac{1}{2} \sum_{i,j=1}^{l} \alpha_i \alpha_j y_i y_i K\left(x_i, x_j \right) \tag{9-58}$$

而相应的分类决策函数可如下式所示

$$f(x) = \text{sgn}\left[\sum_{i=1}^{n} \alpha_i^* y_i K\left(x_i, x_j \right) + b^* \right] \tag{9-59}$$

上述的分类决策函数就是支持向量机。

可以看到，SVM 具有有效地对付高维问题的特点，它实现了原问题到对偶问题的转变，使计算复杂度由样本数决定，不再由空间维数决定，特别是对样本中的支持向量数来说更是如此。在对判别函数进行构造时，不是对输入空间的样本进行非线性变换，再在特征空间中进行求解，而是首先在输入空间对向量进行比较，然后再对结果进行非线性变换。在这种情况下，较大的工作量将在输入空间完成，而不是在高维特征空间中完成。支持向量机分类函数在形式上与一个神经网络相类似，输出是中间节点的线性组合，每个中间节点与一个支持向量相对应，如图 9-2 所示。

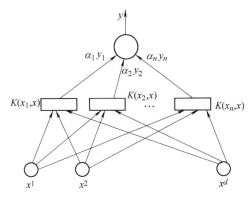

图 9-2　支持向量机示意图

9.4.1.3　支持向量机参数

支持向量机中的一个关键问题就是核函数中的参数选择，因为它对模型的推广能力有相当大的影响。如果核函数不能恰当地选择或者参数不能很好地调整都会导致建模失败，尽管支持向量机在理论上相对于神经网络等方法来说占有显著的优势，但在实际应用过程中支持向量机不一定能够构建最优模型。支持向量机和其他的统计建模方法相类似，这是由实际应用过程中调整的经验与技巧所决定的。

支持向量机算法的分类精度和学习性能都不同程度地受到选择多项式核函数时的次数 d、选择高斯核函数时的核宽度 σ 以及 Sigmoid 机器中函数的宽度和偏移等的直接影响。实际应用说明：径向基核的 SVM 学习能力很强，径向基核应用在大多数参考文献介绍的实例中。径向基核函数的确定说明了主要有两类要确定的参数：C 与 γ。其中间隔最大并且错误率最小的折中受 C 的控制，如果采用统计学理论的术语来表达，也就是在确定的特征空间中来对学习机置信范围与经验风险比例来进行调节；而 γ 是对样本数据在高维特征空间中分布的复杂程度有影响。所以如何来确定参数 C、γ 是决定分类器好坏的关键所在，然而要想支持向量机分类器的推广能力强大，首要的一点就是要对 γ 进行合理选择，把数据映射到合适的特征空间，再针对该确定的特征空间找到合适的 C 以使学习机的置信范围与经验风险获得最好的比例。因为无理论指导，选择传统参数都只有经过反复的试验，较满意的解都是通过人工选取出来的。

而对于不同类型的核函数来说，所得到的支持向量的个数没有多大的变化，但核函数的相关参数，比如径向基核函数，它的 σ 值（一般为 0.1～3.8），将对模型的预测精度产生较大的影响。

在对上述支持向量机分类问题求解过程中都只对内积运算有所提及，因而能假设存在非

线性映射 $\varphi: R^n \to H$ 实现了输入空间的样本到高维特征空间 H 中的映射,当在特征空间中对最优回归函数进行构造时,训练算法仅仅采用特征空间中的点积,也就是说 $\varphi(x_i) \cdot \varphi(x_j)$。因此,如果有一个函数 $K(\bullet, \bullet)$ 使 $K(x_i, x_j) = \varphi(x_i) \cdot \varphi(x_j)$,那么,在高维空间中只要对内积进行运算,甚至不需要了解变换 φ 的具体形式。

按照泛函相关的理论,假设有一种函数 $K(x_i, x_j)$ 满足 Mercer 条件,就可以与某一变换空间的内积相对应。

定理 1 (Mercer):对称函数 $K(u,v) \in L^2$ 可以以正系数 $\alpha_k > 0$ 展开 $K(u,v) = \sum_{k=1}^{\infty} \alpha_k \varphi_k(u) \varphi_k(v)$ 形式的充分必要条件为:对全部满足 $\int g^2(u)\mathrm{d}u < \infty$ 且 $g \neq 0$ 的函数 $g(u)$,有 $\iint K(u,v) g(u) g(v) \mathrm{d}u\mathrm{d}v \geqslant 0$ 成立。

在式(9-59)中,不相同的内积核函数将有不相同的算法形成。如果 Mercer 条件满足,则内积函数 $K(x_i, x_j)$ 叫做核函数。以下举例说明几种常用的核函数。

(1)多项式核函数

$$K(x, x_i) = [x, x_i + 1]^q \tag{9-60}$$

这种情况下获得的 SVM 回归函数如下式所示

$$f(x) = \sum_{i=1}^{m} y_i \alpha_i [x, x_i + 1]^q + b \tag{9-61}$$

式中,q 为由用户决定的参数,其中 $x_i = 1$;多项式核函数为全局核函数。

(2)径向基核函数

$$K(x, x_i) = \exp\left(-\frac{\|x - x_i\|^2}{2\sigma^2}\right) \tag{9-62}$$

这种情况下得到 SVM 回归函数如下式所示:

$$f(x) = \sum_{i=1}^{m} y_i \alpha_i \exp\left(-\frac{\|x - x_i\|^2}{2\sigma^2}\right) + b \tag{9-63}$$

(3)Sigmoid 核函数

$$K(x, x_i) = \tanh[vx \bullet x_i + c] \tag{9-64}$$

则 SVM 实现了一个两层感知器神经网络。

上面是对支持向量机回归和常用的 SVM 核函数的介绍,它奠定了支持向量机分类方法以及利用支持向量机来进行模拟电路故障诊断的数学基础。

9.4.1.4 诊断步骤

基于 SVM 的开关电流电路故障诊断系统原理结构如图 9-3 所示。主要包括两个部分,一部分样本用于训练,一部分用于测试。即首先对电路无故障状态和故障状态进行仿真,从输出响应信号中提取电路的故障特征,然后对数据进行优化处理,得到网络的训练样本,确定网络的结构和学习算法，用训练样本训练 SVM 网络。当诊断故障时，同样对被测电路加以同样的激励信号，提取故障特征，输入已经训练好的 SVM 网络，网络输出显示被诊断故障属于哪个故障类。其诊断步骤具体为：

1）输入激励信号

开关电流电路故障诊断中输入激励信号通常选用工作信号或其他输入信号，如方波信号、交流信号、脉冲信号、阶跃信号等。故障诊断准确度一般也受激励信号参数的影响。

2）采集电路各测试节点响应信号

开关电流电路故障诊断一般采集测试节点的电压信号作为样本信号，由于特征提取方式的不同，可以采集电路的静态信号、瞬态信号和稳态信号。

3）选择已定义的故障集

开关电流电路故障一般分为两类：软故障和硬故障。一般情况下，硬故障比软故障容易诊断，硬故障可以看作是软故障的一种特殊情况。

4）最优故障特征提取

开关电流电路故障特征提取的方法有很多，比较常用的有小波分析和多小波变换，两种方法各优缺点，在一般情况下都能提取故障的特征，达到比较好的诊断效果，并且得到了广泛的应用。

5）建立 SVM 网络

根据电路的故障集和已经得到的故障特征向量作为输入样本输入到 SVM 网络。有时为了更好地优化网络的参数，提高网络的学习和分类能力，需要对故障特征向量进行归一化处理，剔除冗余信息，由此确定网络结构，网络参数。最后对 SVM 网络进行训练。

6）故障识别与定位

开关电流电路的故障状态是无法预知的，因此根据无限的故障状态构造有限的训练样本同时要得到较好的诊断效果，这是比较困难的。故障识别时，将一部分样本用于训练 SVM 网络，另一部分输入已经训练好的网络，SVM 网络的输出显示被诊断电路故障属于哪个故障类。开关电流电路所测得的数据往往是连续的，并且呈现不规则的分布，如何提取更有效的故障特征，提高网络的计算速度和收敛速度且具有较好的诊断准确率，成为开关电流电路故障诊断的重点和难点。随着故障类型的复杂化，网络的规模也越来越大，为了使故障诊断的方法更加的实用化，则应是诊断网络规模尽可能要小，这就对网络参数的精度和准确度提出了更高的要求，优化网络参数，选取更合适的模型就显得尤为重要。

9.4.1.5　训练样本构造

样本集的构造是支持向量机网络训练与识别的基础，经过学习识别，支持向量机网络可以完成正确"答案"的样本集到"合理"的求解模式的自动生成，所以对样本数据的正确选择和对样本数据的合理表示非常重要。与此同时，在对支持向量机网络训练过程中，一定要给网络的训练样本非常多，而且所有这些训练样本中一定得含有电路故障的所有信息，在这种情况下通过学习支持向量机网络所获得的求解规则才与原有规则接近，训练样本信息越全面，网络的泛化能力就越强。但是样本集所含有足够多的故障类型也并不是越多越好，有时应及时的将冗余信息去除，以能够将网络的训练时间缩短。综上所述，故障特征的样本集对支持向量机网络的训练速度和故障诊断率的作用相当重要。

9.4.1.6　SVM 诊断模型

非线性映射是支持向量机的理论基础。支持向量机的学习和故障模式识别能力都比较强，能够克服人工神经网络学习合理结构难以确定和存在局部最优等缺点，能将小样本、高维数、非线性等学习问题得到有效的解决。最近几年来，支持向量机网络在模拟电路测试和故障诊断中应用较为广泛。本章将支持向量机网络用于开关电流电路故障诊断中。基于支持向量机网络的开关电流电路故障诊断原理框图如图 9-3 所示，从图中可以看出，诊断原理主要包括两个过程，训练过程（虚线所示）与识别过程（实线所示）。

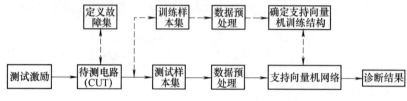

图 9-3　基于 SVM 的开关电流电路故障诊断原理

9.4.2　粒子群优化算法

1995 年，Kenned y 和 Eberhart 提出了粒子群优化算法（PSO），该算法是一种智能优化算法，它起源于群智能和人类认知的学习过程。粒子群优化算法的实质是模拟鸟群在飞行过程中，所有的鸟群的飞行队形都能完全保持一致，而与要求解的优化问题相对应，可以将待优化的参数当作全部空间中的一个点，也就是粒子，通过个体间的协作和竞争，使复杂空间中最优解的搜索得以实现。因为粒子群优化算法具有概念简单、需要调整的参数非常少和容易实现等优点，该算法自从提出以来有大批专家学者对其进行了研究，并逐渐渗透到各个应用领域。

9.4.2.1　基本原理

PSO 算法的基本思想是将一群无体积无质量的粒子随机初始化，将每个粒子看作对问题进行优化的一个可行解，对空间粒子的寻找即为寻找每个可行解的过程，每个粒子都与一个适应值相对应，该适应值决定了被优化函数，全部粒子的飞翔速度和距离都由与之相对应的速度向量与位置向量所决定，为了获得目前最优粒子的信息，其在解空间中持续不断地进行搜索，直到最后找到所需要的最优粒子为止，也就是说找到最优解为止。PSO 算法寻找最优粒子的方法能够更加简单的描述，即首先初始化粒子，然后通过设置迭代次数找到最优解。可出看出，PSO 算法也是在个体的协作和竞争基础上来实现复杂搜索空间中最优解的搜索，它是一种基于群体的优化工具[17-18]。

假设存在一个 D 维目标搜索空间，m 个粒子构成一个种群，第 i 个粒子当前的位置由 $x_i = (x_{i1}, x_{i2}, \cdots, x_{iD})$，$i = 1, 2, \cdots, m$ 来表示；第 i 个粒子当前速度是 $v_i = (v_{i1}, v_{i2}, \cdots, v_{iD})$；第 i 个粒子搜寻到的最优位置是 $p_i = (p_{i1}, p_{i2}, \cdots, p_{iD})$；全部群体搜寻到的最优位置是 $p_g = (p_{g1}, p_{g2}, \cdots, p_{gD})$；$v_{\min}$ 是最小速度，$v_{\max}$ 是最大速度；$x_{id} \in [L_d, U_d]$，L_d, U_d 分别是搜索空间的下限和上限；通过下面两个公式可以更新得到粒子群的速度和位置[243]

$$v_{id}(t+1) = v_{id}(t) + c_1 r_1 (p_{id} - x_{id}(t)) + c_2 r_2 (p_{gd} - x_{id}(t)) \qquad (9\text{-}65)$$

$$x_{id}(t+1) = x_{id}(t) + v_{id}(t+1) \qquad (9\text{-}66)$$

式中，r_1, r_2 遵循（0，1）区间上的均匀分布；v_{id} 为第 d 维上的第 i 个粒子的飞行速度，它的关键作用是平衡全局和局部的搜索；t 为第 t 代；c_1 为对个体粒子进行调节；c_2 为对全部粒子进行调节，一般来说，$c_1 = c_2 = 2$；x_{id} 为第 i 个粒子的当前位置；p_{id} 为第 i 个粒子至今搜索到的最优位置；p_{gd} 为全部粒子群搜索到的最优位置。

　　式（9-65）被叫作基本粒子群优化算法，在该算法中，粒子的初始位置与速度是随机产生的，粒子按照式（9-65）和（9-66）对位置和速度进行更新，一直搜索到最优粒子为止，也就是说搜索到最优解为止。粒子的行为示意图如图 9-4 所示。

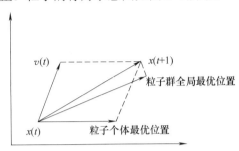

图 9-4　粒子运动行为示意图

　　在式（9-65）中，粒子的更新包括三个部分，粒子当前速度由第一部分决定，粒子间信息的互相传递由后面两个部分确定，因此可以将粒子的当前速度改变，然后通过无数次迭代而获得最优解。假如仅仅只有第一部分，粒子的方向与速度将不会发生变化，将导致粒子飞离边界，因此要在设定区域内找到最优解非常困难；假如没有第一部分，粒子根本不可能完成自身的思考，将会遗失自身信息，最终很大可能错过最优空间与最优解。所以为了将上述问题调节好，提出了改进的粒子群优化算法，即标准 PSO 模型。标准 PSO 模型和原始 PSO 模型的不同的地方是，粒子群优化算法的全局与局部寻优能力是经过一个惯性权重 w 来协调的。具体做法是修改基本 PSO 的速度方程，而使它的位置不要发生变化

$$v_{id}(t+1) = wv_{id}(t) + c_1 r_1 (p_{id} - x_{id}(t)) + c_2 r_2 (p_{gd} - x_{id}(t)) \tag{9-67}$$

式中，w 为惯性权重。

　　惯性权重针对粒子上一代速度对当前代速度的影响进行了描述，控制其大小能够对 PSO 的全局与局部寻优能力进行调节。经过反复试验，Y.Shi 等人发现动态惯性在寻优过程中可以获得更好的结构。他建议线性递减权值（Linearly DecreasingWeight，LDW）的策略。惯性权重的线性递减公式[21]如下式所示

$$w(t) = w_{\max} - \frac{t}{t_{\max}}(w_{\max} - w_{\min}) \tag{9-68}$$

式中，$w_{\max}, w_{\min}$ 分别称为初始权重与最终权重；$t_{\max}$ 为最大迭代步数；t 为当前迭代步数。

　　分析 w 变化方程可以知道，前一速度对当前速度的影响是通过 w 控制的，当 w 较大时，前一速度的影响比较大，导致得到比较强的全局搜索能力；当 w 较小时，当前速度的影响较小，导致比较强的局部搜索能力。通过对权值函数 w 的大小进行调整可以跳出局部极小值。

9.4.2.2　算法实现步骤

　　粒子群优化算法流程图如图 9-5 所示，其基本的实现步骤如下：

　　（1）初始化。对粒子群中各个粒子的位置 x_i 以及它的速度 v_i 进行初始化，从而可以确定加速常数 c_1、c_2 与最大迭代次数 $T_{\max}$。

　　（2）对每一维的空间适应值进行计算及对粒子进行评价。

（3）将粒子的适应值与该粒子自身最优值 $gbest$ 进行比较，假如粒子的适应值优于自身最优值 $gbest$，那么对 $gbest$ 进行更新，并将该粒子当前的适应值当作最优值 $gbest$。

（4）对粒子的适应值与种群最优值 $gbest$ 进行比较，假如粒子的适应值优于种群最优值 $gbest$，那么对 $gbest$ 进行更新，并将该粒子的适应值当作当前的种群最优值 $gbest$。

（5）根据式（9-65）和（9-66）对粒子状态进行更新。

（6）对介绍条件进行检查，如果满足，则结束迭代，否则，转到步骤（2）。

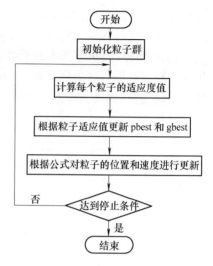

图 9-5　粒子群优化算法流程图

9.4.2.3　算法参数分析

粒子群优化算法的参数改进主要是从它的速度迭代公式中来体现的，包括三个方面：惯性权重的调节，学习因子的调节和速度迭代公式中的其他参数[22-23]。其中惯性权重对粒子群优化算法的全局探测能力与局部开发能力的控制起到了关键的作用，并得到广大专家学者的广泛研究。

（1）惯性权重

在 PSO 算法中，全部改进参数中最重要的参数是惯性权重。该参数对当代速度与上一代速度之间的关系进行了描述，将当前粒子的运动惯性得以维持，该参数取值的大小能够对全局和局部的寻优能力进行调节。1998 年，Shi 和 Eberhart 在他们的论文 "A Modified ParticleSwarm Optimizer" 中第一次在 PSO 算法的速度项中将惯性因子 w 的概念引入，经过惯性因子 w 能够更好地决定粒子的搜索空间，从而将 v_{max} 的重要性大大减小。当 w 较大时，前一速度的影响比较大，导致得到比较强的全局搜索能力；当 w 较小时，当前速度的影响较小，导致比较强的局部搜索能力。如果 $w=0$，那么个体极值和全局极值将对粒子的速度有影响。速度本身是无记忆的。如果 $w \neq 0$，那么粒子将朝扩展搜索空间的趋势上发展，因此针对不同搜索问题，可以对 PSO 算法的局部和全局搜索能力进行调整。引入惯性因子 w 将会大大提高 PSO 算法的性能，并在许多实际问题中使 PSO 算法得到较为成功地应用。

（2）学习因子

在 PSO 算法中，学习因子 c_1、c_2 是一种随机加速权值，它可以将粒子向自身极值和全局极值推进。较小的值会使粒子在远离目标区域内振荡，但较大的值会使粒子快速地移动到目标区域，甚至会偏离目标区域。粒子自身的经验与群体的经验将会对粒子运动轨迹产生影响，这是由学习因子所决定的，也反映了粒子间的信息交流，因此学习因子 c_1、c_2 必须设置较为适中，设置较大或较小的 c_1、c_2 值都对粒子的搜索不利。在理想状态下，在刚开始搜索时尽量使粒子搜索到全部空间，而在搜索末期，粒子应该防止陷入局部极值。一般情况下 c_1、c_2 值在 1～2.5 之间。

（3）其他参数

由于 PSO 算法具有较少的参数，因而每个参数的设置都将大大影响算法的性能，由于篇幅有限，下面主要对 PSO 参数中的群体规模 M 与最大速度 v_{max} 相对算法参数性能的影响进行分析。

粒子在迭代过程中位置的最大变化范围受到了最大速度 v_{max} 影响。为了系统出现迭代死循环情况不再出现，需要对粒子的最大速度进行约束，所以粒子最大速度 $v_{\max}$ 这个参数非常重要。当 $v_{\max}$ 过大时，粒子具有较强的搜寻能力，可能会飞过最优解；而 $v_{\max}$ 过小时，那么在搜寻过程中粒子的速度会变得很慢，因而会遗漏或者遗失一些解空间信息，或者还有一种情况是被局部最优解所吸引，根本不可能寻找到全局最优解。在早期的粒子群优化算法试验中，将其他参数都固定下来，在试验中仅仅需要调整参数 $v_{\max}$。一般情况下 $v_{\max}$ 过大或者过小都将会引起算法的性能下降。

群体规模 M 大小的选择一般无确定公式可遵循，通常根据经验法取值为 20～60，而对于较难或者特定类别的问题能够取值为 100～200。从 Vanden Bergh 与 Engelbrecht 的试验结果可以看出，如果将 M 增大，对改善算法收敛精度并不会产生明显的效果，然而算法的计算复杂度却随着 M 的增大而迅速增加，反而寻优效果不明显。Eberhart 和 Shi 的试验结果也证明了种群大小对 PSO 算法的性能的影响几乎可以忽略不计。

9.4.3 粒子群优化支持向量机算法

9.4.3.1 SVM 训练集的选取

无论是对问题的分类还是回归，训练样本始终是 SVM 的核心

$$D = \left\{ (x_i, y_i), i = 1, 2, \cdots, N \right\} \in \left(x \times y \right)^N \tag{9-69}$$

式中，$x_i \in X = R^n$；$y_i \in Y = \{-1, 1\}$ 或 $y_i \in Y = R, i = 1, 2, \cdots, N$。

从信号中采集适当的信息作为训练样本，可以快速有效地解决实际问题。而在实际中碰到问题时，一般是经过一些相关知识和长期积累的经验来对适当的训练样本集进行选取。在故障模式的分类这个问题上，一个有效的训练样本需要具备以下三个条件：

（1）样本点在训练集中要含有全部信息，但是一定要避免重合。

（2）输入信号中包含的特征信息不能太少。

（3）输入信号中包括的特征信息也不能太多。

9.4.3.2 核函数类型及其参数的选取

核函数的选择实际上是隐含地将映射函数改变了，因此样本在数据子空间分布的复杂程度也相应地改变了。核函数的选择灵活性较大，选择好核函数之后，可以再确定相关参数。核函数不同，所获得的 SVM 集合差异性也不是很大，与此同时分类结果的影响也会很小，准确性也不会发生很大的改变，可以看出，在某些方面 SVM 受核函数类型的影响不大。但是不同的核函数参数会大大影响支持向量机的性能。C 为规则化参数，其主要是调节经验风险与置信范围，即在数据子空间内调节置信范围与经验风险所占的比例，因此完成最小的风险和最大的推广的有机统一的实现，只要将参数给出来就可以将经验风险的水平确定。在这种情况下，经验风险的最优分类就是对支持向量机网络进行求解，给每个子空间一个适当的参数 C，就可以使子空间数据库内有最好的支持向量机网络。所以，有必要对 C 进行优化。支持向量机分类函数在形式上与一个神经网络相似，它的输出是中间节点的线性组合，每个中间节点与一个支持向量相对应。

对于常见的 SVM 来说，核函数的选择灵活性很大，一般情况下是选择好核函数之后，再确定好相关参数。下面主要对参数对 RBF 核函数性能的影响进行介绍。RBF 函数是一个非常特殊的函数，该函数具有很多良好的性能，它广泛应用在模式识别、神经网络等很多问题中，且效果很好。以 RBF 函数作为核函数的支持向量机也具有非常好的性能，且学习能力很

强，是目前在 SVM 中被应用的最为广泛的一种核函数。目前对以 RBF 核函数为基础的支持向量机研究有很多。RBF 核函数是一个普适函数，通过参数选择，它能够适用于任意分布的样本。径向基核函数为 $K\left(x, x_i\right) = \exp\left\{\dfrac{-\left|x - y\right|^2}{2\sigma^2}\right\}$，其中参数 σ 的选择大大影响了支持向量机的性能，如果 σ 值选取的不合适，将会有"过学习"或"欠学习"现象的出现。而 σ 选取较好时，支持向量的个数会大大减少，表现出良好的学习能力与推广能力。

9.4.3.3   PSO 算法优化 SVM 网络

利用 PSO 算法对 SVM 网络进行优化有以下几个步骤：

（1）对电路的故障特征向量进行提取，并将它们分成训练样本与测试样本。

（2）对粒子群进行初始化。确定最大、最小权值并设定好算法的最大迭代次数。

（3）对种群中的每个个体进行评价。将粒子的适应值计算出来，选择适应值最好的粒子所对应的个体极值 *gbest* 作为最初的全局极值 *gbest*。

（4）按照式（9-65）和（9-66）进行计算，对每个粒子的状态进行更新。

（5）根据适应度函数对每个粒子的适应度进行评价。

（6）对迭代是否满足终止条件进行判断，如果满足就退出搜索，否则返回（4）和（5）。

（7）通过对网络的训练，最终获得网络的最优参数，然后再对测试样本进行测试，获得诊断结果。

粒子群优化支持向量机算法的具体流程如图 9-6 所示。

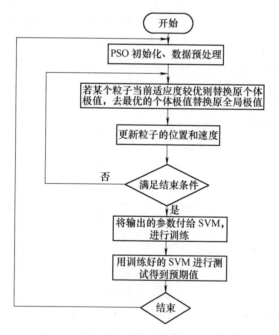

图 9-6   粒子群优化支持向量机结构图

9.5   诊断实例

本章采用基于小波分形分析和核主元分析的支持向量机开关电流电路故障诊断的方法。

首先对原始信号即故障响应信号进行 5 层 *Db*2 小波分解获得小波逼近系数，然后再计算出小波分形维特征信息，接着通过核主元分析对获得的小波分形维进行特征提取从而得到最优特征模式，最后将最优特征模式输入粒子群优化的支持向量机进行开关电流电路的故障诊断，从而实现对故障元件正确而有效的分类。

9.5.1 诊断电路和故障设置

开关电流电路的故障诊断是针对灾难性（硬）和参数性（软）故障两种。硬故障相对于软故障而言，诊断起来相对容易，因而本章为了验证所提出方法的有效性与其他方法进行比较，仍以 6 阶切比雪夫低通滤波器电路（图 5-2）软故障诊断实例来验证本文提出的方法。

在图 5-2 中，设跨导 g_m 的容差范围分别是 5%，通过灵敏度分析，可知电路中可能发生故障的晶体管为 5 个，分别为 Mg，Mf，Me，Md 和 Mj。当其中一个晶体管跨导 g_m 值偏移了标称值 50%，而其他四个晶体管在其容差范围内变化，电路即为发生软故障，这时所得到的时域响应为有故障类。如表 9-1 所示，可形成共 10 种软故障模式，其中↑和↓意味着高于或低于标称值 50%。

表 9-1 切比雪夫低通滤波器软故障类

故障模式	Md↑	Md↓	Me↑	Me↓	Mf↑	Mf↓	Mg↑	Mg↓	Mj↑	Mj↓
故障代码	F1	F2	F3	F4	F5	F6	F7	F8	F9	F10
标称值	0.345	0.345 0	0.984 5	0.984 5	0.582 7	0.582 7	1.913 4	1.913 4	2.102	2.102
故障值	0.691	0.172 0	1.969 0	0.492 3	1.165 4	0.291 4	3.826 8	0.956 7	4.204	1.051

9.5.2 小波分形分析方法的特征计算

首先通过 ASIZ 软件对开关电流电路故障模拟，在电路的输出端获得对应于每个故障类别的 60 个故障响应信号。接着，对这些故障响应信号进行 5 层 *Db*2 小波分解，提取 1～5 层小波变换的每层小波逼近系数，再计算这些小波系数相应的分形维数，从而获得每个故障响应信号的 6 个候选特征值。

如图 9-7 所示，给出了 6 阶切比雪夫低通滤波器电路的 MOS 管 Md 发生 Md↓即 F2 故障时，对其中的一个故障响应信号进行 5 层 *Db*2 小波分形分析而产生的低频细貌示意图。在图 9-7 中，6 个子图由左至右，由上而下分别对应于原故障响应信号及 1～5 层的逼近系数 ca_1～ca_5。对原始信号和 5 个小波逼近系数进行分形维计算分别得到各自的分形维数为 1.1824，1.1536，1.0903，1.3743，1.6487，1.0001，从而得到了一个候选特征向量。对所有的故障响应信号进行以上分析，从而得到候选特征向量集。再依据第 9.3.2 节提出的核主元分析方法对每一故障类的所有特征向量提取主元。

9.5.3 核主元分析特征提取

本章以开关电流故障电路的 10 类故障状态各 30 组数据，共 300 组数据的分形维特征向量作为训练样本，用 KPCA 进行特征提取。经过多次取值试验，KPCA 中的核函数采用径向基函数，当 $\sigma = 1.2$ 时，KPCA 可以达到较好的降维和分类效果。为了突出本章所采用的特征提取方法的优势，本章还同时采用 PCA 方法对候选特征矢量进行提取。图 9-8 和图 9-9 分别给出了采用基于 PCA 和 KPCA 提取后的前 2 个主元（ *PCs* ）表征的故障类别分布图。在图

9-8 中，F8 和 F9 以及 F7 和 F10 故障类别之间发生了比较严重的类别重叠，而在图 9-9 中，只有 F8 和 F9 故障类之间发生了重叠，其余各个故障类别都得到了比较好的分离，并且不属于同一类别的故障分得更开。由此可见，基于 KPCA 的主元特征提取方法获得了比较好的效果，非常有利于后续支持向量机进行高精确性的故障识别。

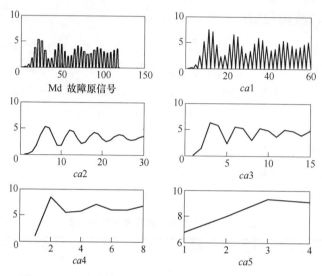

图 9-7 Md↓故障信号 5 层 *Db2* 小波分解低频细貌意示图

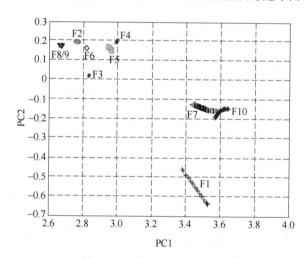

图 9-8 PCA 的二维分类效果

9.5.4 仿真结果分析

本章通过 PSO 算法对 SVM 模型进行参数选取，为了突出 PSO 算法选取参数的必要性，将基于遗传算法（GA）的 SVM 模型参数选取和 PSO 方法进行比较。考虑到 GA 和 PSO 算法中 $r(\cdot)$ 对最终结果的影响，分别对两种优化算法分别运行 10 次。图 9-10 和图 9-11 分别是 GA 和 PSO 算法在 SVM10 次优化过程优化结果最好的一次适应度变化曲线，从图中可以看出，PSO 算法的最好适应度达到了 100%，GA 最好达到 98%，因此引入 PSO 算法进行参数选取效果更好。

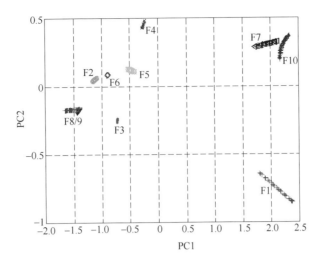

图 9-9　KPCA 的二维分类效果

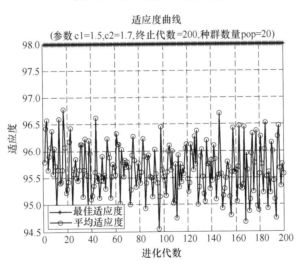

图 9-10　GA 算法适应度变化曲线

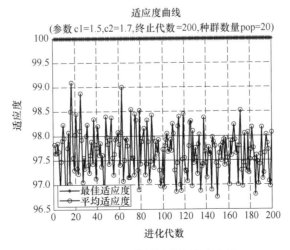

图 9-11　PSO 算法适应度变化曲线

根据 PSO-SVM 分类器的分类性能来验证本文特征提取方法的有效性。以 30 组故障数据作为训练样本数据，另选 30 组数据作为测试数据，计算并提取相应的主元特征。支持向量机的核函数选用径向基函数，C 和 g 经过 PSO 优化后分别取 22.96 和 1000。表 9-2 给出了采用 PCA 和 KPCA 实施特征提取时的支持向量机的正确分类率。由表 9-2 可知，基于 KPCA 特征提取的分类效果优于使用 PCA 的特征提取的分类效果。如图 9-12 所示，KPCA 主元特征提取后的最优特征向量输入 SVM 分类器后所有的故障得到了完全的分类。

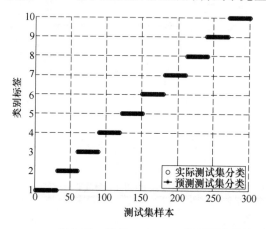

图 9-12　基于 PSO-SVM 的预测分类结果

本章提出的方法有效地解决了文献[24]中因出现熵的模糊集重叠而影响故障的正确分类，因为作者是只采用熵作为唯一提取的特征，当遇到故障类别之间重叠的时候，无法采用更多的特征来提高诊断系统的性能。

本章提出的方法可以根据故障数据的复杂程度的高低和故障类别的重叠程度的大小，选取合适数量的特征用于故障分类器进行故障诊断，以获得令人满意的诊断结果。同时本章提出的方法为开关电流电路多故障类问题的诊断提供了研究方向。

表 9-2　采用 PCA 和 KPCA 进行特征提取时的粒子群支持向量机正确分类率

特征维数	正确分类率（PCA）（%）	正确分类率（KPCA）（%）
2	96.32	100
3	99.04	100
4	100	100

9.6　结论

本章提出的基于小波分形分析和核主元分析特征提取方法的粒子群支持向量机故障诊断系统能有效地对开关电流电路进行故障诊断，得到了较高的故障诊断正确率，并将核主元特征提取法和主元特征提取法做了比较，最后将支持向量机的两种参数优化方法进行了对比，体现了本文所提出的故障诊断方法的优越性能。

小波分形的核主元分析特征提取方法结合支持向量机的良好的分类性能有效地区别了不同重叠程度的故障类别，获取的特征对分类器具有较强的鲁棒性，可以将此方法推广到多故障开关电流电路的诊断中去。

参考文献

[1]　Mandelbrot B.B, Fractals: From. Chance and Dimension[M]. San Fracisco: Free-man, 1975.

[2]　张济忠. 分形[M]. 北京: 清华大学出版社, 2011.

[3]　Faleoner, K J. The Geometry of Fractal Sets[M]. Cambridge: Cambridge University Press. 1985.

[4]　文志英. 分形几何的数学基础[M]. 上海: 上海科技教育出版社, 2000.

[5]　Katz M J. Fractals and the analysis of waveforms-Computers in Biology and Medicine[J]. Computers in Biology & Medicine, 1988, 18(3): 145-156.

[6]　肖迎群, 冯良贵, 何怡刚. 基于小波分形和核判别分析的模拟电路故障诊断[J]. 电工技术学报, 2012(8): 230-238.

[7]　Esteller R, Vachtsevanos G, Echauz J, et al. A comparison of waveform fractal dimension algorithms[J]. IEEE Transactions on Circuits & Systems I Fundamental Theory & Applications, 2001, 48(2): 177-183.

[8]　Raghavendra B S, Dutt D N. A note on fractal dimensions of biomedical waveforms[J]. Computers in Biology & Medicine, 2009, 39(11): 1006-1012.

[9]　R.O. Duda, P.E. Hart, D.G. Stork. Pattern Classification[M]. New York: Wiley-Interscience, 2001.

[10]　K. Fukunaga. Introduction to Statistical Pattern Recognition[M]. New York: Academic, 1990.

[11]　Bengio Y. Gradient-Based Optimization of Hyperparameters[J]. Neural Computation, 2000, 12(8): 1889-1900.

[12]　Tan Y, He Y, Cui C, et al. A Novel Method for Analog Fault Diagnosis Based on Neural Networks and Genetic Algorithms[J]. Instrumentation & Measurement IEEE Transactions on, 2008, 57(11): 2631-2639.

[13]　Vapnik V N. 统计学习理论[M]. 许建华, 张学工译. 北京: 电子工业出版社, 2004.

[14]　C Cortes V V. Support vector machine[J]. Machine Learning, 1995, 20(3): 273-297.

[15]　Cristianini N, Shawe-Taylor J. 支持向量机导论[M]. 李国正, 王猛, 曾华军译. 北京: 电子工业出版社, 2000.

[16]　Vapnik V, Golowich S, Smola A. Support Vector Method for Function Approximation, Regression Estimation, and Signal Processing[J]. Advances in Neural Information Processing Systems, 1997, (9): 281-287.

[17]　Mika S, Ratsch G, Weston J, et al. Nonlinear component analysis as a kernel eigenvalus problem[J]. Neural Computation, 1998, 10(5): 1299-1319.

[18]　李丽, 牛奔. 粒子群优化算法[M]. 北京: 冶金工业出版社, 2009: 34-68.

[19]　魏秀业. 粒子群优化及智能故障诊断[M]. 北京: 国防工业出版社, 2010: 18-32.

[20]　左磊, 侯立刚, 张旺, 等. 基于粒子群-支持向量机的模拟电路故障诊断[J]. 系统工程与电子技术, 2010, 32(7): 1553-1556.

[21]　Huang G B, Ding X, Zhou H. Optimization method based extreme learning machine for classification[J]. Neurocomputing, 2010, 74(1-3): 155-163.

[22]　曾勍炜, 徐知海, 付爱英, 等. 融合蚁群算法与支持向量机的网络流量预测[J]. 南昌大学学报: 理科版, 2011, 35(4): 406-408.

[23]　王晓路. 基于蚁群算法优化 SVM 的瓦斯涌出量预测[J]. 煤炭技术, 2011, 30(5): 81-83.

[24]　Long Y, He Y, Yuan L. Fault dictionary based switched current circuit fault diagnosis using entropy as a preprocessor[J]. Analog Integrated Circuits & Signal Processing, 2011, 66(1): 93-102.

附　录

作者近年来的学术成果：

一、主持和参与的项目

① 主持

[1] 国家自然科学基金青年基金项目，61201108，基于伪随机和故障特征预处理技术的开关电流电路故障诊断研究，2013/01-2015/12；

[2] 中国博士后科学基金特别资助项目，2015T80650，基于小波分形和 ICA 特征提取的开关电流电路故障诊断，2015/07-2016/07；

[3] 中国博士后科学基金面上项目，2014M55179，开关电流电路的 ICA 故障特征提取方法及应用，2014/07-2015/07；

[4] 湖南省自然科学基金项目，2016JJ6009，基于独立成分分析的开关电流电路 SVM 故障诊断方法研究，2016/01-2018/12，在研；

[5] 湖南省自然科学基金，13JJ6083，故障特征预处理技术及其在集成开关电流电路测试中的应用，2013/01-2015/12；

[6] 长沙市科技计划项目，K1509022-11，小波变换的低电压低功耗开关电流滤波器的设计与开发，2016/01-2017/12；

[7] 长沙市科技计划项目，K110721-11，基于以太网接入的税控数据自动报送器的研制与开发，2011/01-2013/12。

[8] 湖南省教育厅重点项目，基于 ICA 特征提取的开关电流电路神经网络故障诊断，2017/01-2019/12。

② 参与

[1] 国家重点研发计划项目：无线通信信道模拟与监测分析仪，2000 万元，2017/01-2021/12；

[2] 国家杰出青年科学基金项目：复杂电网络分析综合与诊断，2009 年-2013 年；

[3] 国家 863 计划重点项目：RFID 系统测试技术研究开发及开放平台建设，2007 年-2010 年；

[4] 国家自然科学基金（面上项目）：开关电流电路软故障测试与故障诊断理论与关键技术（No.50677014），2006 年-2010 年；

[5] 湖南省自然科学基金（面上项目）：开关电流电路测试与故障诊断理论与方法（No.06JJ2024），2006 年-2009 年；

[6] 教育部高等学校博士学科点专项基金：面向深亚微米 CMOS 工艺的开关电流电路软故障测试与诊断理论（No.20060532002），2006 年-2009 年。

二、发表的学术论文

[1] **Long Y**, He Y, Liu L, et al. Implicit functional testing of switched current filter based on fault

signatures[J]. Analog Integrated Circuits & Signal Processing, 2012, 71(2):293-301.

[2]　**Long Y,** He Y, Yuan L. Fault dictionary based switched current circuit fault diagnosis using entropy as a preprocessor[J]. Analog Integrated Circuits & Signal Processing, 2011, 66(1):93-102.

[3]　Zhang Z, Duan Z, **Long Y,** et al. A new swarm-SVM-based fault diagnosis approach for switched current circuit by using kurtosis and entropy as a preprocessor[J]. Analog Integrated Circuits & Signal Processing, 2014, 81(1): 289-297.

[4]　Li B, He Y, Zuo L, **Long Y,** et al. Metric of the Application Environment Impact to the Passive UHF RFID System[J]. IEEE Transactions on Instrumentation & Measurement, 2014, 63(10): 2387-2395.

[5]　Li M, He Y, **Long Y**. Analog VLSI implementation of wavelet transform using switched-current circuits[J]. Analog Integrated Circuits & Signal Processing, 2012, 71(2): 283-291.

[6]　Li M, He Y, **Long Y.** Analogue Implementation of Wavelet Transform Using Discrete Time Switched-Current Filters[M]//Electrical Engineering and Control. Springer Berlin Heidelberg, 2011: 677-682.

[7]　**Long Ying,** He Yigang. A new switched-current bilinear integrator circuit[J]. Journal of Computational Information Systems, 2010, 6(2): 405-410.

[8]　**Long Y**, He Y. The Synthesis of Switched-Current Filters Using Bilinear Transformation[C]// Testing and Diagnosis, 2009. ICTD 2009. IEEE Circuits and Systems International Conference on. IEEE, 2009: 1-4.

[9]　**Long Y,** He Y. Improved switched-current bilinear integrator circuit[C]//Communications Technology and Applications, 2009. ICCTA '09. IEEE International Conference on. IEEE, 2009: 831-834.

[10]　**Long Y,** He Y. A CMOS Elliptic Switched-Current Filter Using Bilinear Implementation[C]// Computational Intelligence and Software Engineering, 2009. CiSE 2009. International Conference on. IEEE, 2009: 1-4.

[11]　龙英, 何怡刚, 张镇, 等. 基于信息熵和 Haar 小波变换的开关电流电路故障诊断新方法 [J]. 仪器仪表学报, 2015, 36(3): 701-711.

[12]　龙英, 何怡刚, 张镇, 等. 基于小波变换和 ICA 特征提取的开关电流电路故障诊断[J]. 仪器仪表学报, 2015, 36(10): 2389-2400.

[13]　龙英, 何怡刚. 任意阶开关电流低通滤波器的系统设计[J]. 微电子学, 2009, 39(1): 53-57.

[14]　龙英, 何怡刚. 开关电流高阶椭圆低通滤波器的设计(英文)[J]. 功能材料与器件学报, 2009, 15(3): 311-315.

[15]　Tong Y, He Y, Li H, **Long Y,** et al. Analog Implementation of Wavelet Transform in Switched-Current Circuits with High Approximation Precision and Minimum Circuit Coefficients[J]. Circuits Systems & Signal Processing, 2014, 33(8): 2333-2361.

专利

[1]　龙英, 张镇, 何怡刚, 王江涛, 童耀南. 一种集成开关电流电路故障模式测试方法[P], 发明专利: 2013101644660.

[2]   龙英, 张镇. 王新辉. 基于小波分形及核主元特征的开关电流电路故障诊断方法[P]. 发明专利: 2014101199046.

[3]   尹柏强, 何怡刚, 龙英. 心磁信号噪声自适应滤波消除设计方法[P]. 发明专利: 2013101425659

[4]   龙英, 张镇, 王新辉. 基于信息熵和小波变换的开关电流电路故障字典获取方法[P]. 发明专利: 2015100665620

[5]   龙英, 周细凤, 张竹娴, 张镇. 基于小波变换和 ICA 特征提取的开关电路故障分类方法[P].发明专利: 201510157462.

[6]   龙英, 张竹娴, 张镇. 基于小波变换和 ICA 特征提取的开关电路故障诊断方法[P]. 发明专利: 201510157461

[7]   龙英, 张镇, 王新辉. 一种基于开关电流滤波器的调频发射装置[P], 实用新型专利: ZL 2014201443341

[8]   龙英, 童耀南, 李林. 电流模式五阶 Marr 小波滤波器电路[P], 实用新型专利: ZL 2013201426731

[9]   龙英, 王江涛, 童耀南. 开关电流五阶高斯小波滤波器电路[P], 实用新型专利: ZL 2013201427128

[10]   龙英, 裴习君, 张镇, 童耀南. 一种音频轨道电路测试系统[P], 实用新型专利: ZL 2013203302004

[11]   龙英, 王江涛. 一种具有电话线接口的税务发票自动控制系统[P], 实用新型专利: ZL 2013203303191

[12]   龙英, 裴习君, 张镇. 一种具有以太网接口的税务发票自动控制系统[P], 实用新型专利: ZL 2013203314675

[13]   龙英, 张镇, 王新辉. 一种电路测试装置[P], 实用新型专利: ZL 2015200906478.33333